Kurt Hain

Getriebe-Atlas für verstellbare Schwing-Dreh-Bewegungen

Mit 45 Abbildungen, 8 Tabellen und 160 Diagrammen

Springer Fachmedien Wiesbaden GmbH

Aus dem Institut für landtechnische Grundlagenforschung

der Forschungsanstalt für Landwirtschaft, Braunschweig-Völkenrode

Direktor: Prof.Dr.-Ing. W. Batel

Additional material to this book can be downloaded from http://extras.springer.com

ISBN 978-3-663-00587-2 ISBN 978-3-663-02500-9 (eBook)
DOI 10.1007/978-3-663-02500-9

1967

Ursprünglich erschienen bei Friedr. Vieweg & Sohn GmbH, Verlag, Braunschweig 1967
Softcover reprint of the hardcover 1st edition 1967

Umschlagentwurf: Peter Kohlhase

Bestell-Nr. 4899

Vorwort

Die Erzeugung von Schwing-Dreh-Bewegungen mit mechanischen Getrieben, meist als Umwandlung umlaufender in hin und her gehende Bewegungen gekennzeichnet, ist eine in der gesamten Technik oft wiederkehrende Aufgabe, die früher mit viel Zeitaufwand durch Probieren gelöst wurde. Nachdem von H. Alt der Übertragungswinkel als Vergleichswert eingeführt worden war, konnte eine Kurventafel zum unmittelbaren Abgreifen des übertragungsgünstigsten Getriebes für vorgeschriebene Totlagenwinkel aufgestellt werden.

Dieser Weg, der dem Konstrukteur das mühselige Probieren erspart, ihm sofort das günstigste Getriebe und damit auch die Grenzen der Getriebe in Abhängigkeit von ihrer Gliederzahl aufzeigt, soll mit dem vorliegenden Atlas weiter beschritten werden. Der Atlas enthält sämtliche, zu den Totlagen des umlauffähigen Gelenkvierecks gehörige Kennwerte, wobei als wichtige Erweiterung die Verstellbarkeit dieser Getriebe im Vordergrund steht.

Bei der Herausgabe eines Atlasses darf es nicht genügen, nur eine kurze Gebrauchs-Anleitung mitzugeben. Es sollte vielmehr, wie es hier versucht wurde, auf die vielfältige Anwendung der Kurventafeln durch weitgestreute Beispiele hingewiesen werden. Es wird sogar möglich sein, den Atlas zur Aufstellung weiterer Kurventafeln, z.B. mit Hinsicht auf besondere Aufgabenstellungen oder auf die Erzeugung von Schwing-Dreh-Bewegungen in vielgliedrigen Getrieben, zu verwenden. Bei der Aufstellung der vorliegenden Kurventafeln wurde zum Teil der Elektronenrechner benutzt, die Kurven wurden automatisch in einem Graphomaten aufgezeichnet.

Zur Erstellung des Atlasses, vor allem aber zur vollen Ausschöpfung seiner Möglichkeiten, waren Forschungsarbeiten notwendig, die zum großen Teil von der Deutschen Forschungsgemeinschaft in dankenswerter Weise finanziell unterstützt wurden und auch in einem zweiten geplanten Atlas ihren Niederschlag finden werden.

Mein Dank gilt weiterhin dem Herrn Institutsdirektor und derzeitigen Präsidenten der Forschungsanstalt, Herrn Prof. Dr.-Ing. W. Batel, für die großzügige Förderung dieser kinematischen Arbeiten. Herr Dr. H. Geidel erstellte das Programm für den Digitalrechner und Graphomaten; Herrn A.-W. Zielstorff oblag die Aufstellung der Kurventafeln; Herr R. Lyk unterstützte mich bei der Zusammenstellung der Beispiele und von Herrn W. Schlüter wurden die Druckvorlagen gezeichnet.

Dem Verlag danke ich für das verständnisvolle Entgegenkommen bei den Druckvorbereitungen.

Kurt Hain

Inhalt

1. Übersicht

Sind in einem Lagerpunkt eine umlaufende Kurbel und in einem zweiten Lagerpunkt eine hin- und hergehende Schwinge angeordnet, und sind beide über eine Koppel miteinander verbunden, so liegt ein Gelenkviereck vor, das als Kurbelschwinge bezeichnet wird [65] . Dieses umlauffähige Gelenkviereck muß dem hier später zu erläuternden Grashofschen Satz [22, 33] genügen. Wählt man jeweils eines der beiden der umlaufenden Kurbel benachbarten Glieder als Gestell, so entsteht in beiden Fällen eine Kurbelschwinge, jedesmal mit verschieden großen Totlagenwinkeln. Bei Wahl des der Kurbel gegenüberliegenden Gliedes als Gestell ergibt sich ein Gelenkviereck als Doppelschwinge, bei der beide im Gestell gelagerten Glieder hin- und herschwingen. Die Kurbel selbst als Gestell führt zur Doppelkurbel, bei der beide im Gestell gelagerte Glieder umlaufen [23] .

Bei der Umwandlung einer umlaufenden Drehbewegung in eine hin- und herschwingende Bewegung werden bestimmte Anforderungen an die Größe der im folgenden zu erklärenden Totlagenwinkel gestellt. Zunächst interessiert der Abtriebs-Schwingwinkel, den die Grenzlagen der hin- und herschwingenden Schwinge einschließen. Wichtig ist ferner der Kurbelwinkel, d.i. der Drehwinkel, den die in gleichbleibender Drehrichtung umlaufende Kurbel einen Hub der Abtriebsschwinge entsprechend zurücklegt. Die Ergänzung dieses Winkels zu 360°, also einer vollen Kurbelumlaufdrehung, entspricht dann dem Rückhub des Abtriebsgliedes. Der Kurbelwinkel wird in dem Bereich gemessen, in dem Kurbel und Schwinge im gleichen Richtungssinn drehen. Bei einem Kurbelwinkel von 180° liegt ein "zentrisches" Getriebe vor. Mit ihm lassen sich die größten Schwingwinkel erzielen.

In jedem umlauffähigen Gelenkviereck [23, 49, 69, 70] gibt es 3 Relativ-Umlauf- und 3 Relativ-Schwingbewegungen [25] . Man kann jede Schwingbewegung als Abtrieb und jede Umlaufbewegung als Antrieb benutzen. Weitere Variationsmöglichkeiten ergeben sich durch Gestellwechsel, also durch Anwendung des Gelenkvierecks als Kurbelschwinge, Doppelschwinge und Doppelkurbel. Daraus kommen insgesamt 19 verschiedene Kurbel-Schwing-Übertragungen (Umwandlung einer umlaufenden in eine Schwingbewegung) im Gelenkviereck zustande. Mit Hilfe des Gelenkvierecks kann man sogar durch eine Antriebs-Kurbel-Bewegung gleichzeitig verschieden große, zueinander phasenverschobene Schwingbewegungen zweier in einem gleichen dritten Getriebeglied gelagerte Hebel erzeugen. Für diese Forderung stehen fünf verschiedene Anordnungen des Gelenkvierecks zur Verfügung, wobei der Phasenwinkel eine besondere Rolle spielt. Er kennzeichnet die Verschiebung der beiden Schwingbewegungen zueinander, bezogen auf den anteiligen Kurbelwinkel. Bei gleichförmig umlaufender Antriebskurbel ist der Phasenwinkel gleichzeitig die Zeitdifferenz zwischen den beiden Schwingungen.

Für die Beurteilung der Güte der Bewegungsübertragung wurde von H. Alt der Begriff des Übertragungswinkels geprägt [2, 5, 6] . Wenn solche Winkel für alle hier erwähnten Bewegungsübertragungen als Bewertungsmaßstab verwendet werden sollen, muß von der Altschen Definition etwas abgewichen werden. In vorliegender Untersuchung soll der Übertragungswinkel als Sicherheitsfaktor gegen Klemmwirkungen verwendet werden. Wird ein solcher Winkel 0° oder 180°, so ist keine Bewegungsübertragung möglich; je weiter seine während der gesamten Bewegungsperiode auftretenden Extremwerte hiervon abweichen, umso größer ist die Sicherheit gegen Klemmen. Selbstverständlich müssen vor allem bei der konstruktiven Durchbildung noch andere im Schrifttum mehrfach erwähnte Einflüsse berücksichtigt werden [10, 11, 12, 13, 42, 57] ; für die ersten und oft wichtigsten Getriebevergleiche dürften aber die im folgenden festgelegten Übertragungswinkel befriedigende Aussagen zulassen.

Im Gelenkviereck braucht nur ein einziger Übertragungswinkel berücksichtigt zu werden, in vielgliedrigen Getrieben ist es aber notwendig, mehrere solcher Winkel zur Beurteilung der Übertragungsgüte heranzuziehen. Man erhält ein "übertragungsgünstigstes" Gesamtgetriebe, wenn die Extremwerte aller Übertragungswinkel gleich groß sind [19, 20, 21] .

Zu den Totlagenwinkeln gehören noch die Lagenwinkel, das sind die Winkel, die die Grenzlagen der hin- und herschwingenden Glieder mit den benachbarten Gliedern einschließen. Diese Winkel sind wichtig, wenn es sich z.B. darum handelt, die bewegten Getriebeteile in einem vorgeschriebenen begrenzten Bereich unterzubringen.

Zur Anpassung an veränderliche Arbeitsbedingungen müssen in erhöhtem Maße die verstellbaren Getriebe untersucht werden [7, 9, 17, 24, 29, 30, 35, 36, 37, 43, 44, 59, 66, 67], wobei die erste Forderung darin besteht, bestimmte Bewegungen, Kräfte oder Relativlagen während des Ganges der Maschine verstellen zu können. Die Verstellung wird einfacher, wenn eine Maschine im Stillstand auf einen anderen Arbeitsvorgang umgerüstet wird. In jedem Fall ist aber die Feststellung wichtig, innerhalb welcher Grenzen eine bestimmte Verstellung vorgenommen werden kann. Auch hier erweisen sich die Übertragungswinkel als nützlicher Bewertungsmaßstab, wenn man die Verstellgrenze nach oben und unten für den gleichen Betrag des Übertragungswinkels, bzw. für dessen gleich große Abweichung von 0° und 180° festlegt. Auf diese Weise bleibt man in dem als zulässig angesehenen, gesicherten Bereich gegen jegliche Klemmgefahr.

Die Verstellung des Gelenkvierecks kann aus verschiedenen Gründen gefordert werden. Im Vordergrund steht die Änderung der Größe eines oder zweier Schwingwinkel und u.U. auch der Lage der Schwingbereiche. Gleichzeitig interessiert die Veränderung des Kurbelwinkels, die bei gleichförmig umlaufender Antriebskurbel einer Zeitverstellung im Unterschied für Hin- und Rückgang gleichkommt. Oft wird nur eine zeitliche Verlagerung der Schwingbewegung, d.i. eine Verschiebung des gleichbleibenden Kurbelwinkels relativ zum Gestell, gefordert. Schließlich gibt es noch eine Phasenverstellung für zwei Abtrieb-Schwingbewegungen, die wiederum auch einer Zeitverstellung zwischen beiden Schwingungen entspricht.

In fast allen Fällen ist es im Gelenkviereck nicht möglich, nur eine dieser Größen zu verstellen, ohne dabei auch eine Veränderung aller anderen Werte mit in Kauf nehmen zu müssen. Falls aber nur ein Totlagenwinkel verstellt werden soll und einer oder mehrere andere in ihrer Größe und Lage erhalten bleiben müssen, kommt es darauf an, dasjenige verstellbare Gelenkviereck ausfindig zu machen, bei dem eine Mindest-Veränderung der konstant zu haltenden Größe auftritt.

Für höhere Ansprüche, z.B. für die genaue Erfüllung dieser letzteren Forderung oder auch zur Erzielung größerer Schwingwinkel, größerer Abweichungen der Kurbelwinkel von 180° oder größerer Phasenwinkel ist der Übergang zu Getrieben mit höherer Gliederzahl notwendig. Nach dem Gelenkviereck sind dies die zwangläufigen, sechsgliedrigen Getriebe, und darauf folgen die achtgliedrigen Getriebe. Soweit diese Getriebe aus Gelenkvierecken zusammengesetzt sind, lassen sich in vielen Fällen die Totlagenwinkel der einfachen Gelenkvierecke mannigfaltig zur Erzielung "höherer" Totlagenwinkel in geeigneter Weise zueinander in Beziehung bringen. Außerdem ist es möglich, andere bereits bekannte Kurventafeln zusätzlich zu verwenden. Wenn aber in vielgliedrigen Getrieben Fünfecke als Teilpolygone auftreten, üben die in vielfältiger Form erzeugbaren Koppelkurven ihren Einfluß auf alle Bewegungen aus, und eine einfache Synthese durch Zusammenlegung von Gelenkvierecken ist nicht mehr möglich. Man kann aber jedes Gelenkfünfeck als ein Gelenkviereck mit einem zusätzlichen Verstellhebel betrachten, so daß die in den vorliegenden Kurventafeln enthaltenen verstellbaren Gelenkvierecke auch in dieser Richtung zu Erfolgen führen können.

Die in vorliegender Sammlung zusammengestellten Kurventafeln für die Totlagenwinkel der Gelenkvierecke enthalten die Getriebe-"Stichmaße", d.h. lediglich die Gelenk-Abstände. Die konstruktive Gestaltung kann vor allem bei der Ausbildung der Lager- und Gelenkstellen zu verschiedenartigen Lösungen führen. So kann z.B. die umlaufende Kurbel als einseitig oder doppelt gekröpfte Kurbelwelle ausgebildet werden. Durch die sog. Zapfenerweiterung kommt man zu den Exzenterscheiben. Bei den gelenkigen Verbindungen relativ zueinander schwingender Glieder können solche Hebel sich in der gleichen Ebene ohne Verkantungen bewegen. Dies trifft auch für Zapfenerweiterungen bei Relativ-Umlaufbewegungen zu. Allerdings müssen hier wegen der größeren Lagerdurchmesser ein höherer Aufwand und größere Reibungsverluste in Kauf genommen werden.

Im Gelenkviereck und vor allem in vielgliedrigen Getrieben gibt es auch Relativ-Umlaufbewegungen zwischen nichtbenachbarten Gliedern, im Gelenkviereck also zwischen gegenüberliegenden Gliedern. Wenn eines dieser Glieder Gestell ist und das gegenüberliegende Glied als umlauffähiges Koppelglied erscheint, kann man dieses letztere mit Hilfe einer wellenbeweglichen, winkeltreu übertragenden Kupplung vom Gestell aus gleichförmig umlaufend antreiben. Als solche Kupplungen stehen z.B. die bekannte Oldham-Kupplung [37] und alle Bauformen der Gelenkwellen zur Verfügung. Mit der Möglichkeit des umlaufenden und auch schwingenden An- oder Abtriebes zwischen nichtbenachbarten Getriebegliedern entstehen vielfache neue Anwendungen und Erweiterungen in ungleichförmig übersetzenden Getrieben [25, 26] . Beim Einsatz der erwähnten Kupplungen kommt noch hinzu, daß beliebige gewollte oder ungewollte Verlagerungen der vor der Kupplung liegenden Glieder keinen Einfluß auf die winkel- und damit auch geschwindigkeitstreue Übertragung haben.

Das umlauffähige Gelenkviereck kann durch kinematische Umkehrung als Kurbelschwinge, Doppelschwinge und Doppelkurbel verwendet werden. Nur in den beiden ersten Fällen entstehen Schwingbewegungen der bewegten Glieder relativ zum Gestell, und deshalb ist es zweckmäßig, für die Kurbelschwinge und für die Doppelschwinge Kurventafeln der Totlagenwinkel zusammenzustellen. Der Übergang von der einen zur anderen Gruppe ist mit Hilfe von Gliedervertauschungen möglich. Ergänzt man nämlich zwei durch ein Drehgelenk verbundene Glieder zu einem Parallelogramm, so stimmen die Winkeländerungen und deren sämtliche Ableitungen in gegenüberliegenden Gliedern des Parallelogrammes genau miteinander überein [48, 51, 52, 68] . Durch Gliedervertauschung kann aus der Kurbelschwinge eine Doppelschwinge und umgekehrt werden, und es gibt im Grundgetriebe und im abgewandelten Getriebe identische Winkelbewegungen. Wenn für das Grundgetriebe Kurventafeln mit verstellbarem Gestell zugrunde lagen, gilt diese Verstellmöglichkeit dann für ein bewegtes Glied im abgewandelten Getriebe. Auf diese Weise steht eine erweiterte Auswahl in den Verstellungen und darüber hinaus sogar einige Kombinationen gleichzeitiger Verstellung an verschiedenen Getriebegliedern zur Verfügung.

Totlagenstellungen in ungleichförmig übersetzenden Getrieben werden vorwiegend zur Erzeugung von Schwing-Dreh-Bewegungen ausgenutzt. In jeder Totlage wird aber auch eine Sperrstellung des Abtriebsgliedes relativ zum Antriebsglied gewährleistet. Solche Sperrstellungen können zur Sicherung und genauen Einhaltung von Getriebelagen, aber auch zur Entlastung von Antriebsaggregaten, z.B. Schubkolben-Antrieben, in bestimmten Getriebelagen dienen. Im feinmechanischen Getriebebau [16, 38, 39, 41, 50, 53, 58, 61, 64] und bei Meßgeräten [62, 63] werden in vielen Fällen Sperrlagenwirkungen mit Federwirkungen kombiniert, z.B. dergestalt, daß eine Feder zur Überwindung von Sperrlagen herangezogen wird.

In vielgliedrigen Getrieben ist es möglich, die fortlaufende Drehbewegung eines Hebels kurzzeitig oder auch durch eine Raststellung zu unterbrechen. In solchen Lagen wird die Bewegung nicht begrenzt, und deshalb entspricht eine solche Totlagenstellung nicht einer Grenzlage dieses Hebels. Bei Pilgerschrittbewegungen wird eine Umlaufbewegung durch einen Rückhub unterbrochen. Die Anfangs- und Endstellungen des Getriebegliedes beim Rückhub können dann wieder als echte Grenzlagen angesehen werden. Schon mit sechsgliedrigen Getrieben gelingt es, die dreifache Hin- und Herbewegung eines Abtriebsgliedes bei einem Umlauf des Antriebsgliedes zu erzwingen oder auch zwei Pilgerschrittbewegungen für einen Umlauf eines Abtriebsgliedes zu erzeugen [22] . Allein solche wenige Hinweise zeigen die mannigfaltigen, vielfach noch gar nicht erkannten Möglichkeiten der Kurbelgetriebe, deren vollkommene Erfassung in Kurventafeln und auch in Informationsspeichern zunächst noch nicht möglich ist.

2. Grundlagen der Schwing-Dreh-Bewegungen

2.1. Die Umlauffähigkeit des Gelenkvierecks

Das Gelenkviereck besteht nach Bild 1 aus vier Gliedern 1, 2, 3 und 4 und aus den diese Glieder verbindenen Drehgelenken 12, 23, 34 und 14. Nach dem Grashofschen Satz [15, 22, 33] kann mit Hilfe eines solchen Getriebes eine umlaufende Drehbewegung in eine hin- und hergehende Schwingdrehbewegung umgewandelt werden, wenn das umlaufende Glied das kürzeste aller vier Glieder ist und die Summe aus den Längen dieses kürzesten und des längsten Gliedes kleiner ist als die Längensumme der beiden anderen Glieder. Es ist hierbei völlig gleichgültig, welches der übrigen drei Glieder die größte Länge hat.

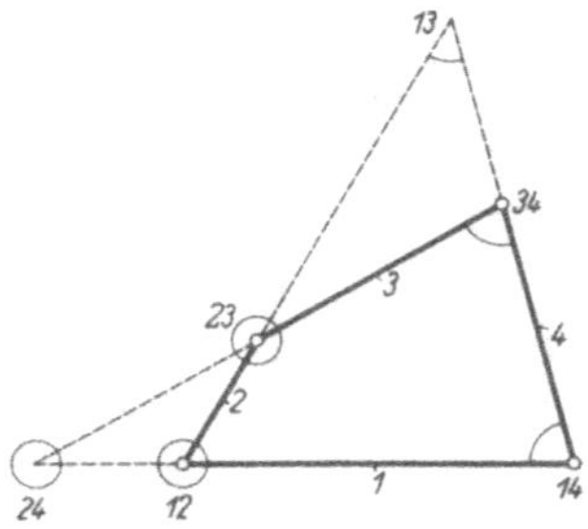

Bild 1
Umlauffähiges Gelenkviereck mit Umlaufpolen 12, 23, 24 und Schwingpolen 13, 14 und 34.

Darüber hinaus läßt sich der Begriff der Umlauffähigkeit des Gelenkvierecks auf die Relativbewegungen sämtlicher Glieder zueinander erweitern [25] . Bekanntlich ist die augenblickliche Bewegung gegenüberliegender, also nichtbenachbarter Glieder durch den sog. ideellen Pol (Momentanpol) gekennzeichnet im Gegensatz zum reellen Pol, der das Gelenk zweier benachbarter Glieder darstellt. Entsprechend Bild 1 ist der ideelle Pol 13 der augenblickliche Drehpunkt der Glieder 1 und 3 und der ideelle Pol 24 der augenblickliche Drehpunkt der Glieder 2 und 4 relativ zueinander.

Mit Hilfe der Bewegungszuordnungen der drei Pole auf einer Polgeraden [15, 18] ergibt sich das Gesetz, daß auf einer Polgeraden entweder 3 Schwingpole oder 2 Umlaufpole und 1 Schwingpol liegen können, wenn ein Umlaufpol die relative Umlauffähigkeit der entsprechenden beiden Glieder und ein Schwingpol nur eine Hin- und Herbewegung kennzeichnen. Eine Polgerade mit einem Umlaufpol und zwei Schwingpolen ist unmöglich [25] . Nach Bild 1 liegen z.B. auf der Polgeraden 24-12-14 (jede Polgerade ist durch die dreifach verschiedene Paarung dreier Gliedziffern gekennzeichnet) die beiden durch Vollkreise erkennbaren Umlaufpole 24 und 12 und der durch ein Kreissegment dargestellte Schwingpol 14. In einem dem Grashofschen Satz genügenden Gelenkviereck gibt es drei Umlauf- und drei Schwingpole und damit drei Relativ-Umlaufbewegungen und drei Relativ-Schwingbewegungen.

2.2. Totlagenstellungen im Gelenkviereck

Die Totlagenstellung eines Getriebes kann dadurch gekennzeichnet werden, daß die relative Geschwindigkeit zweier Getriebeglieder Null ist, während die relative Geschwindigkeit zweier anderer Glieder zueinander, von denen eines der beiden letzteren mit einem der beiden ersteren identisch sein kann, einen von Null abweichenden Wert behält. Die beiden sich relativ zueinander weiter bewegenden Glieder nehmen zwei unendlich benachbarte Lagen ein, während bei den beiden Gliedern mit der Geschwindigkeit Null zwei identisch zusammenfallende Lagen zu verzeichnen sind [1, 3] . Eine andere Definition [54] lautet: Eine kinematische Kette befindet sich in einer Totlage, wenn die Kette Gliedergruppen enthält, die sich während einer unendlich kleinen Relativbewegung wie ein starres System verhalten.

Im Bild 2 sind die Totlagen eines umlauffähigen Gelenkvierecks zusammengestellt worden [14] . Nach den Bildern 1a und 1b kommt die augenblickliche Relativgeschwindigkeit Null zwischen den Gliedern 4 und 1 zustande, wenn sich die Glieder 2 und 3 in einer Streck- (Bild2a) oder in einer Decklage (Bild 2b) befinden. Das Glied 4 nimmt relativ zum Gestell 1 eine Grenzlage ein; in der gezeichneten Getriebestellung kehrt das Glied 4 seine Bewegungsrichtung um. Es ist zu erkennen, daß in beiden Totlagenstellungen die Pole 12 = 24 und 34 = 13 zusammenfallen. Die jeweils zusammenfallenden Pole bilden mit dem "Grenzpol" 14 je eine Polgerade. Daraus kann der Satz abgeleitet werden:

> Der reelle Pol zweier sich in einer Grenzlage befindlicher, benachbarter Getriebeglieder bildet mit den jeweils zugehörigen beiden anderen Polen eine oder mehrere Polgerade, und auf jeder dieser Polgeraden fallen diese beiden anderen Pole in einem Punkt zusammen.

Diese Feststellung trifft auch für die beiden Totlagenstellungen der Bilder 2c und 2d zu, in denen zwischen den Gliedern 3 und 4 eine Grenzlagenstellung vorhanden ist und die Glieder 1 und 2 sich in einer Streck- und Decklage befinden. Der " Grenzlagenpol" ist hier 34, und es müssen 23 = 24 und 14 = 13 zusammenfallen.

Bei nichtbenachbarten, im Gelenkviereck also gegenüberliegenden Gliedern treten Koppelbewegungen auf, die sich aus einer Drehungs- und Schiebungskomponente zusammensetzen. Die Drehungskomponente und damit die Winkelgeschwindigkeit z.B. der Koppelebene 3 relativ zum Gestell 1 wird Null, wenn der ideelle Pol zwischen diesen beiden Gliedern im Unendlichen liegt, wenn also nach den Bildern 2e und 2f die Glieder 2 und 4 parallele Lagen zueinander haben. In einem umlauffähigen Gelenkviereck können nur das kürzeste und das ihm gegenüberliegende Glied Parallellagen einnehmen.

Im Bild 2g sind vor und hinter der Parallellage 1 - 2 - 3 - 4 die beiden Lagen 1 - 2' - 3' - 4' und 1 - 2" - 3" - 4" aufgezeichnet worden. Es ist zu erkennen, daß die Koppellagen 3' und 3" nach der gleichen Seite gegenüber der Koppellage 3 verdreht sind, daß also hinsichtlich der Koppel-Drehungskomponente die Koppellage 3 eine Grenzlage darstellt.

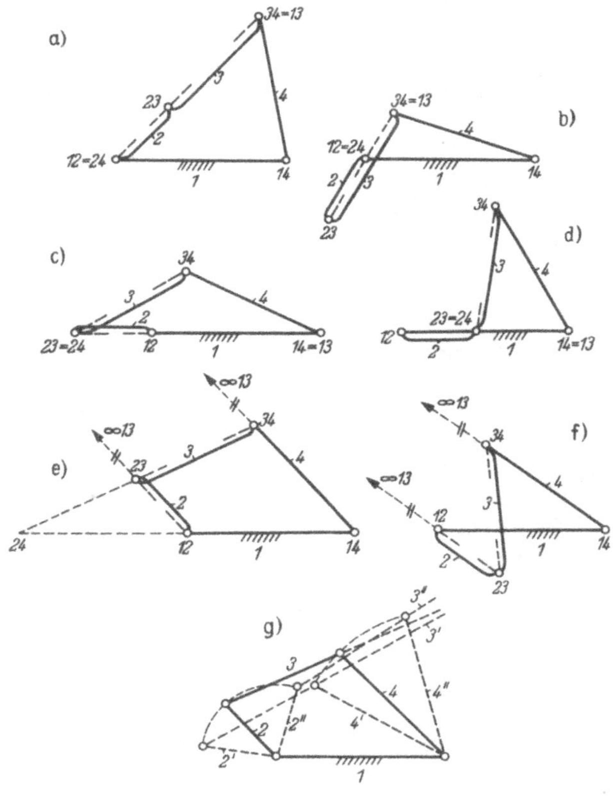

Bild 2
Totlagenstellungen des umlauffähigen Gelenkviereckes,

Bild 2a und 2b: Relativ-Grenzlagen der Glieder 1 und 4,

Bild 2c und 2d: Relativ-Grenzlagen der Glieder 3 und 4,

Bild 2e und 2f: Relativ-Grenzlagen der gegenüberliegenden Glieder 1 und 3 in Parallellagen des Gelenkvierecks,

Bild 2g: Darstellung bei Dreh-Grenzlage der Koppel 3 im Vergleich zu den Nachbarlagen 3' und 3".

Durch die sog. Gliedervertauschung kommt man zu Getrieben mit bewegungsgleichen, aber unterschiedlich angeordneten Gliedern. Im Bild 3a sei eine Kurbelschwinge mit dem Gestell 1, der umlaufenden Kurbel 2, der relativ zum Gestell 1 schwingenden Koppel 3 und der Abtriebsschwinge 4 gegeben. Ergänzt man die Glieder 3 und 4 durch Parallelenziehen zu einem Parallelogramm mit den Gegengliedern 3' und 4', so entsteht ein neues Gelenkviereck wieder als Kurbelschwinge mit der Kurbel 2, der Koppel 4' und der Schwinge 3'. Es läßt sich zeigen, daß in beiden Getrieben die ralativen Drehbewegungen erhalten bleiben [48, 51, 52, 68] .

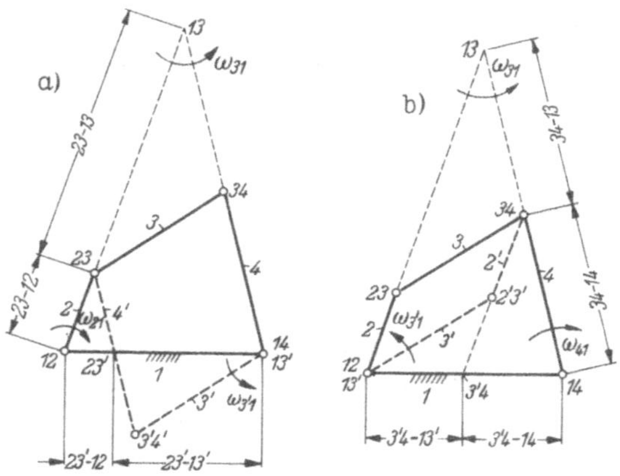

Bild 3
Gelenkviereck mit vertauschten Gliedern.
Bild 3a: Vertauschung der Glieder 3 mit 3' und 4 mit 4' durch Parallelogramm-Bildung. Bild 3b: Vertauschung der Glieder 3 mit 3' und 2 mit 2' durch Parallelogramm-Bildung.

Bekanntlich ist das augenblickliche Übersetzungsverhältnis der Quotient zweier Winkelgeschwindigkeiten geometrisch als das umgekehrte Verhältnis der Abstände der beiden Geschwindigkeitspole vom gemeinsamen Bezugspol bestimmt. Dieser Bezugspol ergibt sich (Bild 3a) z.B. aus den beiden Winkelgeschwindigkeiten ω_{21} und ω_{31} als das Gelenk 23, das sind die ungleichen Ziffern der beiden Winkelgeschwindigkeiten. Im Ursprungsgelenkviereck und im abgewandelten Gelenkviereck müssen die Übersetzungsverhältnisse gleich groß sein:

$$i_{21}^{31} = \frac{\omega_{31}}{\omega_{21}} = \frac{23 - 12}{23 - 13} = i_{21}^{3'1} = \frac{\omega_{3'1}}{\omega_{21}} = \frac{23' - 12}{23' - 13'} \tag{1}$$

Die gleichen Betrachtungen gelten auch für das abgewandelte Gelenkviereck nach Bild 3b. Hier ist durch die Paralleln 3' zu 3 und 2' zu 2 aus der Kurbelschwinge eine Doppelschwinge entstanden und es gilt z.B.:

$$i_{31}^{41} = \frac{\omega_{41}}{\omega_{31}} = \frac{34 - 13}{34 - 14} = i_{3'1}^{41} = \frac{\omega_{41}}{\omega_{3'1}} = \frac{3'4 - 13'}{3'4 - 14.} \tag{2}$$

2.3. Die Totlagenwinkel in der Gelenkviereck-Kette

Wenn für eine Gelenkviereck-Kette bestimmte Abmessungen angenommen werden, die der Grashofschen Bedingung entsprechen, liegen die Schwingwinkel s_{41_o}, s_{34_o} und s_{31_o} um die im Bild 1 gekennzeichneten Schwingpole eindeutig fest. Die mit Index "o" gekennzeichneten Winkel sind die Schwingwinkel zwischen den Grenzlagen der beiden durch den Schwingpol dargestellten Glieder. Diese Schwingwinkel ergeben sich als Differenz des Größt- und Kleinstwertes des Relativwinkels zwischen den beiden Gliedern. Es gibt also sechs Extrem-Winkel $s_{34_{max}}$, $s_{34_{min}}$, $s_{41_{max}}$, $s_{41_{min}}$, $s_{13_{max}}$, $s_{13_{min}}$.

Da das Gelenkviereck entsprechend Bild 1 drei Umlaufbewegungen aufweist, ist jedem der drei Schwingwinkel ein bestimmter Anteil jedes der drei Umläufe zugeordnet. Der Winkelanteil des umlaufenden Gliedes, der einer Bewegung des schwingenden Abtriebsgliedes zwischen dessen Grenzlagen entspricht, soll als Kurbelwinkel bezeichnet werden.

Eine wichtige Rolle zur Beurteilung der Bewegungsübertragung spielt der sog. Übertragungswinkel [2, 5, 6, 57], der schon beim Getriebeentwurf durch seine Größe eine gewisse Bewertung der Getriebe ermöglicht. Es gibt eine Reihe von Veröffentlichungen [10, 11, 12, 13, 42], in denen mit Recht vor der alleinigen Benutzung des Übertragungswinkels gewarnt wird, da durch Reibungseinflüsse und Massenwirkungen die Güte der Bewegungsübertragung stark in anderer Richtung beeinflußt werden kann.
Im vorliegenden Rahmen soll der Übertragungswinkel in geometrischer Definition als ein Maß für die Sicherheit gegen Klemmen angesehen werden. Wird ein solcher Winkel 0° oder 180°, so ist eine Bewegungsübertragung nicht möglich; es treten dann Klemmstellungen auf, während bei einem Wert von 90° die günstigste Übertragung vorliegt, d.h. die größte Sicherheit gegen Klemmen gewährleistet ist. Bei Getriebevergleichen ist somit dasjenige Getriebe als am "verklemmungssichersten" anzusehen, bei dem die Abweichung des Übertragungswinkels von seinem Bestwert 90° während der gesamten Bewegungsperiode am kleinsten bleibt.

Die Totlagenwinkel eines Getriebes sind also die durch die Abmessungen möglichen Schwingwinkel und die diesem Winkel zugeordneten Kurbelwinkel. Hinzu kommen noch die Übertragungswinkel, im vorliegenden Rahmen als "Klemmsicherheits-Winkel" anzusehen, und die später behandelten Phasenwinkel.

Entsprechend Bild 1 gibt es drei Relativ-Schwing- und drei Relativ-Umlaufbewegungen im Gelenkviereck. Im Bild 4 sind bei beliebig angenommenen Abmessungen, die die Umlauffähigkeit des Gelenkvierecks garantieren, sämtliche Totlagenwinkel enthalten. Bei dieser Darstellung sind diese Winkel in der Gelenkviereck-Kette zu erkennen; die kinematische Umkehrung, d.h. die jeweils verschiedene Wahl eines Gliedes als Gestell, wurde nur vorgenommen, um die verschiedenen Schwingwinkel übersichtlich kennzeichnen zu können.

Die Totlagen ① des Bildes 4 zeigen das Übersetzungsverhältnis i_{41}^{21}. Die hochgestellte Ziffernpaarung 21 stellt den umlaufenden Antrieb der Kurbel 2 gegenüber dem Glied 1 und die untenstehende Paarung 41 den schwingenden Abtrieb der Schwinge 4 relativ zum Gestell 1 dar. Diese Getriebeform wird allgemein als "Kurbelschwinge" bezeichnet, weil eine umlaufende Kurbel 2 und ein schwingender Hebel 4 vorhanden sind. Die Grenzlagen des Gliedes 4 findet man, wenn sich die Kurbel 2 und die Koppel 3 in je einer Streck- und in einer Decklage befinden. Zwischen den beiden Grenzlagen des Hebels 4 wird der Schwingwinkel s_{41_o} des Hebels 4 relativ zum Gestell 1 gemessen. Der zugehörige Kurbelwinkel ist der Anteil u_{41}^{21} der Umlaufbewegung der Kurbel 2 relativ zum Gestell 1. Da es einen solchen Winkel-Anteil für den Hin- und für den Rückgang des Hebels 4 gibt, gilt vereinbarungsgemäß derjenige Bereich der Kurbelbewegung als Kurbelwinkel, in dem die Antriebskurbel und die Abtriebsschwinge gleiche Drehrichtung relativ zum gemeinsamen Bezugsglied haben. Der Übertragungswinkel der Kurbelschwinge liegt zwischen der Abtriebsschwinge 4 und der Koppel 3. Seine Extremwerte s_{34max} und s_{34min} kommen in der Streck- und Decklage der Kurbel 2 mit dem Gestell zustande. Es ist sofort einzusehen, daß eine Bewegungs-Übertragung nicht mehr möglich ist, wenn diese Winkel 0° oder 180° werden.

Die Totlagen-Darstellung ② des Bildes 4 soll die Größe des Schwingwinkels s_{34_o} kenntlich machen; deshalb wurde Glied 4 als Gestellglied gewählt. Die Grenzlagen des Gliedes 3 relativ zum Glied 4 findet man durch die Streck- und Decklage der Glieder 1 und 2.

Da diese Strecklagen den Grenzlagen des Gliedes 3 zugeordnet sind, hat das Glied 2 relativ zu seinem benachbarten Glied 1 in jedem Falle einen "Kurbelwinkel" von 180° durchlaufen. Bei dieser Übertragung i_{34}^{21} ist der Übertragungswinkel zwischen den Gliedern 3 und 4 zu messen. Durch die Grenzlagen ergeben sich seine Extremwerte $s_{34\,max}$ und $s_{34\,min}$. Auch hier wird eine Bewegungsübertragung unmöglich, wenn dieser Winkel 0° oder 180° wird.

Die Totlagenstellungen ③ des Bildes 4 sind durch die Grenzlagen des Gliedes 3 relativ zu dem ihm gegenüberliegenden Glied 1 gekennzeichnet. Gemäß den Bildern 2 e bis 2 g ist eine Winkel-Grenzlage von 3 durch die Parallellagen der Glieder 2 und 4, d.h. durch den unendlich fernen Pol 13 bedingt. Die beiden Parallellagen des Gelenkvierecks findet man, wenn man den Kreisbogen um den Drehpunkt der Kurbel 2 mit der Länge l_3 der Koppel 3 als Halbmesser zum Schnitt bringt mit den Kreisbögen um den

Drehpunkt der Schwinge 4 und mit $l_4 - l_2$ sowie mit $l_4 + l_2$ als Halbmesser und durch diese Schnittpunkte die Lagen der Schwinge 4 legt. Wenn die Übertragung i_{31}^{21}, also die Umwandlung der Umlaufbewegung des Gliedes 2 gegen 1, in eine Schwingbewegung des Koppelgliedes 3 gegen 1 verlangt wird, liegt der Kurbelwinkel u_{31}^{21} zwischen den Lagen der Kurbel 2 in den Parallellagen des Gelenkvierecks, der Schwingwinkel s_{31_0} wird von den Lagen der Koppel 3, die den gleichen Parallellagen entsprechen, eingeschlossen. Der Übertragungswinkel liegt auch in diesem Falle zwischen den Gliedern 3 und 4 und seine Extremwerte $s_{34\,max}$ und s_{34min} sind durch die Streck- und Decklagen der Glieder 1 und 2 gegeben.

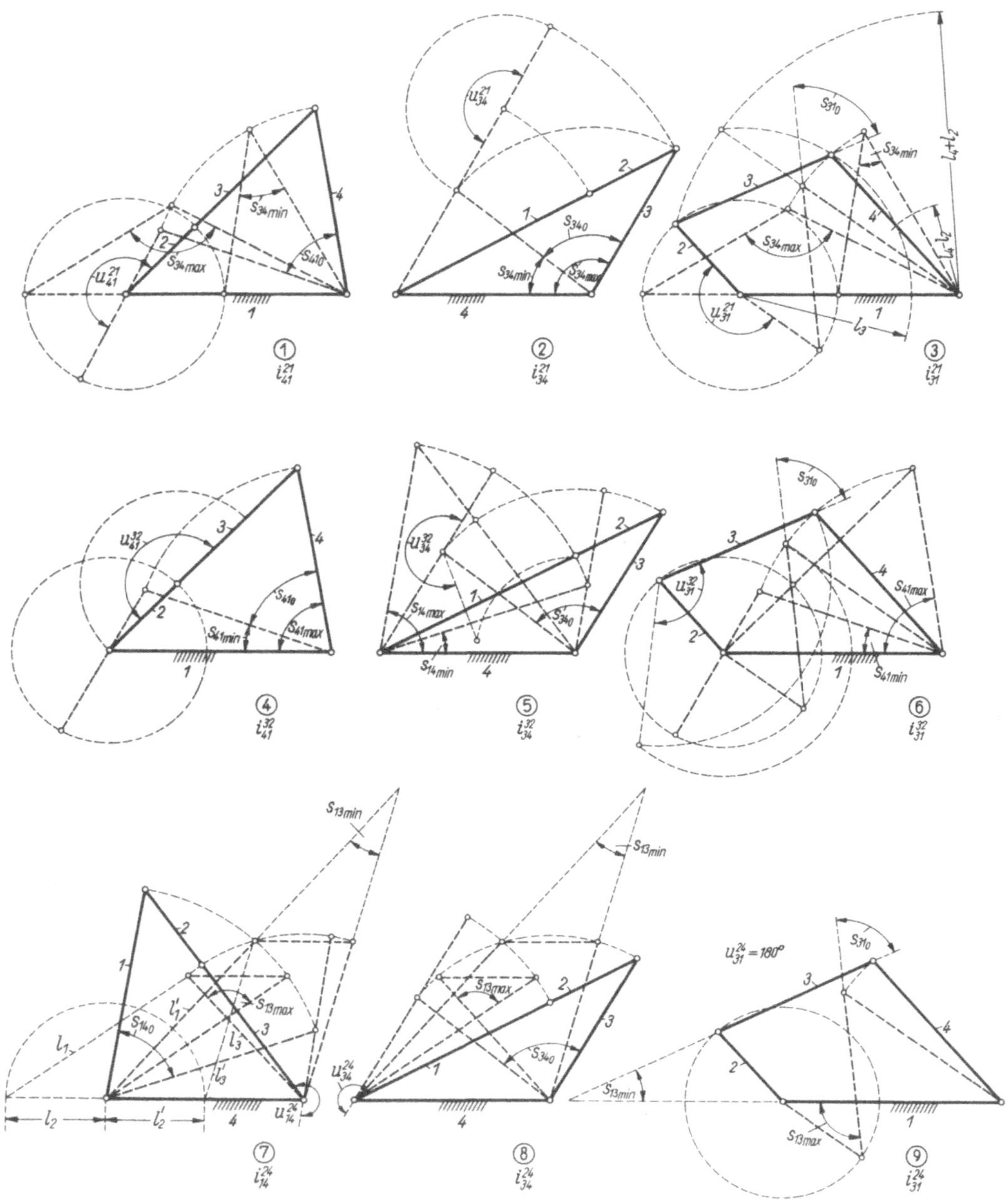

Bild 4
Systematik der Totlagenwinkel in der Gelenkviereck-Kette durch Zuordnung aller Relativ-Umlaufbewegungen zu den Relativ-Schwingbewegungen. Kurbelschwing-Übertragungen i, Kurbelwinkel u, Schwingwinkel s.

Bei den Totlagenstellungen ④ , ⑤ und ⑥ des Bildes 4 soll der Antrieb zwischen den relativ zueinander umlaufenden Gliedern 3 und 2 und der Schwing-Abtrieb nacheinander zwischen den Gliedern 4 und 1, 3 und 4 sowie 3 und 1 erfolgen, es liegen also die Übertragungsverhältnisse i_{41}^{32}, i_{34}^{32} und i_{31}^{32} vor. Im ersten Falle ist wegen der Streck- und Decklagen zwischen 2 und 3 ein Kurbelwinkel $u_{41}^{32} = 180^o$ zu verzeichnen. Der Übertragungswinkel mit seinen Extremwerten $s_{41\,max}$ und $s_{41\,min}$ wird, wie der Schwingwinkel s_{41_o}, zwischen den Gliedern 1 und 4 gemessen.
Im Teilbild ⑤ wurde wieder Glied 4 als Gestell gewählt, um den Schwingwinkel s_{34_o} kenntlich machen zu können. Er liegt zwischen den Grenzlagen des Gliedes 3, die sich aus den Streck- und Decklagen der Glieder 1 und 2 bestimmen. Der Übertragungswinkel s_{14} wird von den Gliedern 1 und 4 eingeschlossen, seine Extremwerte findet man mit Hilfe der Streck- und Decklagen der Glieder 2 und 3. Der Kurbelwinkel u_{34}^{32} ergibt sich, wenn man z.B. die Relativlage des Gliedes 2 zum Glied 3 aus der rechten Grenzlage des Gliedes 3 in dessen linke Grenzlage bringt, indem man die Kurbellage 2 (in der ausgezogenen Stellung) um den Drehpunkt des Gliedes 3 verdreht, bis das Gelenk zwischen 2 und 3 mit seiner Lage in der linken Grenzstellung des Gliedes zusammenfällt.

Die Grenzlagen der Koppel 3 relativ zum Gestell 1, die den Schwingwinkel s_{31_o} einschließen, sind im Teilbild ⑥ des Bildes 4 durch die Parallellagen der Glieder 2 und 4 bestimmt. Die Extremwerte $s_{41\,max}$ und $s_{41\,min}$ werden wie im Teilbild ④ durch die Streck- und Decklagen der Glieder 2 und 3 ermittelt. Den dem Schwingwinkel s_{31_o} zugeordneten Kurbelwinkel u_{31}^{32} findet man, wenn man z.B. die Koppellage 3 aus der gestrichelt gezeichneten Parallellage in die andere (ausgezogen gezeichnete) Parallellage durch Drehung um den Drehpunkt des Gliedes 2 bringt.

Im Teilbild ⑦ des Bildes 4 soll die Übertragung i_{14}^{24}, also die Umwandlung der Umlaufbewegung zwischen den Gliedern 2 und 4 in eine Schwingbewegung zwischen den Gliedern 1 und 4 gezeigt werden. Bei Wahl des Gliedes 4 zum Gestell ergibt sich der Schwingwinkel s_{14_o} durch die Streck- und Decklagen der Glieder 2 und 3. Der Kurbelwinkel u_{14}^{24} wird von den Lagen der Kurbel 2 relativ zum Gestell 4, die den Grenzlagen des Gliedes 1 entsprechen, eingeschlossen. Da in diesen Lagen aber die Glieder 2 und 3 je eine einzige Gerade bilden, liegt dieser Kurbelwinkel unmittelbar auch zwischen den entsprechenden Lagen des Gliedes 3. Der Übertragungswinkel beim Antrieb zwischen den Gliedern 2 und 4 wird von den beiden anderen Gliedern 1 und 3 eingeschlossen. Würde dieser Winkel nämlich 0° oder 180°, so wäre eine Bewegungseinleitung zwischen 2 und 4 nicht möglich. Die Extremwerte $s_{13\,max}$ und $s_{13\,min}$ kommen zustande, wenn die Koppel 2 und das Gestell 1 parallel zueinander liegen. Die Getriebestellung für s_{13max} kann man finden, wenn man, wie gezeigt, die Koppellänge 2 als l_2 nach außen an den Drehpunkt von 1 anträgt, um deren Endpunkt den Kreisbogen mit der Länge l_1 des Gliedes 1 schlägt und diesen zum Schnitt bringt mit dem Kreisbogen des beweglichen Gelenkes des Hebels 3. Dann läßt sich parallel zu 4 durch diesen Schnittpunkt das Glied 2 abtragen und dessen anderer Gelenkpunkt muß vom Drehpunkt des Gliedes 1 die Länge dieses Gliedes als Entfernung haben. Die Getriebelage für den Winkel s_{13min} kann man finden, wenn man auf dem Gestell 4 die Länge des Gliedes 2 als l_2 aufträgt, durch dessen Endpunkt den Kreis mit dem Halbmesser l_3, das ist die Hebellänge 3, schlägt und zum Schnitt bringt mit dem Kreis um den Drehpunkt von 1 mit der Länge l_1 dieses Gliedes als Halbmesser. Dann braucht man nur noch mit diesem Schnittpunkt das Parallelogramm mit dem Drehpunkt des Hebels 3 als Diagonalpunkt zu ergänzen.

Das Teilbild ⑧ des Bildes 4 stellt die Übertragung i_{34}^{24}, also die Umwandlung der Umlaufbewegung zwischen den gegenüberliegenden Gliedern 2 und 4 in die Schwingbewegung s_{34_o} zwischen den Gliedern 3 und 4 dar. Bei Vernachlässigung der unterschiedlichen Längen der Hebel 1 und 3 sind hier die spiegelbildlichen Konstruktionen gegenüber dem Teilbild ⑦ durchzuführen. Der Schwingwinkel s_{34_o} ergibt sich also durch die Streck- und Decklagen der Glieder 1 und 2, der Kurbelwinkel u_{34}^{24} liegt zwischen den Lagen des Hebels 1, die den Grenzlagen von 3 zugeordnet sind, und die Extremwerte $s_{13\,max}$ sind die gleichen wie im Teilbild ⑦

Als letzte Möglichkeit der Erzeugung einer Schwingbewegung ergibt sich die Übertragung i_{31}^{24} der Totlagenstellungen ⑨ des Bildes 4. Die Grenzlagen des Gliedes 3 relativ zum Glied 1 kommen, wie bereits mehrfach erwähnt, in den Parallellagen zwischen den Gliedern 2 und 4 zustande; sie schließen den

Schwingwinkel s_{31_o} ein. Wie in den Teilbildern ⑦ und ⑧ wird der Übertragungswinkel auch hier von den Gliedern 1 und 3 eingeschlossen. Da in den beiden Grenzlagenstellungen die Glieder 2 und 4 parallel sind, muß der Kurbelwinkel immer $u_{31}^{24} = 180^o$ sein.

Die in einem, dem Grashofschen Satz entsprechenden Gelenkviereck möglichen Kurbel- und Schwingwinkel stehen miteinander in enger geometrischer Verwandschaft. Wenn z.B. Δu_{41}^{21} die Abweichung des Kurbelwinkels u_{41}^{21} von 180° bedeutet, so bestehen mit sämtlichen Δ-Kurbelwinkeln (Differenz-Kurbelwinkel) folgende Zusammenhänge. Dabei ist Voraussetzung, daß eine sogenannte Nachbar-Zuordnung zwischen Kurbelwinkel und Schwingwinkel vorliegt, d.h. daß jeweils ein Getriebeglied zu einem Bezugsglied umläuft und ein drittes relativ zum gleichen Bezugsglied hin und her schwingt.

$$\Delta u_{41}^{21} + \Delta u_{14}^{24} = s_{14_o} \tag{3}$$

$$\Delta u_{31}^{21} + \Delta u_{31}^{32} = s_{13_o} \tag{4}$$

$$\Delta u_{34}^{32} + \Delta u_{34}^{24} = s_{34_o}. \tag{5}$$

Dies bedeutet:

> In einem umlauffähigen Gelenkviereck ist jeder der drei Schwingwinkel gleich der Summe der beiden zugehörigen Differenz-Kurbelwinkel in Nachbar-Zuordnung. Bei Diagonal-Zuordnung zwischen Kurbel- und Schwingwinkel ist der Kurbelwinkel immer 180°.

Bei der Nachbar-Zuordnung erscheinen in der hier gewählten Bezeichnungsform für jeden Kurbelwinkel drei, bei der Diagonal-Zuordnung vier verschiedene Einzelziffern. Für die Diagonal-Zuordnungen gilt aber in Übereinstimmung mit Bild 4:

$$u_{34}^{21} = u_{41}^{32} = u_{31}^{24} = 180^o. \tag{6}$$

2.4. Kurbelschwing-Übertragungen in Gelenkviereck-Getrieben

Wenn unter einer Kurbelschwing-Übertragung die Umwandlung einer umlaufenden in eine hin und her schwingende Bewegung verstanden wird, kann man, wie bereits erwähnt, sämtliche drei im umlauffähigen Gelenkviereck auftretenden Relativ-Umlaufbewegungen sämtlichen drei Relativ-Schwingbewegungen zuordnen, sodaß damit insgesamt neun Kurbelschwing-Übertragungen in der Gelenkviereck-Kette zustande kommen. Berücksichtigt man aber noch die verschiedenartigen Bauformen des Gelenkvierecks, wenn es durch Festlegung eines Gliedes zum Gestell Getriebe wird, so entstehen nach Bild 5 insgesamt 19 verschiedenartige Kurbelschwing-Übertragungen in Gelenkviereck-Getrieben.

Bei dieser Systematik steht als Hauptmerkmal die Relativdrehung der Umlauf- und Schwingbewegungen im Vordergrund. So muß unterschieden werden, ob eine solche Drehung um ein Gestellgelenk oder um ein Koppelgelenk erfolgt. Beides sind Relativdrehungen benachbarter Glieder, im ersten Falle die Drehung eines im Gestell gelagerten Gliedes, im zweiten Falle die Drehung um eines der beiden beweglichen, die Koppel führenden Gelenkes im Gelenkviereck. Hinzu kommen die beiden Relativdrehungen zwischen nichtbenachbarten, also gegenüberliegenden Gliedern. Es gibt die Drehung um den Koppelpol, d.i. die Relativbewegung der Koppel gegenüber dem Gestell, und die Drehung um den Kurbelpol, d.i. die Relativbewegung der Schwinge gegenüber der Kurbel, also die Relativbewegung der beiden im Gestell gelagerten Glieder.

Nach Bild 5 gibt es nur die Kurbelschwinge mit der Kurbelschwing-Übertragung ①, wenn die Antriebsumlaufbewegung und die Abtriebsschwingbewegung um je ein Gestellgelenk erfolgen sollen. Es gibt aber drei Übertragungen ②, ③ und ④ für die Zuordnung Gestell: Koppelgelenk, nämlich zweimal in der

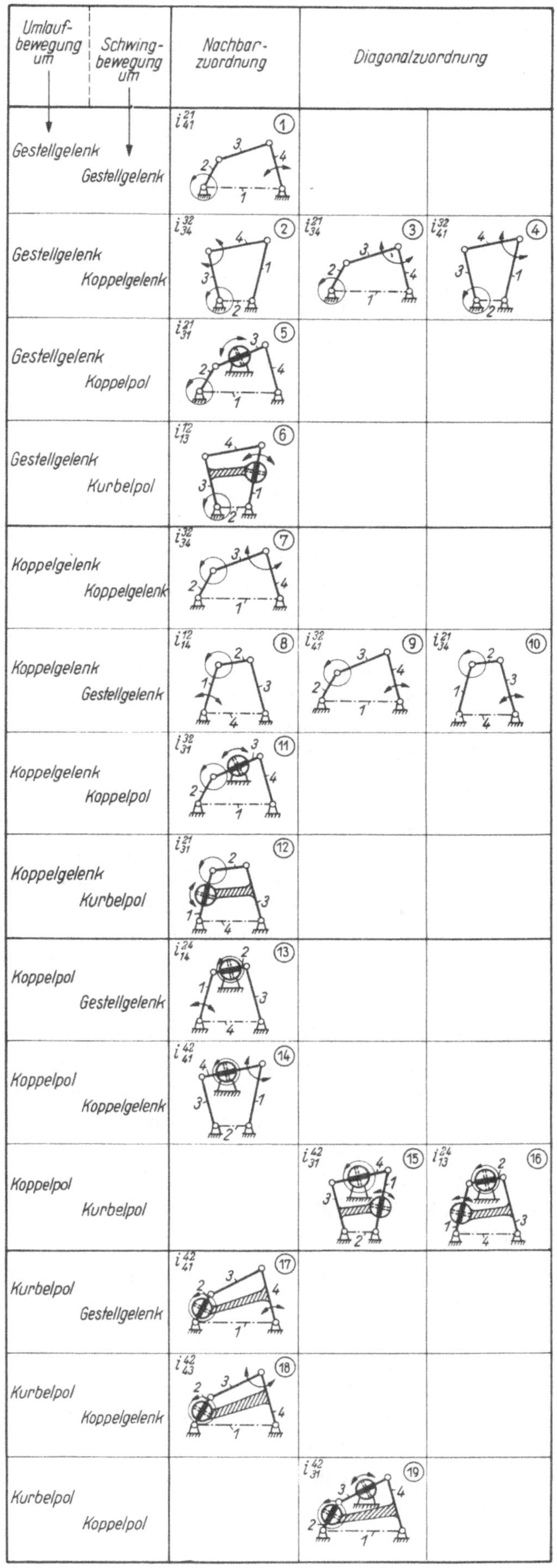

Bild 5
Systematik der Kurbelschwing-Übertragungen i im Gelenkviereck-Getriebe. Umwandlung von Umlaufbewegungen (Pfeil auf Vollkreis) in Schwingbewegung (Doppelpfeil auf Kreissegment) in Kurbelschwinge, Doppelschwinge und Doppelkurbel. Umlauf- und Schwingdreh-Bewegungen um Gestellgelenk (feststehendes Gelenk), Koppelgelenk (bewegliches Gelenk), Koppelpol (Relativbewegung der Koppel gegenüber dem Gestell) und um Kurbelpol (Bewegungen der beiden im Gestell gelagerten Glieder relativ zueinander).

Doppelkurbel und einmal in der Kurbelschwinge, wobei die beiden Doppelkurbeln sich durch Nachbar- und Diagonal-Zuordnung voneinander unterscheiden. Im Gelenkviereck als Kurbelschwinge gibt es noch nach Bild 5, Ausführung (5) die Möglichkeit, eine Abtriebs-Schwingbewegung von der Koppel 3 abzunehmen. Zur Übertragung der winkeltreuen Drehkomponenten der Koppelbewegung auf das Gestell 1 eignet sich gut eine der bekannten wellenbeweglichen Kupplungen, die eine solche winkeltreue Übertragung gewährleisten, wie z.B. die Oldham-Kupplung. Im Bild 5 ist die damit gekennzeichnete Übertragung zwischen gegenüberliegenden Gliedern durch einen Kreis und zwei rechtwinklig stehenden Nuten kenntlich gemacht worden.

Die Ausführung (6) des Bildes 5 stellt eine Doppelkurbel mit Gestellgelenk-Umlaufantrieb und Kurbelpol-Schwingabtrieb dar, d.h. die Schwingbewegung zwischen den beiden im Gestell gelagerten, umlaufenden Kurbeln wird als Abtriebsbewegung angesehen. Bei allen Kurbelschwing-Übertragungen des Bildes 5, ist, wie bereits am Bild 4 erläutert wurde, die Umlaufbewegung durch das oben stehende Ziffernpaar erkenntlich. Außerdem zeigt jedes Getriebeschema die Umlaufbewegung als Vollkreis mit einem Pfeil und die Schwingbewegung als Kreisbogen mit zwei Pfeilen.

Die linke Bildspalte des Bildes 5 enthält alle Nachbar-Zuordnungen von Kurbelschwing-Übertragungen, die beiden rechten Spalten alle Diagonal-Übertragungen. Danach gibt es 12 Nachbar- und 7 Diagonal-Kurbelschwing-Übertragungen im Gelenkviereck. Die Forderung, aus der Fülle dieser Möglichkeiten die für den jeweiligen Fall günstigste herauszufinden, ist u.U. nicht einfach zu erfüllen. Da in Zukunft mehr als bisher eine Anpassung an veränderliche Arbeitsbedingungen durch verstellbare Getriebe anzustreben ist, ist es zweckmäßig, die 19 Kurbelschwing-Übertragungen des Bildes 5 auch auf ihre günstigsten Verstellmöglichkeiten zu untersuchen. Da die einfachste Verstellung durch Verschiebung eines Gestell-Gelenkes erreicht werden kann, ist vorzuschlagen, den Antrieb nicht in diesem Gelenk, sondern in anderen Relativbewegungen wirken zu lassen. Damit gewinnen aber die vielfachen, im Bild 5 erkennbaren anderen An- und Abtriebsmöglichkeiten eine besondere Bedeutung. Die im folgenden gezeigten Anwendungsbeispiele sollen einige entsprechende Hinweise geben.

In Tabelle 1 wurden die neun Variationsmöglichkeiten zwischen den drei Umlauf- und den drei Schwingbewegungen der umlauffähigen Gelenkviereck-Kette zusammengestellt. Es sind die drei Diagonal-Übertragungen i^{21}_{34}, i^{32}_{41} und i^{24}_{31} mit ihren 180°- Kurbelwinkeln zu erkennen. Ferner ist ersichtlich, daß der jeweilige Übertragungswinkel (hier als Klemm-Sicherheitswinkel aufzufassen) nur vom Kurbelwinkel abhängt. Er ist jeweils der Diagonalwinkel zum Kurbelwinkel. Dies äußert sich in den vier verschiedenen Ziffern bei der hier gewählten Kennzeichnung des Übertragungsverhältnisses i und des Kurbel-Umlaufwinkels u. Liegt aber eine Diagonal-Übertragung vor, so ist der jeweilige Abtriebswinkelanteil auch gleichzeitig der Übertragungswinkel.

Die Verteilung der Kurbelschwing-Übertragungen auf die verschiedenen Laufformen der Gelenkviereck-Getriebe ist entsprechend Tabelle 1 unterschiedlich. So gibt es die Zuordnungen i^{32}_{31} als Koppelgelenk: Koppelpol und i^{24}_{34} als Kurbelpol : Koppelgelenk in den Übertragungen (11) und (18) des Bildes 5 nur je einmal. Wegen der Symmetrie der Doppelschwinge ist z.B. die Übertragung (6) als i^{12}_{13} mit i^{32}_{31} gleichwertig, da in der Doppelkurbel sowohl 3 relativ zu 2 als auch 1 relativ zu 2 im Gestellgelenk umlaufen. Das Gleiche gilt für (13), bei dem $i^{24}_{14} = i^{24}_{34}$ gleichwertig sind. Nach Tabelle 1 gibt es aber auch zwei Übertragungen Gestellgelenk : Koppelgelenk und Koppelgelenk : Gestellgelenk, die in sämtlichen drei Laufformen des Gelenkvierecks auftreten können.

Das umlauffähige Gelenkviereck mit seinen verschiedenen Bauformen und Übertragungsmöglichkeiten eignet sich auch zur Erzeugung zweier gleichzeitiger Schwingbewegungen, wobei diese beiden Schwingungen immer phasenverschoben zueinander sind, d.h. die Grenzlagen der beiden hin und her schwingenden Hebel fallen zeitlich nicht zusammen. Im Bild 6 sind sämtliche Kurbelschwing-Übertragungen des umlauffähigen Gelenkvierecks mit einer durch einen Vollkreis und einen Pfeil gekennzeichneten Antriebs-Umlaufbewegung und zwei durch Kreisbogen mit zwei Pfeilen kenntlich gemachten Abtriebs-Schwingbewegungen zusammengestellt worden. Die Antriebs-Umlaufbewegung kann auch hier, wie in Bild 5 in allen möglichen Relativdrehungen liegen, also im Gestellgelenk, im Koppelgelenk, im Kurbelpol und im Koppelpol.

Tabelle 1: Zusammenstellung aller Kurbelschwing-Übertragungen im Gelenkviereck

Laufende Nr.	Kurbelschwing-übertragung	Kurbelwinkel	Schwingwinkel	Übertragungswinkel	Getriebe Nr. nach Bild 5
1	i^{21}_{41}	u^{21}_{41}	s_{41_o}		1 - 8
2	i^{21}_{34}	u^{21}_{34} (180°)	s_{34_o}	$s_{34max} - s_{34min}$	3 - 10
3	i^{21}_{31}	u^{21}_{31}	s_{31_o}		5 - 6 - 12
4	i^{32}_{41}	u^{32}_{41} (180°)	s_{41_o}		4 - 9
5	i^{32}_{34}	u^{32}_{34}	s_{34_o}	$s_{41max} - s_{41min}$	2 - 7
6	i^{32}_{31}	u^{32}_{31}	s_{31_o}		11
7	i^{24}_{14}	u^{24}_{14}	s_{14_o}		13 - 14 - 17
8	i^{24}_{34}	u^{24}_{34}	s_{34_o}	$s_{13max} - s_{13min}$	18
9	i^{24}_{31}	u^{24}_{31} (180°)	s_{31_o}		15 - 16 - 19

Wenn vorausgesetzt werden soll, daß beide Abtriebs-Schwingbewegungen immer nur im Gestell entweder unmittelbar in einem Gestellgelenk oder von der Koppel aus über eine wellenbewegliche Kupplung wirken sollen, gibt es nach Bild 6 drei verschiedene Übertragungen in der Kurbelschwinge und deren zwei in der Doppelschwinge, also insgesamt fünf verschieden Möglichkeiten zur Erzeugung zweier Abtriebs-Schwingbewegungen.

In Übereinstimmung mit Bild 4 sind in Bild 6 in allen Fällen die Übertragungswinkel μ eingezeichnet worden. Für jede Schwingbewegung gibt es je einen Kurbelwinkel und zwischen beiden Schwingbewegungen einen Phasenwinkel, der durch den Anteil des Kurbelwinkels, der den rechten oder linken Grenzlagen der Schwingbewegungen entspricht, ausgedrückt wird. An einigen späteren Beispielen sollen diese Abhängigkeiten im einzelnen aufgezeigt werden.

2.5. Die konstruktive Ausbildung umlauffähiger Gelenkvierecke

Bei der konstruktiven Gestaltung der Kurbelgetriebe muß den gelenkigen Verbindungen besondere Sorgfalt gewidmet werden. Bei hin und her gehenden Relativbewegungen ist es i.a. am einfachsten, die Hebel gelenkig so miteinander zu verbinden, daß sie sich, in Achsrichtung der Gelenke gesehen, in der gleichen Ebene und damit verkantungsfrei bewegen. In der Kurbelschwinge des Bildes 7 a trifft dies für den Abtriebs-Schwinghebel c und für die Koppel b zu. Im Gelenk B ist z.B. die Koppel b gabelförmig ausgebildet, die Schwinge c liegt mit ihrem Lager mittig in dieser Gabel und kann in ihrem Gestellpunkt B_0 doppelt gelagert werden. Da in den Gelenken A_0 und A relative Umlaufbewegungen ermöglicht werden müssen, ist dafür zu sorgen, daß die Koppel b sich an der Kurbel a seitlich vorbei bewegen kann. Die bekannteste gelenkige Umlaufverbindung ist die bei Dampfmaschinen und Verbrennungsmaschinen verwendete, mehrfach gelagerte Kurbelwelle. Bild 7 a zeigt eine einfach gekröpfte, am Wellenende A_0 befestigte, im Gestell d gelagerte Kurbel a.

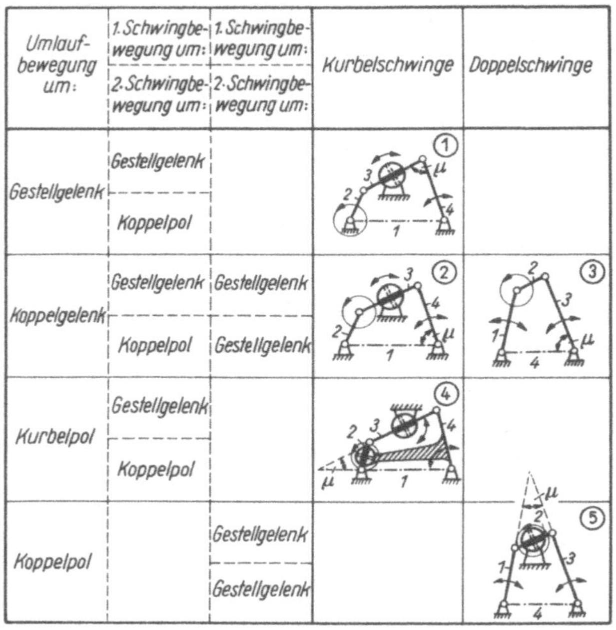

Bild 6
Systematik der Kurbelschwing-Übertragungen im Gelenkviereck-Getriebe mit zwei Schwingdreh-Abtriebsbewegungen. Bezeichnungen wie im Bild 5.

Im Bild 7 ist die Kurbel a als ein mit der Welle A_0 fest verbundener Exzenter mit der Exzentrizität A_0A ausgebildet. Die Bohrung des Hebels b umschließt die Welle A_0; es ist eine sogenannte Zapfenerweiterung zustande gekommen. Im Beispiel des Bildes 7 b ist, im Gegensatz zu Bild 7 a, der Schwinghebel c im Gelenk B gabelförmig ausgebildet worden. Sämtliche drei bewegten Getriebeglieder, die zum Exzenter entartete Kurbel a, die Koppel b und die Schwinge c, schwingen in einer Ebene, wodurch die Verkantungsgefahr weitgehend herabgesetzt wird. Allerdings ist das Reibungsmoment im Exzenter wegen des großen Laufdurchmessers erhöht worden.

Im Bild 7 c wird gezeigt, daß ein Gelenkviereck sogar mit einer doppelten Zapfenerweiterung ausgeführt werden kann. Diesem Getriebe liegt das Schema des Bildes 7 d zugrunde, also eine Kurbelschwinge mit dem Gestell A_0B_0 = d, der Kurbel A_0A = a, der Koppel AB = b und der Schwinge B_0B = c. Die Schwinge c durchläuft den Winkel ψ_0, und die Kurbel a für den Hingang von c den Kurbelwinkel φ_0. Nach Bild 7c läuft, mit der Welle A_0 vom Durchmesser D_1 fest verbunden, der Exzenter a mit dem Laufdurchmesser D_2, auf dem wiederum ein weiterer Exzenter b mit dem Laufdurchmesser D_2, auf dem wiederum ein weiterer Exzenter b mit dem Laufdurchmesser D_3 gelagert ist. Hier gleitet der Ring des Hebels c, der um B_0 hin und her schwingt.

Das umlauffähige Gelenkviereck als Doppelschwinge kann auf verschiedene Arten umlaufend angetrieben werden. Die im Gestell d gelagerten Glieder a und c schwingen mit Phasenverschiebung hin und her, die Koppel b läuft sowohl relativ zu ihren benachbarten Gliedern a und c als auch zum gegenüberliegenden Gestell d voll um, Bild 8 a. Man kann also einen Antriebsmotor auf einem der schwingenden Glieder a oder c montieren und von hier aus die Koppel b direkt oder über ein Zwischengetriebe umlaufend antreiben. Motor und Getriebe können dann, wie Bild 8 a zeigt, außerhalb angeordnet sein. Die Antriebswelle

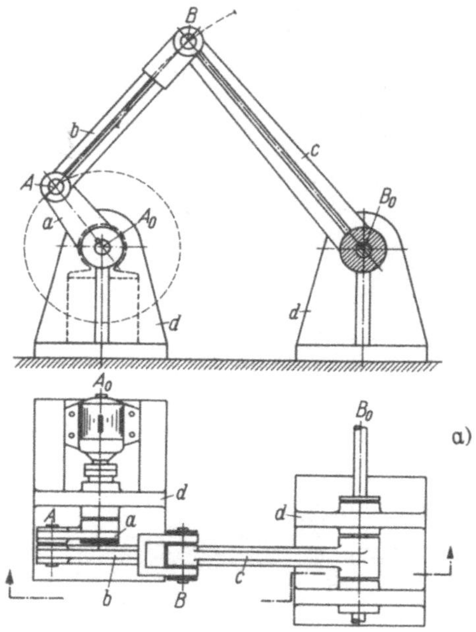

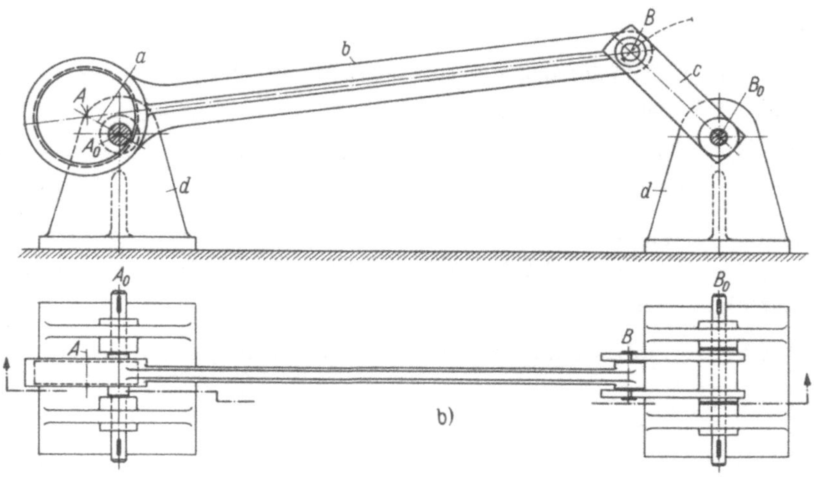

Bild 7
Konstruktive Ausführungen des Gelenkvierecks als Kurbelschwinge.

Bild 7a: Kurbelschwinge mit einseitig gekröpfter Kurbelwelle,

Bild 7b: Kurbelschwinge mit Einfach-Exzenter durch Zapfenerweiterung des Gestellgelenkes A_0 um Kurbelgelenk A,

Bild 7c: Kurbelschwinge mit Doppelexzenter durch Zapfenerweiterungen des Gestellgelenkes A_0 um Kurbelgelenk A und des Kurbelgelenkes A um Schwingengelenk B,

Bild 7d: Getriebeschema der Kurbelschwinge des Bildes 7c.

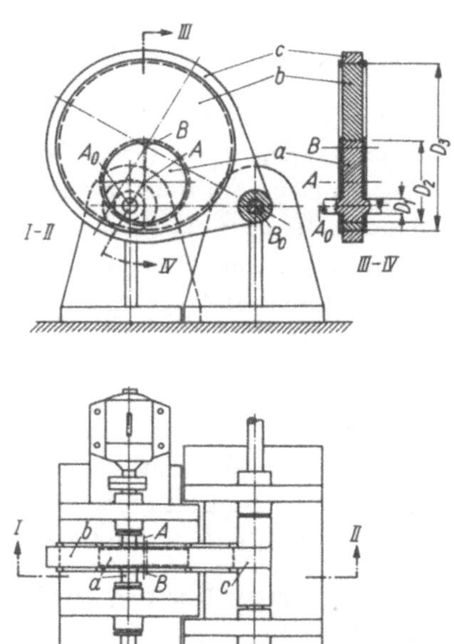

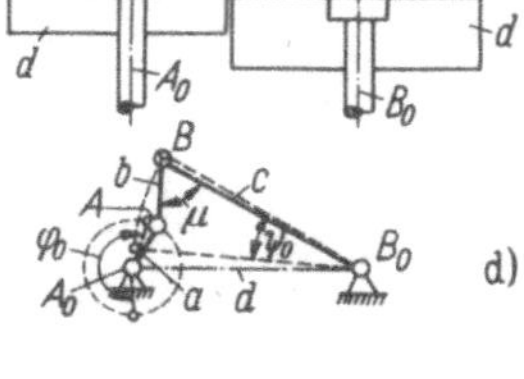

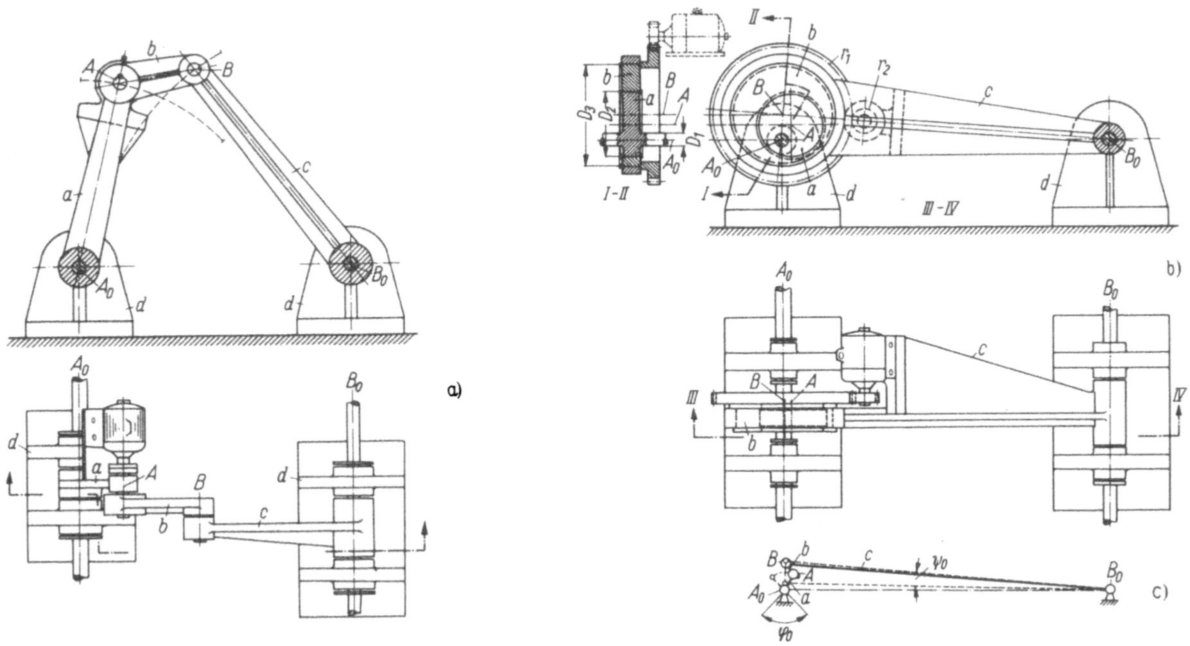

Bild 8
Konstruktive Ausführungen des Gelenkvierecks als Doppelschwinge mit Koppelgelenk-Antrieb (vgl. Bild 5 und 6),

Bild 8a: Umlaufender Antrieb vom Schwinghebel a auf umlaufende Koppel b, Motorwelle A mit Koppel b fest verbunden,

Bild 8b: Umlaufender Antrieb vom Schwinghebel auf umlaufende Koppel b durch Zahnradvorgelege, Doppelexzenter durch Zapfenerweiterung des Gestellgelenkes A_0 um Kurbelgelenk A und des Kurbelgelenkes A um Schwingengelenk B,

Bild 8c: Getriebeschema der Doppelschwinge des Bildes 8b.

führt durch das Lager A des Schwinghebels a und ist fest mit der Koppel b verbunden. Diese vollführt dann ihre Umläufe zwischen den Schwinghebeln a und c. Ein Vorteil dieser Antriebsart besteht in der Möglichkeit, beide im Gestell d gelagerte Hebel a und c in den Lagerpunkten A_0 und B_0 doppelseitig abzustützen und damit dem gesamten Getriebe eine gute Seitenstabilität geben zu können.

Der Relativantrieb zwischen Schwinghebel und umlaufender Koppel läßt sich auch raumsparend mit Hilfe einer Zapfenerweiterung verwirklichen, Bild 8 b. Dieser Ausführung liegt das Getriebeschema des Bildes 8c zugrunde. Am Hebel c mit dem kleinen Schwingwinkel ψ_0 ist auf einem Konsol der Motor angebracht, der über ein Zahnradgetriebe r_2 und r_1 den Exzenterring b umlaufend antreibt. Dieser ist mit dem Durchmesser D_3 in der Nabe des Hebels c gelagert und hat eine exzentrische Bohrung D_2, in der der im Gestellpunkt A_0 gelagerte Exzenter a läuft, der einen Schwingwinkel φ_0 beschreibt.

Für den im folgenden zu beschreibenden Koppelpol-Antrieb werden winkeltreu übertragende, wellenbewegliche Kupplungen gebraucht. Das bekannteste Maschinenelement dieser Art ist die Oldham-Kupplung, Bild 9. Die Achsen der in den Lagern 1 laufenden Kupplungsteile 2 und 4 können beliebig parallel zueinander verschoben werden, die Übertragung erfolgt immer mit konstant bleibendem Übersetzungsverhältnis 1 : 1. Das Mittelstück 3 hat zwei winkelig zueinander angeordnete Gleitfedern, die in zugehörigen Nuten der Kupplungsteile 2 und 4 gleiten können.

Die winkeltreue Übertragung bleibt auch gewährleistet, wenn die Gleitfedern nicht rechtwinklig zueinander stehen.

Eine andere winkeltreue und wellenbewegliche Kupplung ist die sogenannte Kärger-Kupplung, Bild 10. Auch hier können die Achsen der im Gestell 1 gelagerten Kupplungsteile 2 und 8 beliebig achsparallel zueinander verschoben werden, ohne daß eine Änderung in der gleichförmigen Übertragung auftritt. Voraussetzung hierfür ist die Ausbildung des Teilgetriebes aus den Getriebeteilen 2, 3, 4 und 5 sowie 5, 6, 7 und 8 als Parallelkurbelgetriebe, d.h. die Hebel 3 und 4, sowie 6 und 7 müssen paarweise gleiche Länge haben und die Gelenkabstände in den Scheiben 2, 5 und 8 müssen jeweils als gegenüberliegende Stichmaße im gleichen Teilgetriebe gleich lang sein.

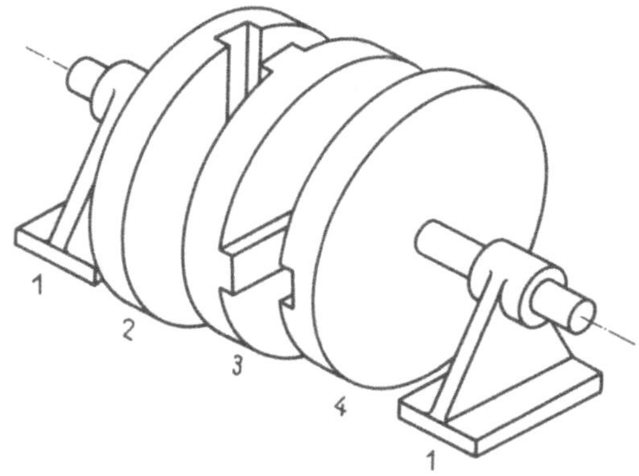

Bild 9
Oldham-Kupplung für winkeltreue Drehübertragungen bei Querbewegungen zwischen An- und Abtriebswelle.

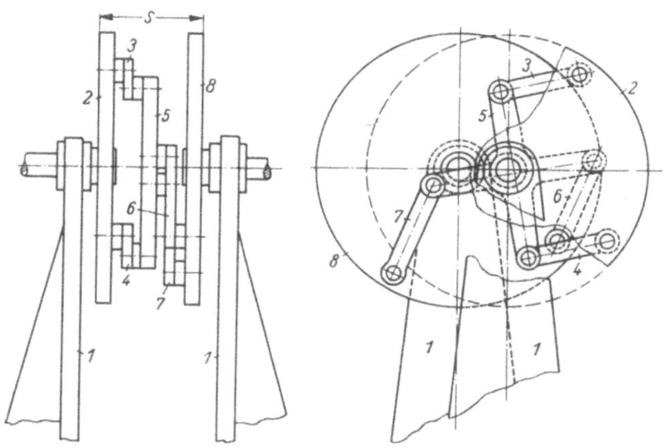

Bild 10
Kärger-Kupplung mit zwei Teil-Parallelkurbelgetrieben für winkeltreue Drehübertragungen bei Querbewegungen zwischen An- und Abtriebswelle.

Die Verwendung einer Oldham-Kupplung als Koppelpolantrieb einer Doppelschwinge ist im Bild 11 gezeigt [25] . Im gestellfesten Lagerpunkt F_0 ist ein Kupplungsteil gelagert. Ein weiteres Kupplungsteil ist mit der in der Bohrung B des Schwinghebels c gelagerten Achse fest verbunden. Dazwischen gleitet der Doppelschieber der Oldham-Kupplung. Die in B gelagerte Achse sitzt außerdem starr an der Koppel b, die nunmehr in jeder beliebigen Lage mit der gleichen Winkelgeschwindigkeit relativ zum Gestell d dreht wie die Antriebsachse F_0. Wenn also diese Achse gleichförmig umläuft, läuft auch die Koppel b gleichförmig um, jedoch nicht um eine stationäre Achse, sondern dieser Umlaufbewegung ist noch eine durch die Schwinghebel a und c bedingte Schwingbewegung überlagert. Die Grenzlagen der Schwinghebel a und c werden hierbei ohne irgendwelche Klemmerscheinungen durchlaufen.

Der Doppelschwingen-Koppelpolantrieb ist auch mit den handelsüblichen Gelenkwellen möglich, die bekanntlich bei richtiger Lage der Kreuzgelenkachsen ebenfalls eine winkeltreue Übertragung gewährleisten. Die Gelenkwelle ist, Bild 12, in Punkt F_0 gestellfest gelagert und am anderen Ende mit der

Achse fest verbunden, die in der Bohrung A des Schwinghebels a läuft und mit der Koppel b fest verbunden ist. Das Zwischenstück der Gelenkwelle muß wegen deren veränderlichen Schrägstellungen längsverschieblich ausgebildet sein.

Bild 13 veranschaulicht den Kurbelpolantrieb einer Kurbelschwinge nach den Getriebeanordnungen (17), (18) oder (19) des Bildes 5. Die Kurbel a läuft relativ zur Schwinge c voll um. Deshalb sitzt der Antriebsmotor auf einem Flansch der Schwinge c mit dem Drehpunkt F der umlaufenden Motorachse, mit der ein Kupplungs-Außenteil einer Oldham-Kupplung fest verbunden ist. Das andere Außenteil ist mit einer Achse verbunden, die in der Gestellbohrung A_0 läuft und auf der anderen Seite mit der Kurbel a verkeilt ist. In ihrem Gelenk A wird die Kurbel a an der Koppel b angelenkt.

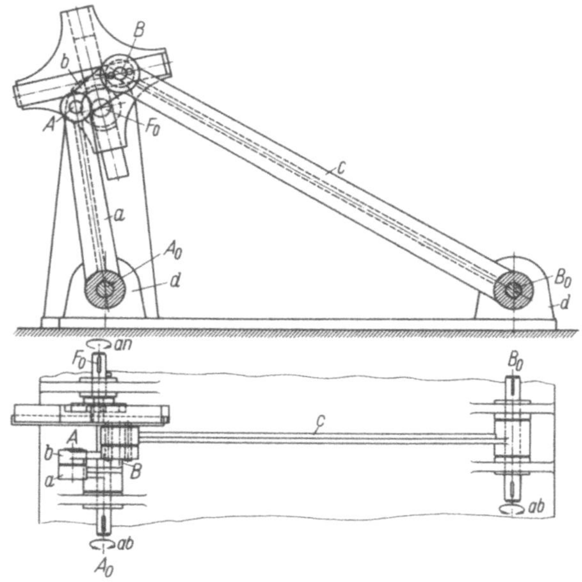

Bild 11
Konstruktive Ausführung des Gelenk-Vierecks als Doppelschwinge mit Koppelpol-Antrieb durch Oldham-Kupplung. Übertragung der umlaufenden Antriebsbewegung von der gestellfesten Welle F_0 auf die umlaufende Koppel b mit Oldham-Kupplung. Im Gelenk B des Hebels c laufende Welle ist mit Kupplungsteil der Oldham-Kupplung und mit Koppel b fest verbunden.

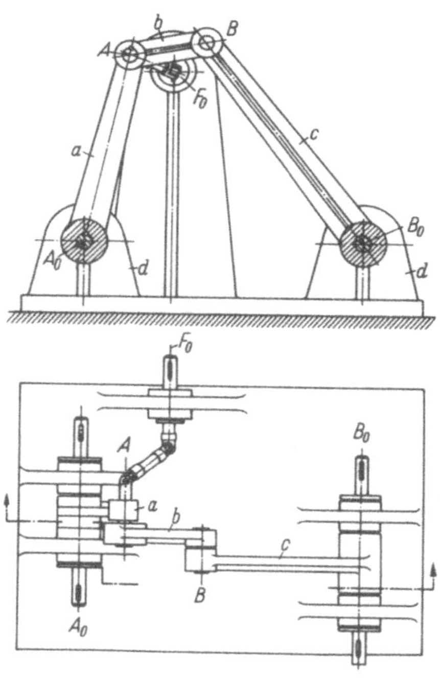

Bild 12
Konstruktive Ausführung des Gelenkvierecks als Doppelschwinge mit Koppelpol-Antrieb durch Gelenkwelle. Einzelheiten wie im Bild 11.

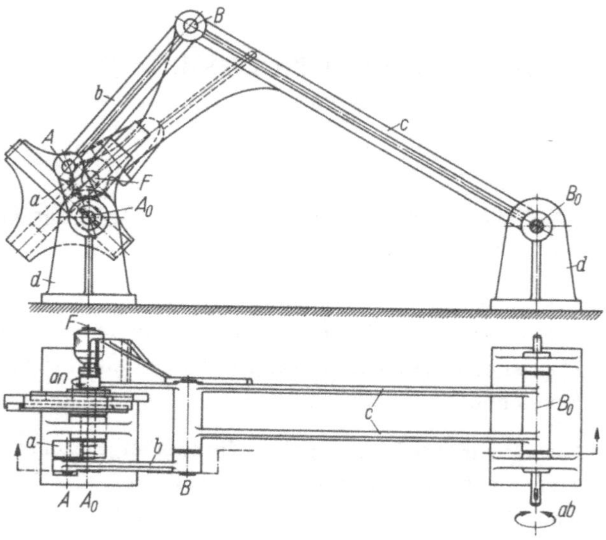

Bild 13
Konstruktive Ausführung des Gelenkvierecks als Kurbelschwinge mit Kurbelpol-Antrieb. Übertragung umlaufender Antriebsbewegung von der mit der Schwinge c verbundenen Welle F auf die relativ zu c umlaufende Kurbel a mit Oldham-Kupplung.

3. Merkmale der Kurventafeln

3.1. Gelenkviereck-Kurventafeln der Totlagenwinkel

Die im Anhang enthaltenen Kurventafeln beziehen sich auf das Gelenkviereck als Kurbelschwinge und als Doppelschwinge. Die Kurbelschwingen-Tafeln werden mit KS-T, die Doppelschwingen-Tafeln mit DS-T bezeichnet.

Für die Kurbelschwinge gelten die Winkelbezeichnungen und die Totlagenstellungen mit Deck- und Strecklage 1 und 3 zwischen Kurbel a und Gestell d, Bild 14a, sowie mit Deck- und Strecklage 2 und 4 zwischen Koppel b und Kurbel a, Bild 14b. In den beiden ersten Stellungen treten die Extremwerte μ_1 und μ_3 des Winkels μ zwischen Koppel b und Schwinge c auf, im Bild 14b die Extremwerte ψ_2 und ψ_4 des Winkels ψ zwischen Schwinge c und Gestell d. Der Schwingwinkel ψ_0 wird von den Grenzlagen c_2 und c_4 der Schwinge c eingeschlossen, und die Kurbel a durchläuft hierbei den Kurbelwinkel φ_0 zwischen den Lagen a_2 und a_4.

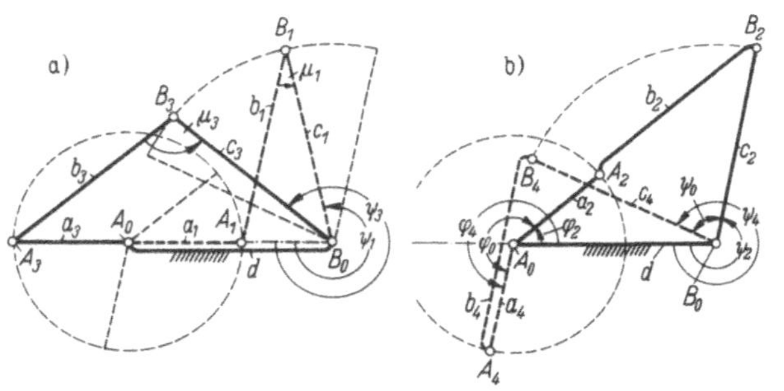

Bild 14
Totlagenwinkel der Kurventafeln KS-T für die Kurbelschwinge, φ Kurbelwinkel, ψ Schwingenwinkel, μ Übertragungswinkel.

Für die Doppelschwinge (DS-T), Bild 15, werden ebenfalls vier Totlagenstellungen betrachtet. Im Bild 15a befinden sich in der Stellung 1 der Schwinghebel c und die Koppel b in der Strecklage $b_1 - c_1$ und in der Decklage $b_2 - c_2$, wodurch die Schwinge a ihre Grenzlagen a_1 und a_2 einnimmt, die den Schwingwinkel φ_0 einschließen. Bringt man die Koppellage b_2 in die Lage b'_2, d.h. verdreht man die Strecke b_2 um A_0 so, daß die Gelenklage A_2 mit A_1 zusammenfällt und B_2 nach B'_2 kommt, schließen die Lagen b_1 und b_2 den Kurbelwinkel $\beta\varphi$ ein, den die Koppel b relativ zu a durchläuft, wenn der Schwinghebel a zwischen seinen Grenzlagen a_1 und a_2 schwingt. Durch Verdrehen der Koppellage b_1 um B_0 nach b'_1 so, daß B_1 nach B_2 gelangt, findet man den Kurbelwinkel $\mu\varphi = 180^\circ$, d.i. der Winkel, den die Koppel b relativ zu c zurücklegt, wenn der Hebel a zwischen seinen Grenzlagen a_1 und a_2 schwingt. Der Kurbelwinkel $\beta\psi = 180^\circ$ bestätigt in Bild 15b die schon festgestellte Tatsache, daß bei Diagonalübertragungen der Kurbelwinkel $\mu\varphi$ immer 180° sein muß. Der Winkel $\beta\psi$ ist dem Schwingwinkel ψ_0 zugeordnet. Dem Winkel ψ_0 ist aber auch der Kurbelwinkel $\mu\psi$ zugeordnet, d.i. die Relativdrehung der umlaufenden Koppel b zum Schwinghebel c.

In der Getriebestellung des Bildes 15c befinden sich die Hebel a und c in ihren (bezogen auf das Gestell) rechten Grenzlagen a_2 und c_4, die dann auftreten, wenn sich c_2 und b_2 in der Deck- und a_4 und b_4 in der Strecklage befinden. Wenn die Koppellage b_4 um A_0 nach b'_4 so verdreht wird, daß A_4 nach A_2 und B_4 nach B'_4 kommen, schließen b_2 und b_4 den Phasenwinkel β_r ein, d.i. der Winkel, den die umlaufende Koppel b relativ zum Hebel a zurücklegt, wenn die Schwinghebel a und c nacheinander in ihre rechte Grenzlage gebracht werden.

Ähnliche Betrachtungen gelten, Bild 15 d, für die linken Grenzlagen a_1 und c_3 der Hebel a und c, wenn nämlich b_1 und c_1 eine Strecklage und b_3 und a_3 eine Decklage einnehmen. Die Koppel hat also relativ zum Hebel a einen Phasenwinkel β_1 durchlaufen, der den Zeitunterschied zwischen den linken Grenzlagen a_1 und c_3 der Hebel a und c entspricht.

Die Bilder 15 e und 15 f zeigen die Phasenwinkel μ_r und μ_1, das sind die anteiligen Kurbelwinkeldrehungen der Koppel b relativ zum Schwinghebel c. Der Winkel μ_r ist also den rechten Grenzlagen a_2 und c_4, der Winkel μ_1 den linken Grenzlagen a_1 und c_3 der Hebel a und c zugeordnet.

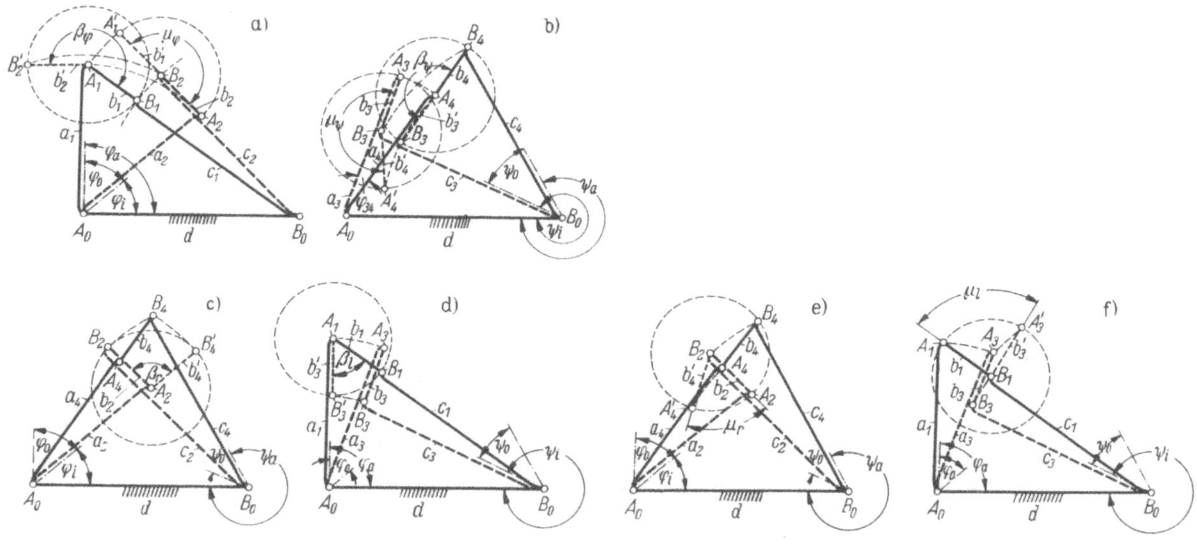

Bild 15
Totlagenwinkel der Kurventafeln DS-T für die Doppelschwinge.

φ, ψ Schwingenwinkel, bzw. Übertragungswinkel; β, μ Kurbelwinkel, bzw. Übertragungswinkel.

Bild 15a und 15b: Getriebestellungen für die Schwingwinkel φ_0 und ψ_0.

Bild 15c und 15d: Getriebestellungen für die Phasenwinkel β_r (rechte Grenzlagen) und β_l linke Grenzlagen), bezogen auf Relativ-Umlaufbewegungen zwischen Koppel b und Schwinghebel a;

Bild 15e und 15f: Getriebestellungen für die Phasenwinkel μ_r (rechte Grenzlagen) und μ_l(linke Grenzlagen), bezogen auf Relativ-Umlaufbewegungen zwischen Koppel b und Schwinghebel c.

3.2. Die Verstellgrenzen der Kurbelschwinge und der Doppelschwinge

In den Kurventafeln sind verstellbare Gelenkvierecke enthalten, wobei die Verstellbarkeit immer durch die veränderliche Gestellänge d innerhalb der überhaupt möglichen Grenzen d_{max} und d_{min} gekennzeichnet ist. Für die Extremwerte d_{min} und d_{max} liegen alle vier Glieder des Gelenkvierecks immer in einer einzigen Geraden, d.h. es sind hier Verzweigungslagen vorhanden, in denen eine eindeutige Weiterbewegung des Getriebes durch sich allein nicht mehr möglich ist, was auch dadurch erkenntlich ist, daß alle Übertragungswinkel Null werden.

Nach Bild 16 a sind $d_{min} = a_I + b_I - c_I$ und $d_{max} = c_{II} + b_{II} - a_{II}$ für b > c. Für d_{min} sind die Kurbel a_I und die Koppel b_I in einer Strecklage, die Koppel b_I und die Schwinge c_I dagegen in einer Decklage. Für d_{max} liegen die umgekehrten Verhältnisse mit den Gliedlagen a_{II}, b_{II} und c_{II} vor. In den Bildern 16 b und 16 c sind die Extremverstellungen d_{min} und d_{max} für b < c und für b = c kenntlich gemacht worden.

Da bei der Doppelschwinge, Bild 17 die dem verstellbaren Gestell d gegenüberliegende Koppel b das kürzeste Glied sein muß, ergibt sich für die Extremwerte immer $d_{min} = b_I + c_I - a_I$ und $d_{max} = a_{II} + c_{II} - b_{II}$. Die Verstellgrenzen sind dadurch gekennzeichnet, daß nach der geringsten Verstellung aus einer solchen Durchschlagslage sofort ein umlauffähiges Getriebe, im Bild 17 also eine Doppelschwinge mit umlaufender Koppel b, entsteht. Deshalb muß in der Gleichung für d_{min} immer das längere, im Gestell gelagerte Glied c das positive und das kürzere Glied a das negative Vorzeichen erhalten; dann ist schon nach einer unendlich geringen Vergrößerung von d_{min} das Gestell d größer als die Koppel b, womit die Voraussetzung für ein umlauffähiges Gelenkviereck nach dem Satze von Grashof erfüllt ist. Bei der symmetrischen Doppelschwinge mit a = c ist d_{min} = b.

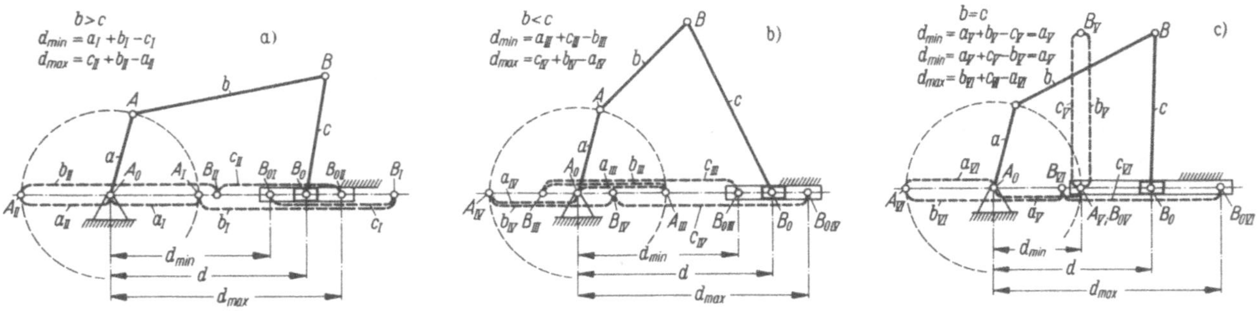

Bild 16
Verstellgrenzen der umlauffähigen Kurbelschwinge zwischen d_{min} und d_{max} bei Gestellängen-Verstellung.

Bild 16a: Kurbelschwinge mit der Zuordnung Koppel b größer als Schwinge c.

Bild 16b: Zuordnung Koppel b kleiner als Schwinge c.

Bild 16c: Zuordnung Koppel b gleich Schwinge c.

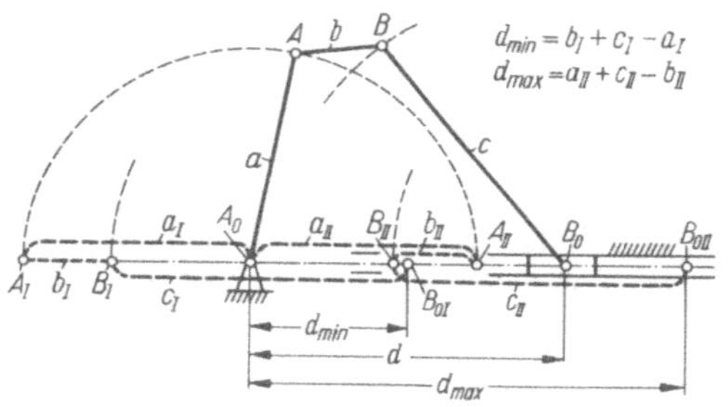

Bild 17
Verstellgrenzen der umlauffähigen Doppelschwinge zwischen d_{min} und d_{max} bei Gestellängen-Verstellung.

3.3. Die Stufungen der Gelenkviereck-Tafeln

In den Tafeln der Kurbelschwingen und Doppelschwingen wurden alle Längenmaße der Getriebeglieder auf das kürzeste Glied bezogen, damit immer mit Bezugszahlen größer als 1,0 gearbeitet werden kann. Bei den Kurbelschwingen ist deshalb die Kurbel a = 1,0 bei den Doppelschwingen die Koppel b = 1 gewählt worden.

Die Reihenfolge der Kurbelschwingen-Kurventafeln (KS-T) ist nach den steigenden Koppellängen b aufgestellt worden, Tabelle 7; jeder Koppellänge werden Schwingenlängen zwischen 1,1 und 64,0 mit wachsenden Stufensprüngen zugeordnet. Bei 10 Stufen kommen auf diese Weise 100 Kurventafeln für Kurbelschwinge zustande.

Bei den Doppelschwingen-Kurventafeln (DS-T) werden außer dem zusätzlichen Wert $c = 2,6$ dieselben Stufensprünge benutzt, Tabelle 8. Da aber in der Doppelschwinge gleiche, spiegelbildliche Totlagenwinkel auftreten, wenn die beiden Schwinghebel a und c (Bild 15) miteinander vertauscht werden, brauchen die Diagramme für solche Vertauschungen wegen der gleichen Kurvenzüge nur einmal aufgenommen zu werden. Auf diese Weise ergeben sich für die Doppelschwinge insgesamt 60 Kurventafeln DS-T.

3.4. Merkmale der Diagramme in den Gelenkviereck-Tafeln

Bei der Benutzung der Kurventafeln ist es zweckmäßig, daß grundsätzliche Zusammenhänge der Winkel und der Verläufe der Diagramme betrachtet werden.

Für die Kurbelschwingen ist, wie bereits oft erwähnt [72; 73], der Schwingwinkel ψ_o in der zentrischen Kurbelschwinge, wenn also der Kurbelwinkel $\varphi_o = 180^o$ ist, unter Berücksichtigung des Übertragungswinkels am größten. Sein größter Wert ergibt sich für $a = c = 0$ und $b = d$ (Bild 14) und für $\varphi_2 = 0$. Diese Gliedlängen sind aber nur theoretische Grenzwerte, und deshalb muß man sich mit entsprechenden Annäherungen begnügen. In den KS-T-Tafeln ist ψ_{omax} immer bei d_{min}. Der Schwingwinkel ψ_o ist aber in der verstellbaren Kurbelschwinge, d.h. bei veränderlicher Gestellänge am kleinsten, wenn $\varphi_o = 180^o$, also wenn durch die Gestellängenänderung die zentrische Kurbelschwinge entsteht.

Der Kurbelwinkel φ_o beginnt in der gleichschenkligen Kurbelschwinge ($b = c$) bei 360° in d_{min} und erreicht bei d_{max} Beträge zwischen 140° und 170°. Die Abweichung des Kurbelwinkels φ_o von 180° wird umso kleiner, je größer $\frac{b}{c}$. Der Lagenwinkel φ_2 für den Kurbelwinkel beginnt in d_{min} bei 0°, solange $b > c$. Für $b < c$ hat er einen endlichen Anfangswert, der mit steigendem $\frac{c}{b}$ anwächst. Der Lagenwinkel φ_2 verläuft im allgemeinen in einer flachen Kurve.

Von den Lagenwinkeln ψ für den Schwinghebel c interessieren vor allem ψ_2 und ψ_4. Es ist $\psi_4 = \psi_2 + \psi_o$. Der Winkel ψ_2 beginnt für $b = c$ bei 180° und steigt bis ψ_{2max} in d_{max} an. Für $c > b$ beginnt ψ_2 oberhalb 180°, für $b < c$ liegt $\psi_{2min} = 180^o$ in d_{min}.

Da die Doppelschwingen-Diagramme immer für $c = a$ und $c > a$ aufgestellt worden sind, gelten sie mit spiegelbildlicher Vertauschung aller Werte auch für $a = c$ und $a > c$. Deshalb werden im folgenden alle Betrachtungen nur für den ersten Fall angestellt, und der zweite ist jeweils mit Vertauschung von a gegen c eingeschlossen.

In den Doppelschwingen-Tafeln DS-T nehmen die symmetrischen Doppelschwingen mit der Längengleichheit $a = c$ der beiden im Gestell gelagerten Schwinghebel eine Sonderstellung ein. Die Kurven für die Schwingwinkel φ_o und ψ_o, β_1 und μ_r sowie $\beta\varphi$ und $\mu\psi$ decken sich. Die Kurven φ_a und ψ_a sowie φ_i und ψ_i müssen symmetrisch zur Ordinate 180° liegen. Die kleinste Gestellänge ist immer $d_{min} = 1,0$, und alle oben erwähnten Winkel beginnen bei d_{min} mit 0° oder 180°. Die Schwingwinkel $\varphi_o = \psi_o$ verringern sich bei Gestellveränderung wesentlich mehr mit wachsendem $b = c$.

In den unsymmetrischen Doppelkurbeln sind:

$$\varphi_o > \psi_o \quad \text{für } a < c$$

$$\varphi_o < \psi_o \quad \text{für } a > c$$

Je größer die Differenz $c - a$, umso größer wird auch der Unterschied der Schwingwinkel ψ_o und φ_o. Die größten Schwingwinkel kommen in jeder Gruppe dann zustande, wenn die Hebel a und c sich der Gleichheit $a = c$ nähern. Je größer c relativ zu a wird, umso mehr verschiebt sich $\varphi_{o_{min}}$ vom Bereich d_{max} zur Diagramm-Mitte.

Bei $a = c$ beginnt und endet der Lagenwinkel ψ_i immer in 0°. Je kleiner $\frac{b}{a}$, umso größer wird $\Delta\varphi_i$. Der Extremwert $\varphi_{i_{max}}$ wandert von Diagramm-Mitte ($a = c = d$) in die Nähe von d_{min} mit kleiner werdendem $\frac{b}{a}$. In den unsymmetrischen Doppelschwingen beginnt φ_i bei einem Größtwert (d_{min}) und endet bei

Null (d_{max}). Die Lagendifferenz $\Delta\varphi_i$ wächst mit größer werdendem $\frac{c}{a}$. Die gleichen Beziehungen gelten für ψ_i mit dem Unterschied, daß ψ_i als Ergänzungswinkel zu 360^0 zu betrachten ist.

Die Kurbelwinkel der Doppelschwinge in Nachbarzuordnung, also die Relativwinkel zwischen der umlaufenden Koppel und den ihr benachbarten Gliedern, sind bei symmetrischer Anordnung a = c wiederum für jede beliebige Gestellänge d gleich groß: $\beta\varphi = \mu\psi$. Ihre Werte sind bei d_{min} immer 180^0 und steigen stetig bis d_{max} an. Diese Kurbelwinkel sind umso größer, je kleiner die Schwinghebel a und c sind. Dies gilt auch für die unsymmetrischen Kurbelschwingen, allerdings beginnen hier die Kurbelwinkel bei d_{min} mit einem Betrag um so größer als 180^0, je kleiner a und c sind. Der Extremwert $\beta\varphi_{min}$ wandert bei kleiner werdendem Koppelglied b von d_{min} bis zur Diagramm-Mitte (d = c). Der Kurbelwinkel $\mu\psi$ beginnt bei d_{min} immer unter 180^0, und zwar umso niedriger, je größer $\frac{c}{a}$.

Die Phasenwinkel als "Zeitwert" für die Aufeinanderfolge der Schwingungen der beiden Glieder a und c sind bei der symmetrischen Doppelschwinge am leichtesten zu übersehen. Die Winkel $\beta_r = \mu_l$ variieren zwischen 0^0 und 180^0, die Winkel $\beta_l = \mu_r$ zwischen 0^0 und einem veränderlichen Maximum. Die Veränderung zwischen 0^0 und 180^0 bleibt für den Phasenwinkel μ_l auch bei unsymmetrischen Doppelkurbeln erhalten. In diesen Getrieben liegt der Anfangswert von μ_r (bei d_{min}) umso höher, je größer $\frac{c}{a}$, umso kleiner wird aber $\Delta\mu_r$. Der Phasenwinkel β_l beginnt immer bei 0^0 und $\Delta\beta_l$ wird größer, wenn die Koppel b kleiner wird. Der Winkelunterschied $\Delta\beta_r$ nimmt mit wachsendem $\frac{c}{a}$ ab.

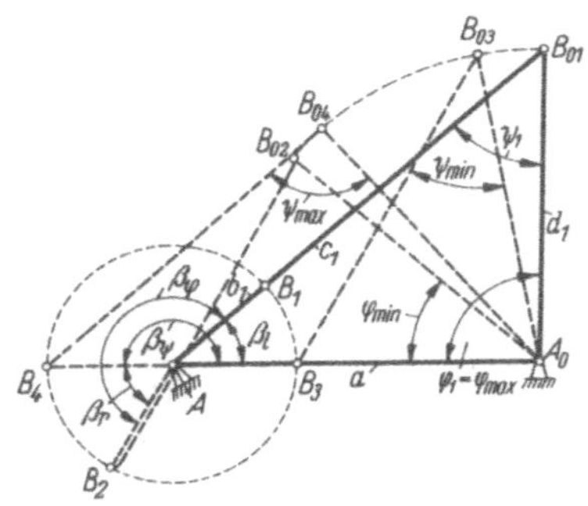

Bild 18
Zusammenhänge zwischen den Phasenwinkeln und den Kurbelwinkeln in der Doppelschwinge, dargestellt in der Kurbelschwinge als kinematische Umkehrung.

Zwischen den Phasenwinkel β_r und β_l sowie μ_r und μ_l bestehen die folgenden, einfachen Beziehungen. Die Doppelschwingen der Bilder 15e und 15f sind in Bild 18 auf Glied a festgestellt worden, wodurch eine Kurbelschwinge entsteht und die Kurbelwinkel-Anteile β, also die Drehungen der Koppel b relativ zum Schwinghebel a, übersichtlich dargestellt werden können. Die rechte Grenzlage des Hebels c relativ zum Gestell d entsteht in der Stellung A B_4 B_{04} A_0, wenn der Winkel $\psi = \psi_{max}$ erscheint. Die rechte Grenzlage von a ist beim kleinsten Winkel $\varphi = \varphi_{min}$ in der Stellung A B_2 B_{02} A_0 zu verzeichnen. Also ist der Phasenwinkel β_r zwischen den Kurbellagen AB_2 und AB_4 zu messen. Die linke Grenzlage von c relativ zu d kommt bei $\psi = \psi_{min}$ in der Stellung A B_3 B_{03} A_0, die linke Grenzlage von a relativ zu d bei $\varphi_l = \varphi_{max}$ in der Stellung A B_1 B_{01} A_0 zustande. Demnach ist der Phasenwinkel β_l, zwischen den Kurbellagen A B_1 und A B_3 einzuzeichnen. Der Kurbelwinkel $\beta\psi$, d.i. der Winkelanteil der Drehung von b relativ zu a den Grenzlagen von c relativ zu d entsprechend, muß als Diagonalwinkel 180^0 sein. Der Kurbelwinkel $\beta\varphi$ ist in Nachbarzuordnung der Winkelanteil von c relativ zu d für die Grenzlagen zwischen a und d. Er muß zwischen den Kurbellagen A B_1 und A B_2 liegen. Aus Bild 18 findet man:

$$\beta\varphi + \beta_l = \beta\psi + \beta_r \tag{7}$$

und daraus

$$\beta_r - \beta_l = \beta\varphi - 180^0. \tag{8}$$

Das Gleiche muß sinngemäß auch für μ (vgl. Bild 15 e und 15 f) gelten:

$$\mu_1 - \mu_r = \mu_\psi - 180^\circ. \qquad (9)$$

Es gilt also:

In der Doppelschwinge ist die Differenz der beiden Phasenwinkel, das sind die Anteile des zugeordneten Kurbelwinkels in der Aufeinanderfolge der jeweils rechten und linken Grenzlagen der beiden Schwinghebel, gleich der Abweichung des Kurbelwinkels von 180°, wenn dieser Kurbelwinkel zwischen einem der schwingenden Glieder und der umlaufenden Koppel gemessen wird.

4. Anwendungen der Kurventafeln

4.1. Getriebebeispiele für Totlagenwinkel

4.1.1. Beispiele für die Benutzung der Kurventafeln

Für die Totlagenkonstruktion der Kurbelschwinge gibt es grundlegende Untersuchungen [34, 46, 47, 71, 74], die zu der Möglichkeit führten, die übertragungsgünstigste Kurbelschwinge unmittelbar aus einem Diagramm abzugreifen [4, 72, 73]. Für vorgeschriebenen Kurbelwinkel φ_0 und Schwingwinkel ψ_0 gibt es unendlich viele Kurbelschwingen. Davon gibt es eine einzige mit dem größten während einer Bewegungsperiode auftretenden Kleinstwert des Übertragungswinkels. Alle diese "übertragungsgünstigsten" Kurbelschwingen für vorgeschriebene Schwing- und Kurbelwinkel sind in dem erwähnten Diagramm enthalten.

Die hier vorliegenden Kurventafeln können zu Getrieben für weitere zusätzliche Forderungen führen. Außer dem Schwing- und Kurbelwinkel können noch bestimmte "Lagenwinkel" vorgeschrieben werden. Hinzu kommen die Phasenwinkel zwischen zwei durch das gleiche Getriebe erzeugbaren Schwingbewegungen. Mit Hilfe von Gliedervertauschungen können, wie an einigen Beispielen gezeigt werden soll, die Kurventafeln für die Kurbelschwinge und für die Doppelschwinge gleichzeitig zur Ermittlung von Gelenkvierecken bestimmter geforderter Eigenschaften benutzt werden. Auf diese Weise kann man aus den 19 Getriebeformen des Gelenkvierecks für einen Schwingwinkel, Bild 5, und aus den 5 Getriebeformen für zwei Schwingwinkel, Bild 6, die jeweils beste Lösung ausfindig machen.

Das besondere Kennzeichen der Kurventafeln liegt in der Verstellbarkeit der zugehörigen Gelenkvierecke. Da sowohl für die Kurbelschwinge als auch für die Doppelschwinge die Gestellängen-Verstellung enthalten ist, entspricht dies der einfachsten Getriebeverstellung während des Ganges. Da die Kurbelschwinge und die Doppelschwinge durch die kinematische Umkehrung in enger Beziehung zueinander stehen, lassen sich auch Verstellungen bewegter Glieder und sogar mehrere gleichzeitige Verstellungen erfassen.

Die durch die Kurventafeln dargestellten Gelenkvierecke können zu vielgliedrigen Getrieben zusammengesetzt werden, so daß also auch die höheren Möglichkeiten dieser Getriebe erkennbar sind. Es entstehen "übertragungsgünstigste" Getriebe, wenn in jedem der Teil-Gelenkvierecke die Kleinstwerte der Übertragungswinkel gleich groß sind. Auf diese Art lassen sich die Grenzen der Getriebe in Abhängigkeit von ihrer Gliederzahl abstecken.

4.1.2. Kurbelschwinge mit vorgeschriebenem Schwingwinkel und Kurbelwinkel für gegebene Lage des Schwingbereiches

Entsprechend Bild 19 sind für eine Kurbelschwinge ein Schwingwinkel $\psi_0 = 45^\circ$ der Kurbel und ein Kurbelwinkel $\varphi_0 \cong 210^\circ$ der Schwinge c vorgeschrieben. Außerhalb des Gestellpunktes B_0 wird aus baulichen Gründen ein möglichst weiter Freiraum gefordert. Der Schwinghebel c soll deshalb in seiner rechten Grenzlage B_0B_2 möglichst wenig in den für andere Zwecke beanspruchten Raum hineinschwingen.

Wenn ein kleinster Übertragungswinkel $\mu_{min} = 30^\circ$ als noch zulässig angesehen wird, besteht die Aufgabe also darin, aus den KS-T-Kurventafeln eine Kurbelschwinge für die gegebenen Werte ψ_0, φ_0, μ_{min} mit größtem Lagenwinkel ψ_{2max} zu finden. Es ergibt sich für diese Aufgabe, daß der kleinste Übertragungswinkel μ_1 immer in der Decklage der Kurbel mit dem Gestell d, d.h. in der Getriebestellung $A_0A_1B_1B_0$, auftritt, Bild 19. In Tabelle 2 sind aus vier Kurventafeln KS-T die zu dem Schwingwinkel $\psi_0 = 45^\circ$ gehörigen Werte eingetragen worden. Es ergibt sich, daß die Kurbelschwinge mit b = 3,4; c = 3,4; d = 2,76 bei $\mu_1 = 30^\circ$ zu dem größten Lagenwinkel $\psi_2 = 268^\circ$ führt. Dabei durchläuft die Kurbel a den Kurbelwinkel $\varphi_0 = 210^\circ$.

Tabelle 2: Zahlenwerte aus den KS-T-Tafeln für die Kurbelschwinge nach Bild 18.
$a = 1{,}0$; $\psi_0 = 45^\circ$.

Nr.	b	c	d	φ_0	μ_1	μ_3	ψ_2
1	1,8	3,4	2,715	246°	15°	86°	308°
2	2,2	3,4	2,57	233°	22°	76°	297°
3	3,4	3,4	2,76	210°	30°	67°	268°
4	8,0	3,4	6,38	193°	30°	67°	230°

4.1.3. Kurbelschwinge mit vorgeschriebenem Kurbelwinkel und angenähertem Schwingwinkel für zeitlich festgelegte Grenzlagen

In den Kurbelschwing-Tafeln KS-T sind außer den Lagenwinkeln ψ_2 und ψ_4 für den Schwingbereich noch die Lagenwinkel φ_2 und φ_4 für die Kurbelwinkel-Lage enthalten. Wenn, wie in Bild 19, die Kurbel a gleichförmig umläuft, gibt der Lagenwinkel φ_2 auch an, in welchem Zeitpunkt, z.B. nach der Kurbel-Decklage A_0A_1, die Schwinge c ihre rechte Grenzlage B_0B_2 einnimmt.

Man kann also z.B. vorschreiben, daß die Grenzlagen des Gliedes c zu bestimmten Zeitpunkten eingenommen werden, d.h. daß die Lage des Kurbelwinkels φ_0 relativ zum Gestell d vorgeschrieben ist.
Es sollen ein Kurbelwinkel $\varphi_0 = 160^\circ$ und ein Schwingwinkel $\psi_0 \sim 20^\circ$ vorgeschrieben sein. Die Grenzlage B_0B_2 des Hebels c soll, wenn die Kurbel a im Gegenuhrzeigersinn läuft, so früh wie möglich nach der Decklage A_0A_1 eingenommen werden. Als kleinster zulässiger Übertragungswinkel ist wieder $\mu_{min} = 30^\circ$ einzusetzen.

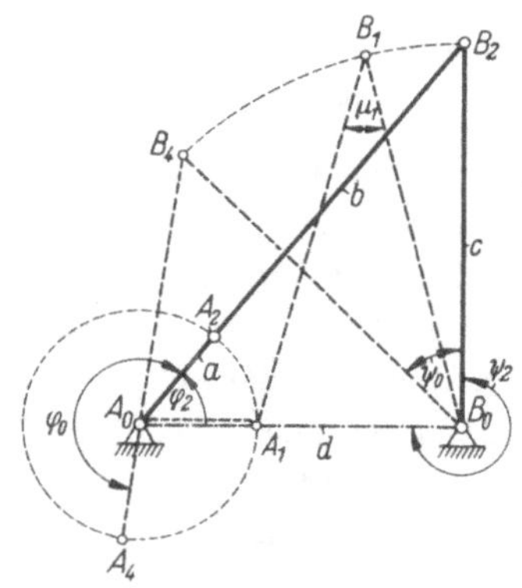

Bild 19
Bestimmung einer Kurbelschwinge mit gegebenem Kurbelwinkel φ_0 und Schwingwinkel ψ_0 bei zulässigem kleinstem Übertragungswinkel $\mu_{min} = \mu_1$ für Lage des Schwingbereiches möglichst nahe am Kurbeldrehpunkt A_0: $\psi_2 = \psi_{2max}$.

In Tabelle 3 sind für verschiedene b - c - Werte die zugehörigen Gestellängen und Winkelgrößen zusammengestellt worden. Für b - c = 3,4 - 3,4 und 8,8 - 8,0 kommen für $\varphi_0 = 160^\circ$ zu ungünstige Übertragungswinkel zustande, deshalb wurden hier, um zu zeigen, wie weit der gesuchte Winkel $\varphi_2 = \varphi_{2min}$ noch abfallen kann, größere Winkel φ_0 eingesetzt. Auffällig ist, daß für diese Aufgabe die Übertragungsgüte immer durch den Winkel μ_3 und nicht nur durch μ_1 begrenzt wird, d.h. mit dessen Abweichung von 180°.

Die Kurbelschwinge mit b - c = 3,4 - 8.0 ergibt bei $\mu_3 = 144^\circ$ ($180^\circ - 144^\circ = 36^\circ$) eine gute Annäherung mit 17° an den geforderten Wert $\psi_0 \sim 20^\circ$ und einen "Grenzlagen-Zeitpunkt" $\varphi_2 = \varphi_{2min} = 50^\circ$.
Wenn man also eine Abweichung des Kurbelwinkels φ_0 von 160° auf 166° und eine noch zulässige Übertragungsgüte $\mu_3 = 154^\circ$ (26°) in Kauf nehmen kann, kommt man zu $\varphi_2 = \varphi_{2min} = 30^\circ$ für b - c = 8,8 - 8,0.

Tabelle 3: Zahlenwerte aus den KS-T-Tafeln für Kurbelschwinge mit zeitlich festgelegten Grenzlagen. a = 1,0; $\varphi_0 = 160^\circ$

Nr.	b	c	d	ψ_0	μ_1	μ_3	φ_2
1	1,4	3,4	3,675	34°	47°	151°	63°
2	1,8	3,4	4,035	35°	62°	150°	54°
3	2,2	3,4	4,4	$35,5^\circ$	72°	150°	49°
4	3,4	3,4	5,64	41°	86°	156°	$35,5^\circ$
5	3,4	3,4	5,56	39°	84°	150°	36°
6	1,8	8,0	8,49	15°	67°	142°	70°
7	2,2	8,0	8,8	15°	77°	141°	64°
8	3,4	8,0	9,94	17°	95°	144°	50°
9	8,8	8,0	14,54	20°	116°	154°	30°

Abweichungen von $\varphi_0 = 160^\circ$:
Getriebe Nr. 5 : $\varphi_0 = 163^\circ$
Getriebe Nr. 9 : $\varphi_0 = 166^\circ$

4.1.4. Erzeugung einer umlaufenden Abtriebsbewegung durch eine hin- und herschwingende Antriebsbewegung

Es ist schon lange bekannt, daß durch eine hin- und hergehende Bewegung eine umlaufende Bewegung erzeugt werden kann. Die dabei unvermeidbaren Totlagen werden in den meisten Fällen durch ein Schwungrad oder durch mit Phasenverschiebung parallel zueinander angeordnete gleichartige Getriebe überwunden. Da Totlagen durch Streck- und Decklagen bzw. durch Zusammenfallen der Relativpole zweier Getriebeglieder, von denen hier eines Abtriebsglied ist, entstehen, zwischen diesen beiden Gliedern also der Übertragungswinkel 0° oder 180° wird, kann man das Getriebe trotzdem zum eindeutigen Weiterlaufen zwingen, wenn man den Antrieb durch eine zusätzliche Kraft, z.B. durch eine Feder oder durch Gewichtsbelastung, zwischen anderen Getriebegliedern als vorher, verlagert [62, 63] . Wie in Bild 4 gezeigt wurde, ändert sich damit auch der Übertragungswinkel, der nunmehr zwischen zwei anderen Getriebegliedern als vorher zu messen und wegen der im Gelenkviereck immer vorhandenen Phasenverschiebung nicht Null ist. Wenn als zusätzliche, zur Überwindung der Totlagen dienende Kraft eine Feder und als Hauptantrieb z.B. ein hydraulisch beaufschlagter Schubkolben verwendet werden, ist die Feder im Bereich des Schubkolbenantriebes zu spannen. Sie muß eine Arbeit speichern, die sie in den Totlagen-Bereichen, in denen der Schubkolben nicht arbeiten kann, zum Zwecke der Weiterbewegung des Abtriebsgliedes wieder freigibt. Eine zusätzliche Bedingung besteht darin, daß die Speicherfeder in jeder der beiden Totlagen das umlaufende Abtriebsglied in der gleichen Richtung weiterbewegt.

Nach Bild 20 soll in einer Kurbelschwinge der Schwinghebel B_0B von dem in C_0 gelagerten Schubkolben hin und hergehend angetrieben werden. Die Grenzlagen B_0B_2 und B_0B_4 schließen den Schwingwinkel ψ_0 ein, das Schubkolbengelenk C ist mit B_0B verbunden und nimmt in diesen Grenzlagen die Lagen C_2 und C_4 ein. Die Feder ist im Kurbelgelenk A und in einem Punkt F des Schwinghebels c aufgehängt, Bild 20 b.

In der Totlage $A_oA_2B_2B_o$ liegt F_2 unterhalb von b, die Kurbel a wird in ihrer Lage A_oA_2 durch die Feder im Uhrzeigersinne bewegt. In der zweiten Totlage $A_oA_4B_4B_o$ liegt der Federaufhängepunkt F_4 oberhalb von b, die Kurbel a wird aus ihrer Lage A_oA_4 von der Feder wieder im Uhrzeigersinne weitergedreht. Es kommt also, damit die Feder in beiden Totlagenstellungen ein genügend großes Drehmoment um das Gelenk B erzeugen kann, darauf an, daß der Punkt F und damit die Schwinge c relativ zu b einen möglichst großen Winkel μ^* beschreibt. Trägt man μ^* an b an, so ist die Winkelhalbierende des Winkels μ^* der geometrische Ort für den Federaufhängepunkt F. Zwischen den Lagen A_oB_2 und A_oB_4 schwingt dann der Punkt F von F_2 nach F_4 symmetrisch zur Koppel b außerhalb des Gelenkes B.

Läßt man nach Bild 20c den Federaufhängepunkt F wiederum symmetrisch zur Koppel B, aber innen schwingen, so wird, wie leicht nachgeprüft werden kann, die Kurbel a in beiden Totlagen A_oA_2 und A_oA_4 durch die Feder im Gegenuhrzeigersinne weiterbewegt. Es ist also möglich, durch eine solche Speicherfeder je nach deren Aufhängung die Abtriebskurbel sowohl in der einen als auch in der anderen Drehrichtung zu verdrehen.

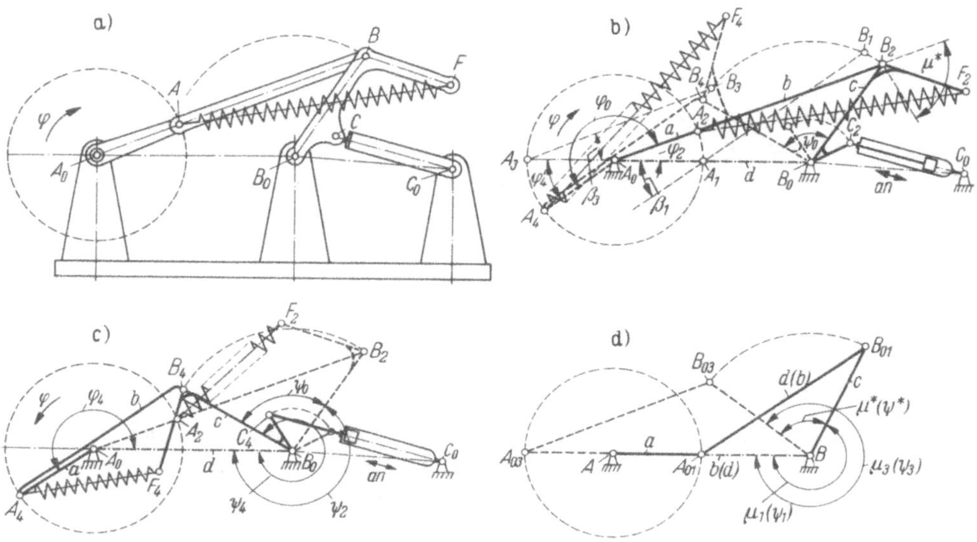

Bild 20
Kurbelschwinge mit schwingendem Antrieb und umlaufendem Abtrieb mit Totlagen-Überwindung durch eine Feder.

Bild 20a: Getriebe für Totlagen-Überwindung in Hebelform. Antriebs-Zylinder CoC.

Bild 20b: Aufhängung der Speicherfeder zum Rechtslauf der Abtriebskurbel.

Bild 20c: Aufhängung der Speicherfeder zum Linkslauf der Abtriebskurbel.

Bild 20d: Kinematische Umkehrung der Kurbelschwinge zur Bestimmung des Federausschlagwinkels μ^*.

Die Speicherfeder ist im Punkt F am Glied c befestigt, an ihrem anderen Ende im Gelenk A. Da dieses Gelenk aber als der Kurbel a und auch der Koppel b zugehörig betrachtet werden kann, liegen zwei verschiedene Übertragungen vor. Beim Antrieb zwischen c und b gilt der Diagonalwinkel zwischen a und d als Übertragungswinkel. Liegt der Antrieb aber zwischen c und a, so liegt der Übertragungswinkel zwischen b und d (vgl. Bild 4). Da in den Totlagen, Bild 20b und 20c, die Glieder b und a auf einer Geraden liegen, ist für die beiden Betrachtungen der Übertragungswinkel derselbe Winkel φ_2 oder β_3; der letztere wird als spitzer Winkel besser mit $\varphi_4' = \varphi_4 - 180^o$ eingesetzt.

Um ein günstiges Getriebe für die hier gestellten Forderungen zu finden, ist es also notwendig, die Übertragungswinkel φ_2 und φ_4 (φ'_4) und außerdem den Federwinkel μ^* so groß wie möglich vorzusehen. Der Schwingwinkel ψ_o braucht, wenn er z.B. unter 120° liegt, nicht berücksichtigt zu werden, da der Schubkolben immer mit guten Übertragungsverhältnissen eingebaut werden kann. Bei ψ_o = 120° kommt man bei dessen symmetrischen Einbau auf einen Übertragungswinkel von 30°. In den Totlagenstellungen A_oA_1 und A_oA_3, Bild 20 b, ist, da die Winkel φ_2 und φ'_4 ihren Extremwert Null einnehmen, die Feder unwirksam. Dafür kann aber der Schubkolben den Antrieb übernehmen; denn seine Übertragungswinkel β_1 und β_3 sind genügend groß. Der Winkel β zwischen der Kurbel a und der Koppel b ist der Diagonalwinkel zum Winkel ψ zwischen der Schwinge c und dem Gestell d und deshalb auch der Übertragungswinkel beim Antrieb vom Schubkolben aus.

Wenn man in den KS-T-Tafeln ein Gelenkviereck für den vorgesehen Zweck zu suchen hat, müssen also die Kurbellagenwinkel φ_2 und φ'_4; die Koppelwinkel β_1 und β_3 sowie der Federwinkel μ^* mit möglichst großen Werten berücksichtigt werden. Die Winkel β, sowie μ_2 und μ_4 erscheinen in den KS-T-Tafeln nicht. Man kann aber die kinematische Umkehrung verwenden, Bild 20 d, und die Koppel b des Ursprungsgetriebes zum neuen Gestell (d), das Gestell d des Ursprungsgetriebes zur neuen Koppel (b) machen. Dann ist im Umkehrgetriebe die Winkeldifferenz (ψ_3) - (ψ_1) = μ^* = $\mu_3 - \mu_1$ mit der Gesamt-Relativbewegung der Koppel b gegenüber der Schwinge c im Ursprungsgetriebe identisch. Im Beispiel des Bildes 20 wurde zur Vereinfachung die Längengleichheit b = d angenommen, und hierfür ergeben sich aus der KS-T-Tafel b = 2,2; c = 1,4 folgende Werte: φ_o = 194°; ψ_o = 95°; φ_2 = 21°; φ_4 = 35°. Wegen b = d müssen außerdem $\varphi_2 = \beta_3$ und $\varphi'_4 = \beta_1$ sein. Zu günstigeren Übertragungswinkeln kommt man, wenn man nicht mehr die Längengleichheit b = d voraussetzt und zwischen den einzelnen Kurventafeln mit Interpolationen arbeitet.

4.1.5. Kurbelschwinge mit zwei Abtriebs-Schwingbewegungen an Schwinge und Koppel

Nach der Zusammenstellung des Bildes 5 ist die Kurbelschwinge gut geeignet, eine Umlaufbewegung gleichzeitig in zwei Abtriebs-Schwingbewegungen umzuwandeln, wenn die beiden Abtriebsglieder im Gestell gelagert sind. Die Bauform ① des Bildes 5 zeigt einen Schwingabtrieb am Schwinghebel 4 und den anderen gleichen Abtrieb über eine wellenbewegliche Kupplung an der Koppel 3.

Das Getriebe des Bildes 21 a soll ein im Punkt B_o gelagertes Sperrad mit 50 Schritten absatzweise einmal um 360° verdrehen, wobei für den Arbeitsgang, d.h. für die Sperrzahn-Mitnahme, um die Beanspruchung in der Verzahnung und in den zu schaltenden Getriebeteilen gering zu halten, ein möglichst großer Kurbelwinkel φ_o im Verhältnis zum Rückhol-Kurbelwinkel 360° - φ_o vorzusehen ist. Die Gesamt-Schaltzeit je Sperrzahn, die einer Umdrehung der Kurbel A_oA = a entspricht, wird durch die Aufteilung in einen langsamen Arbeitsgang und in einen schnellen Leerhub nicht beeinflußt. Von der Koppel AB = b der Kurbelschwinge soll zusätzlich über eine Oldham-Kupplung ein Schwingwinkel ψ_o = 60° erzeugt werden. Hierbei ist es erwünscht, daß die beiden Gleitführungen dieser Kupplung aus Raumersparnis-Gründen so kurz wie möglich gehalten werden, was durch die Lage des Drehpunktes F_o des im Gestell gelagerten Kupplungsteiles erreichbar ist.

Für die Sperrad-Schaltbewegung ist bei 50 Schritten je Umdrehung für einen Schritt ein Schaltwinkel von 7,2° notwendig. Da ein Überlauf notwendig ist, soll ein Schwingwinkel ψ_o = 8° als vorgeschrieben gelten. Man kann damit in den KS-T-Tafeln zunächst eine Kurbelschwinge für ψ_o = 8° mit einem möglichst großen Kurbelwinkel aussuchen. Nach Gliedervertauschung, vgl. Bild 3, muß sich dann eine Kurbelschwinge für einen Schwingwinkel von 60° ergeben. Die Kurbelschwinge der Tafel b - c = 2,2 - 16,0 hat bei d = 15,27 einen Schwingwinkel ψ_o = 8° und einen Kurbelwinkel φ_o = 209° bei den Extrem-Übertragungswinkel μ_1 = 34,5° und μ_3 = 92°. Nach der Vertauschung b - c = 16,0 - 2,2 kommt ein Schwingwinkel von 60° zustande, so daß die Aufgabe damit bei einer befriedigenden Übertragungsgüte ($\mu_1 = u_{min}$ = 34,5°) gelöst ist.

Um zu kleinen Abmessungen der Oldham-Kupplung zu kommen, empfiehlt es sich, deren Gestelldrehpunkt F_o in die Mitte des Schwingbogens des Gelenkes B zu legen, Bild 21a.

Im Bild 21a sind die Getriebestellungen $A_oA_5B_5B_o$ und $A_oA_6B_6B_o$ für die Grenzlagen der Koppel AB = b eingezeichnet, die den Parallellagen $A_oA_5 // B_oB_5$ und $A_oA_6 // B_oB_6$ entsprechen. Bild 21b zeigt außerdem die Totlagenstellungen der Kurbelschwinge in Übereinstimmung mit Bild 14.

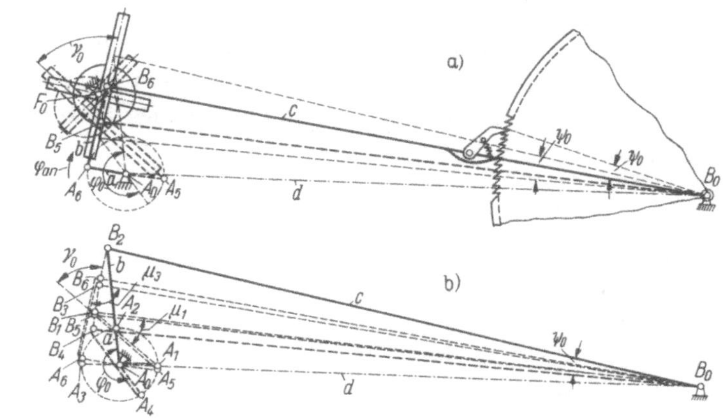

Bild 21
Kurbelschwinge für zwei Abtriebs-Schwingbewegungen.

Bild 21a: Schaltbewegung am Schwinghebel c mit Schwingwinkel ψ_o, Schwing-Dreh-Bewegung an Koppel mit Schwingwinkel γ_o durch Oldham-Kupplung

Bild 21b: Totlagenstellungen der Kurbelschwinge.

4.1.6 Kurbelschwinge mit Diagonalübertragung für Scherenschnitt

Die Relativbewegung zweier bewegter Glieder wird oft zur Erzeugung eines Scherenschnittes benutzt, wobei außer der Schnittbewegung noch eine Vorschubbewegung vorgesehen werden kann [31, 45]. Im Bild 22 ist die Verwendung einer Kurbelschwinge für diesen Zweck gezeigt. Die Schneidenhälften der Schere sind mit der Koppel b und mit der Schwinge c fest verbunden; sie bewegen sich relativ zueinander, also mit der Winkelbewegung zwischen diesen beiden Gliedern. Um die Schere aus dem Arbeitsbereich heraus zu bewegen, sollen ein Winkel $\psi_o = 41^o$ und ein möglichst großer Lagenwinkel ψ_2 vorgeschrieben sein. Die Schere soll so lange wie möglich aus diesem Bereich herausgehalten werden; deshalb soll der Kurbelwinkel φ_o für die Wartezeit so groß wie möglich sein. Wenn außerdem noch ein bestimmter Relativ-Schwingwinkel μ_o zwischen b und c angestrebt und ein vorgeschriebener Kleinstwert des Übertragungswinkels μ_1 (μ_3) nicht unterschritten werden sollen, ist einzusehen, daß mit Hilfe eines Gelenkviereckes nur Kompromißlösungen erzielt werden können, die aber nach Abwägungen gegeneinander zu brauchbaren Lösungen führen können. Aus der KS-T-Tafel b - c = 2,2 - 3,4 findet man z.B. bei einer Gestellänge d = 2,84 folgende, im Bild 22a eingetragene Werte: $\varphi_o = 220^o$; $\psi_o = 41^o$; $\varphi_2 = 298^o$; $\mu_1 = 30^o$; $\mu_3 = 83,5^o$; $\mu_o = \mu_3 - \mu_1 = 53,5^o$. Bild 22b zeigt mit der Lage $A_oA_1B_1B_o$ die größte Scherenöffnung, mit $A_oA_2B_2B_o$ den Schnittbeginn. Die Lage $A_oA_3B_3B_o$ Bild 22c, läßt die rechte Grenzlage der Schere, die Lage $A_oA_4B_4B_o$ die Kreuzlage der Messer bei kleinstem Relativwinkel $\mu_1 = \mu_{min}$ erkennen.

4.1.7. Doppelschwinge als Schubkolben-Hubgetriebe mit durch Totlagen verriegelten Endstellungen

Das Gelenkviereck als Doppelschwinge eignet sich gut als Hubgetriebe, wenn ein zum Antrieb dienender Schubkolben mit seinem Zylinder zwischen bewegten Gliedern angeordnet wird. Von besonderem Vorteil ist die Entlastung des Hubzylinders in der oberen und unteren Lage der Last durch Getriebetotlagen.

In Bild 23 c und 23 d ist der Einbau des Hubzylinders zwischen der Koppel b und dem Lasthebel c zu erkennen. In der unteren Laststellung, Bild 23 c, befinden sich die Hebel a und b in der Strecklage $a_1 + b_1 = A_0A_1B_1$, in der oberen Laststellung, Bild 23 d, in der Decklage $a_2 - b_2 = A_0B_2A_2$. Der Hubzylinder ist zwischen den Gelenken E und F angeordnet.

Um ein einwandfreies Arbeiten des Hubzylinders zwischen den Hebeln b und c zu gewährleisten, muß die Relativbewegung zwischen diesen beiden Gliedern der Hubbewegung der Last entsprechend kleiner als 180° sein, d.h. in beiden Endstellungen muß je ein Winkel μ_{E1} und μ_{E2} zwischen der Längsachse des Hubzylinders und der Verbindung seines Anlenkpunktes E mit dem Gelenk B vorhanden sein, Bild 23 a. Am günstigsten ist es, wenn $\mu_{E1} = \mu_{E2}$. Im allgemeinen sollen solche Übertragungswinkel nicht zu klein ($\sim 30^{\circ}$) gewählt werden. Im vorliegenden Fall kann man aber geringere Winkel in Kauf nehmen, da der Schubkolben in den Endstellungen die Last aus je einer Totlage herausbewegt, was mit geringen Kräften möglich ist.

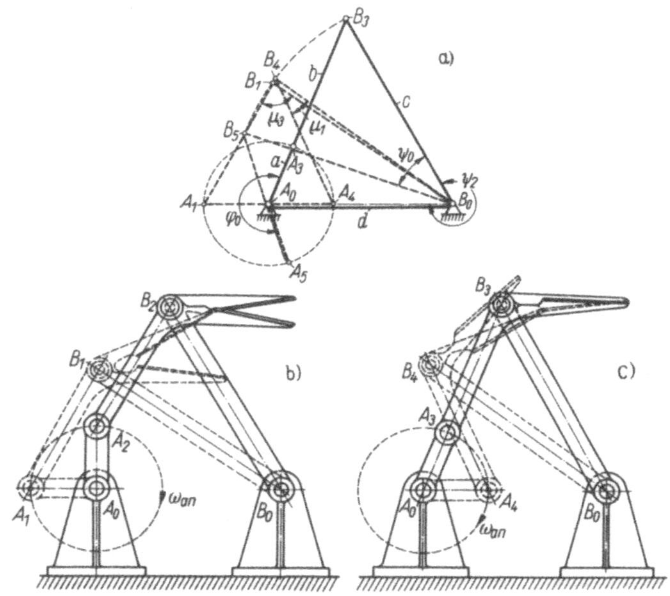

Bild 22
Verwendung einer Kurbelschwinge als Schere mit Ausnutzung der Relativbewegung zwischen Koppel b und Schwinge c für die Schneidbewegung.

Bild 22a: Totlagenstellungen.

Bild 22b: Getriebelagen für größte Messeröffnung und Schnittbeginn.

Bild 22c: Getriebelagen für Grenzlage der Schere und der Messer.

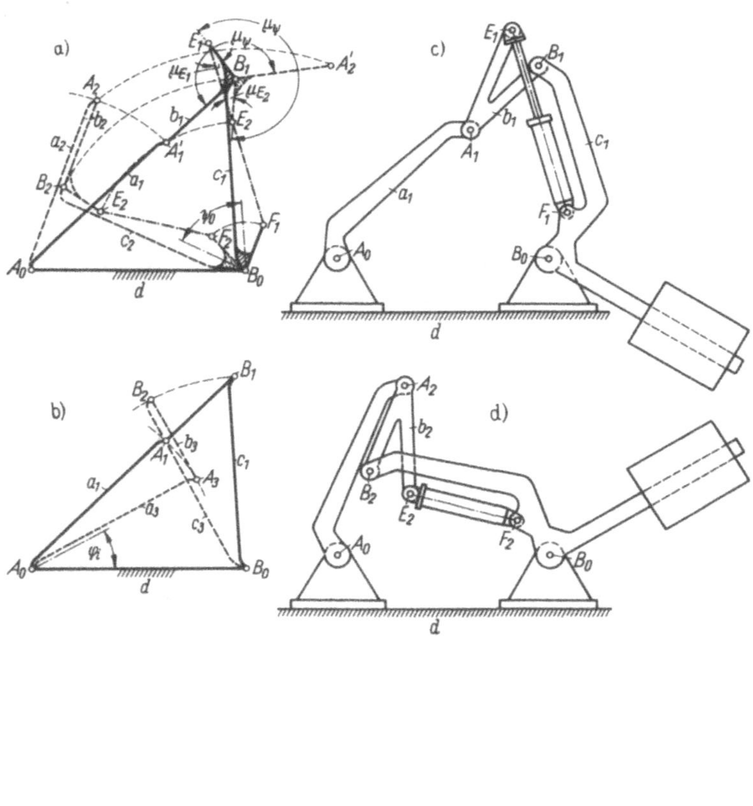

Bild 23
Schubkolben-Hubgetriebe mit durch Totlagen verriegelten Endstellungen.

Bild 23a: Kennzeichnung der Totlagenwinkel.

Bild 23b: Darstellung des kleinsten Übertragungswinkels φi.

Bild 23c: Schubkolben-Hubgetriebe in unterer Hublage.

Bild 23d: Schubkolben-Hubgetriebe in oberer Hublage.

Gemäß dem Getriebeschema des Bildes 23 a sind folgende Werte vorgeschrieben bzw. aus den Kurventafeln abzugreifen:

ψ_o = Schwingwinkel des die Last tragenden Hebels c (ψ_o = 60°)

$\mu\psi$ bzw. $360^o - \mu\psi$ = Relativ-Drehwinkel des Gliedes b gegenüber dem Lasthebel c

φ_i = Kleinstwert des Übertragungswinkels

a, b, c, d = Abmessungen des die Aufgabe zu erfüllenden Gelenkvierecks.

Da der Antrieb des Gelenkvierecks zwischen b und c liegt, gilt der diagonal dazu liegende Winkel φ_i als Maß für die Güte der Bewegungsübertragung, Bild 23 b. Der zweite Extremwert φ_a dieses Winkels (vgl. Bild 15 a) braucht nicht berücksichtigt zu werden, da er für die vorliegende Aufgabe immer größer ist als φ_i.

Das zu lösende Problem besteht nunmehr darin, aus den Kurventafeln für ψ_o = 60° eine möglichst große Abweichung des Winkels $\mu\psi$ von 180° bei einem möglichst großen Übertragungswinkel φ_i die zugehörigen Getriebeabmessungen zu ermitteln. Man findet z.B. aus den Kurventafeln DS-T die Werte nach Tabelle 4, wenn ψ_o = 60° als gegeben eingesetzt wird.

Tabelle 4: Kennwerte aus DS-T-Tafeln für Schubkolben-Hubgetriebe nach Bild 23

	a = 2,2 c = 2,2	a = 1,8 c = 2,2
Kurbelwinkel $\mu\psi$	205°	216°
Übertragungswinkel φ_i	$34,5^o$	$30,4^o$
Verhältniswert Gestell d: Koppel b (b = 1)	2,1	2,42

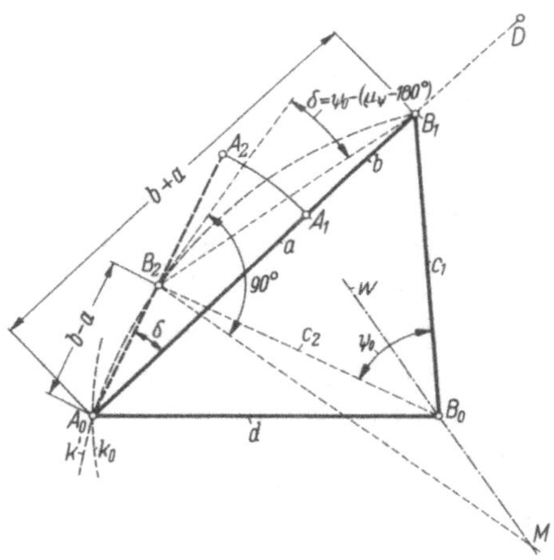

Bild 24
Konstruktion der Doppelschwinge nach Bild 23 aus den angenäherten Werten der Tabelle 4 für gegebene Gliederlängen d und c und für die Winkel ψ_o und $\mu\psi$.

Im allgemeinen sind die Genauigkeitsansprüche bezüglich der Getriebeabmessungen für Hubgetriebe nicht zu hoch, und man kann sich mit aus Interpolationen gefundenen Werten begnügen. Bei der Forderung nach genauer Einhaltung des Schwingwinkels ψ_o und des Antriebswinkels $360^o - \mu\psi$ kann die Konstruktion nach Bild 24 benutzt werden. Die Gestellänge d und die Hebellänge c sollen vorgeschrieben sein. Man zeichnet das gleichschenklige Dreieck $B_1B_oB_2$ mit den Seitenlängen c_1 und c_2 sowie dem Spitzenwinkel

ψ_0, und über dessen Grundlinie B_1B_2 den Kreis k', der den Winkel $\delta = \psi_0 - (\mu\psi - 180^\circ)$ als Umfangswinkel faßt (der Winkel δ wird in B_2 an B_2B_1 angetragen, auf dessen freien Schenkel in B_2 die Senkrechte errichtet, die die Winkelhalbierende w des Winkels ψ_0 im Mittelpunkt M des Kreises k' durch B_1 und B_2 schneidet). Der Kreis k_0 um B_0 mit d als Halbmesser schneidet K' in A_0. Nunmehr ist $A_0B_1 = b + a$ und $A_0B_2 = b - a$. Man trägt b - a an B_1 bis D an und erhält $A_0A_1 = \frac{1}{2} A_0D = a$ und $A_1B_1 = b$.

4.1.8. Doppelschwinge zum Antrieb eines Dreifach-Schwingsiebes

Das Gelenkviereck, im vorliegenden Beispiel die Doppelschwinge, kann unmittelbar mit zwei seiner Glieder zwei zueinander phasenverschobene Schwingbewegungen relativ zum Gestell erzeugen. Darüber hinaus kann man aber noch die Bewegung der Koppelebene mit Zwischenschaltung zusätzlicher Getriebeglieder zur Erzeugung weiterer Schwingbewegungen ausnutzen.

Die Doppelschwinge des Bildes 25a wird über eine wellenbewegliche Kupplung von der Koppel AB = b aus umlaufend angetrieben. Um gleich große Schwingwinkel φ_0 und ψ_0 der Schwinghebel a und c zu erhalten, ist eine symmetrische Doppelschwinge mit a = c vorgesehen. Bei Koppelpolantrieb der Doppelschwinge lassen sich, wie bereits beschrieben, die Bewegungen der Glieder relativ zueinander auch durch Gliedervertauschung in der Kurbelschwinge darstellen. In der Kurbelschwinge des Bildes 25b sind die Glieder a und b gegen die Glieder a' und b' so vertauscht worden, daß b' Antriebskurbel und a' Koppel in der Kurbelschwinge sind. Bei der zentrischen Kurbelschwinge sind bekanntlich die Zeiten für Hin- und Rückgang gleich groß, der Kurbelwinkel also 180°. Mit den Bezeichnungen des Bildes 25b muß dafür gelten

$$d = \sqrt{b^2 + c^2 - a^2}$$

und wie vorgesehen, mit b = c, erhält man

$$d = \sqrt{2b^2 - a^2}$$

In der Kurbelschwinge, Bild 25b, ergeben sich die Grenzlagen c_2 und c_4 des Gliedes c durch die Totlagenstellungen $A_0A_2B_2B_0$ und $A_0A_4B_4B_0$. Der Kurbelwinkel $\delta\psi_4 = 180^\circ$ wird zwischen den Kurbellagen A_0A_2 und A_0A_4 gemessen. Die Extremwerte γ_1 und γ_3 des Übertragungswinkels treten in den Lagen $A_0A_1B_1B_0$ und $A_0A_3B_3B_0$ auf.

Die gleichen, aber spiegelbildlichen Verhältnisse entstehen wegen der gleichschenklig-symmetrischen Kurbelschwinge auch nach Vertauschung von c gegen c' und b gegen b' in der Kurbelschwinge des Bildes 25c.

Der Phasenwinkel δ_r der in Bild 25a umlaufenden Antriebskoppel b bezieht sich auf die rechten Grenzlagen c_2 und a_6 der Glieder c und a und wird von den zugehörigen Kurbellagen A_0A_2' und B_0B_6' eingeschlossen. Der Phasenwinkel δ_1 bezieht sich dagegen auf die linken Grenzlagen c_4 und a_5 der Glieder c und a und liegt zwischen den Kurbellagen A_0A_4' und B_0B_5'. Um diese Phasenwinkel kenntlich zu machen, wurden die Kurbellagen B_0B_6' und B_0B_5' als die Lagen A_0 (B_6') und A_0 (B_5') vom Bild 25c in Bild 25b übertragen. Wegen der Gleichschenkligkeit und Symmetrie des Gelenkvierecks ist $\delta_r = \delta_1$, wie aus Bild 25a zu ersehen ist.

Um zu einer Doppelschwinge nach Bild 25a zu kommen, ist also die Gliedervertauschung und damit der Übergang zur Kurbelschwinge zweckmäßig. Aus Bild 25b geht hervor, daß der Phasenwinkel δ_r symmetrisch zum Gestell liegt und deshalb $\delta_r = 2\,\varphi_2$ sein muß. In Tabelle 5 sind aus den KS-T-Tafeln drei Kurbelschwingen ausgewählt worden. Die durch die Gliedervertauschung der Bilder 25b und 25c abweichenden Gliedbezeichnungen sind in Tabelle 5 als Klammerwerte aufgeführt worden. Diese Tabelle gibt wiederum eine willkommene Auswahlmöglichkeit hinsichtlich der Schwingwinkel $\psi_0 = \varphi_0$, der Übertragungswinkel μ_1 (γ_1) und μ_3 (γ_3) und des Platzbedarfes. Im Bild 25 sind die Längenverhältnisse des Getriebes 2 der Tabelle 5 dargestellt worden.

Die Doppelschwinge des Bildes 25 soll noch eine dritte Hubbewegung erzeugen. Deshalb wurde in Bild 26 in diesem Getriebe ein Koppelpunkt E der Koppel AB ausgewählt, der eine flache Koppelkurve α_E beschreibt, deren Endpunkte in horizontaler Richtung so liegen, daß ihre zeitliche Lage zu den bisher beschriebenen Grenzlagen phasenverschoben eintritt, was wiederum als Phasenverschiebung im Winkelmaß δ der umlaufenden Koppel ausgedrückt werden kann.

Die dreifache Erzeugung von Schwingbewegungen mit Hilfe der Doppelschwinge des Bildes 25 und 26 ist in Bild 27 am Beispiel eines Dreifach-Schwingsiebes dargestellt [25] . Der Schwinghebel A_0A treibt das an Parallel-Lenkern geführte obere Sieb, der Schwinghebel B_0B das ebenfalls parallel geführte mittlere Sieb. Das untere Sieb ist unmittelbar mit dem Koppelpunkt E gelenkig verbunden und an der anderen

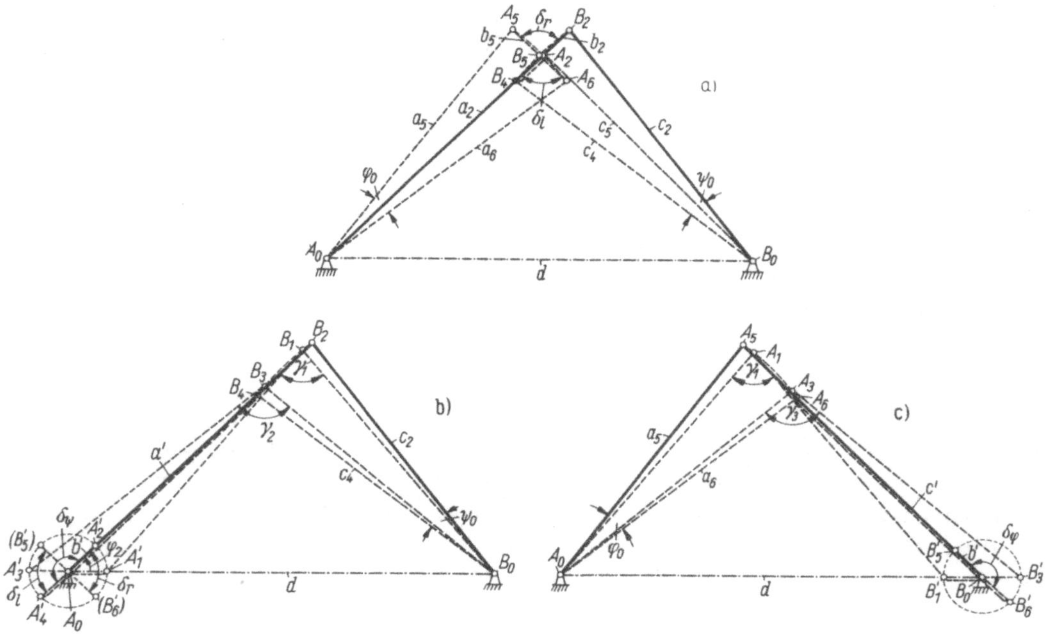

Bild 25
Gelenkviereck zur Erzeugung mehrerer Schwingdrehbewegungen.

Bild 25a: Symmetrische Doppelschwinge mit Koppelpol-Antrieb.

Bild 25b: Aus Doppelschwinge durch Vertauschung der Glieder a und b entstandene gleichschenklig-zentrische Kurbelschwinge.

Bild 25c: Aus Doppelschwinge durch Vertauschung der Glieder b und c entstandene gleichschenklig zentrische Kurbelschwinge.

Tabelle 5: Gleichschenklig-zentrische Kurbelschwingen als Grundlage für symmetrische Doppelschwingen zur Erzeugung mehrerer Schwingdrehbewegungen a (b') = 1,0

Nr.	b(a')	c	d	ψ_0	$2 = \frac{\delta_r}{2}$	μ_1 (γ_1)	μ_3(γ_3)
1	3,4	3,4	4,7	34°	42°	66°	114°
2	8,0	8,0	11,26	14,5°	45°	80°	100°
3	16,0	16,0	22,5	7°	45°	85°	95°

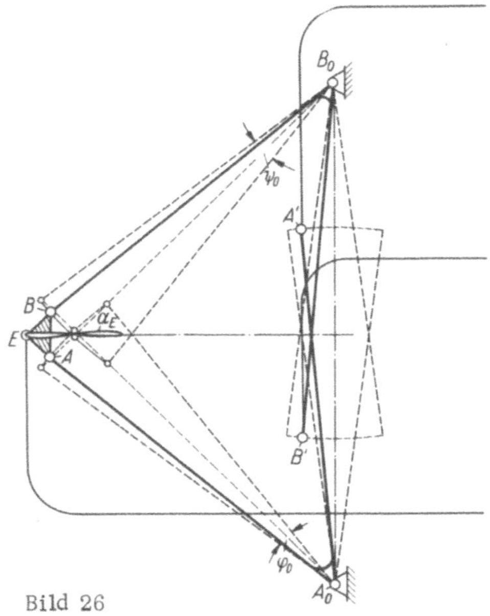

Bild 26

Ableitung einer dritten Schwingbewegung von der Kurbelschwinge des Bildes 25 durch Ausnutzung der Koppelkurve α_E des Koppelpunktes E.

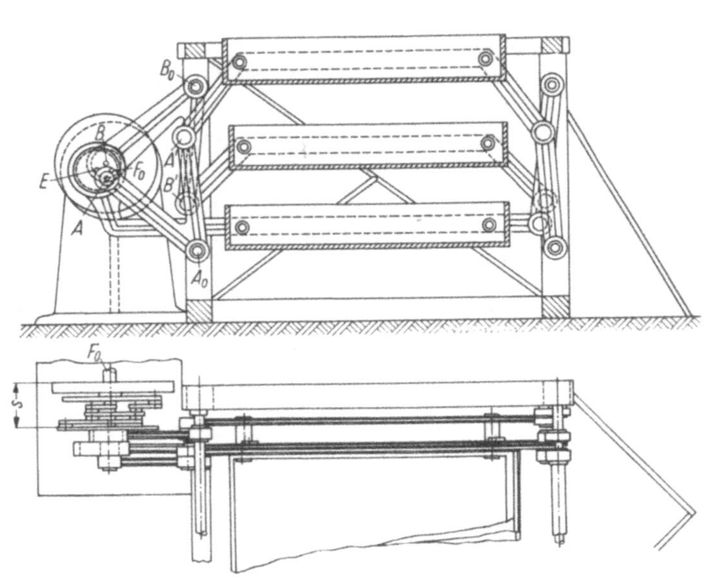

Bild 27

Konstruktive Ausführung eines Schwingsiebes mit Dreifach-Hub.

Seite durch einen einfachen Hebel geführt. Die Doppelschwinge ist mit doppelter Zapfenerweiterung ausgebildet, d.h. die Gelenke A und B werden von dem Laufdurchmesser des Gelenkes E umschlossen. Der Koppelantrieb erfolgt vom Gestellpunkt F_0 aus über eine wellenbewegliche Kupplung, z.B. nach der Bauart des Bildes 10.

4.1.9. Erzeugung von Schwingdreh-Bewegungen mit geringem Platzbedarf

Mit Hilfe der Doppelschwinge läßt sich eine Schwingdreh-Bewegung mit geringem Platzbedarf erzeugen, wenn man einen langen Schwinghebel durch eine Geradschub-Führung ersetzt. Es soll ein Abtriebs-Schwingwinkel $\varphi_0 = 90^0$ mit möglichst guten Übertragungsverhältnissen entstehen. Man findet z.B. in der DS-T-Tafel a - c = 1,4 - 64,0 mit d = 64 einen Übertragungswinkel $\varphi_i = 45^0$, wenn der Antrieb im Gelenk B zwischen den Gliedern c und b erfolgen soll, Bild 28. Der Schwingwinkel des Gliedes c = 64,0 ist hierbei nur $\psi_0 = 1,8^0$, Bild 28a, so daß der flache Bogen, den das Gelenk B beschreibt, durch eine geradlinige Führung ersetzt werden kann, Bild 28b. Dadurch entsteht eine Schubschwinge [65]. Die Koppel b kann z.B. mit einer Handkurbel K ausgerüstet werden. Die geringe Auf- und Abbewegung des Gelenkes B hat hierbei nur wenig Einfluß auf die Kräfteeinleitung an der Kurbel K.

Eine andere Anwendung einer Schubschwinge als Ersatz für eine Doppelschwinge zeigen die Bilder 29 und 30. Die Doppelschwinge des Bildes 29 hat einen langen Schwinghebel c, der auch hier durch einen Gleitstein in einer Führung ersetzt wird. Der Antrieb der so entstandenen Schubschwinge soll hier jedoch von der umlaufenden Koppel b aus über eine wellenbewegliche Kupplung erfolgen. Der Übertragungswinkel wird in diesem Falle von den beiden Schwinghebeln a und c der Doppelschwinge eingeschlossen, in der Schubschwinge vom Schwinghebel a und von dem Lot, das vom Gelenk B auf die Schubrichtung des Punktes A gefällt wird.

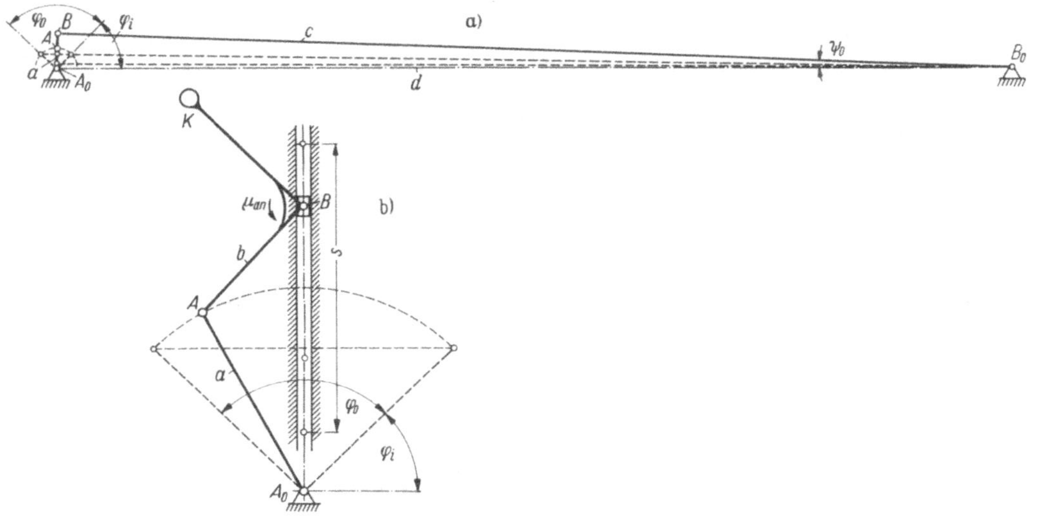

Bild 28
Erzeugung einer Schwingdreh-Bewegung mit Hilfe einer aus einer Doppelschwinge abgeleiteten Schubschwinge.

Bild 28a: Doppelschwinge für Schwingwinkel φ_0.

Bild 28b: Schubschwinge als Ersatz für Doppelschwinge.

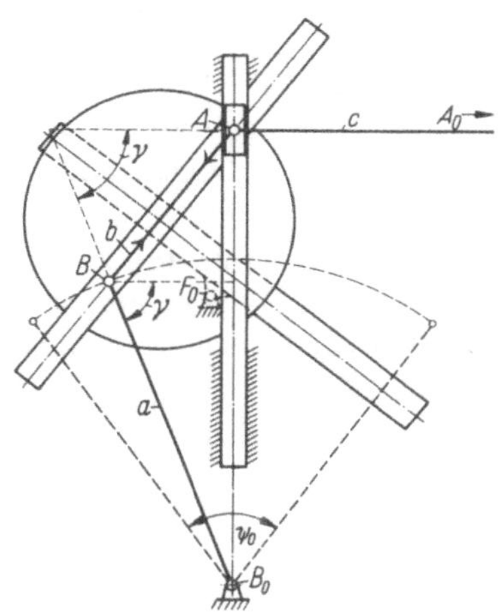

Bild 29
Ableitung einer Schubschwinge aus einer Doppelschwinge mit Ersatz eines Kreisbogens mit großem Halbmesser durch eine Geradschub-Führung.

Im Bild 30 ist die konstruktive Ausbildung der Schubschwinge des Bildes 29 in geschlossener Bauform dargestellt [25] . Im Gehäuse ist der Antriebsmotor M mit der Zahnradübersetzung z_1 und z_2 angeordnet. Das Rad z_2 dreht um die exzentrisch zur Abtriebsachse B_0 liegende Achse und ist mit dem als Scheibe ausgebildeten Antriebsschleifenhebel fest verbunden. Zwischen diesem Hebel und dem mit der umlaufenden Koppel a fest verbundenen, ebenfalls als Scheibe ausgeführten Schleifenhebel h bewegt sich die Oldham-Koppel k. Der die Gelenke A und B umfassende Doppelexzenter stellt eine doppelte Zapfenerweiterung dar. Da die Teile der Oldham-Kupplung als Ringkörper angeordnet werden können, ist es möglich, die Abtriebswelle B_0 doppelseitig zu lagern und damit den Abtrieb auf der rechten oder linken Seite des Getriebegehäuses abzunehmen.

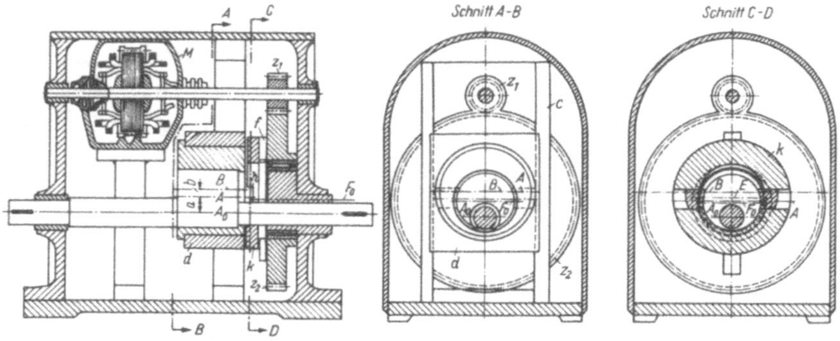

Bild 30
Ausführung der Schubschwinge des Bildes 29 in geschlossener Bauform. Koppelpol-Antrieb durch Oldham-Kupplung mit Ring-Kupplungsteilen.

4.1.10. Doppelschwinge mit vorgeschriebenen Schwingwinkeln für größte Phasenverschiebung der beiden Schwingperioden

Der besondere Vorzug der Doppelschwinge, daß beide im Gestell gelagerte Glieder Schwingdrehbewegungen mit Phasenverschiebung ausführen, kann mit Hilfe der DS-T-Tafeln beispielsweise zum Auffinden der "günstigsten" Doppelschwinge mit vorgeschriebener Größe der beiden Schwingwinkel und für eine möglichst große Phasenverschiebung der beiden Schwingbewegungen zueinander benutzt werden. Das "güngstigste" Getriebe soll außerdem durch einen noch zulässigen Übertragungswinkel von 30° gekennzeichnet sein. Die Schwingwinkel werden mit $\varphi_o = 60^o$ und $\psi_o = 40^o$ vorgeschrieben. Der Antrieb der Doppelschwinge soll zwischen der Koppel b und dem Hebel c erfolgen, und auf die Größe des Kurbelwinkels $\mu\psi$ braucht keine Rücksicht genommen zu werden. Nach Bild 15c und 15f gelten die Winkel μ_r und μ_1 für die zeitliche Aufeinanderfolge der rechten und der linken Grenzlagen der Hebel a und c. Diese Winkel stehen mit dem zugehörigen Kurbelwinkel μ_4 nach Gl. (9) in eindeutiger Beziehung.

Man kann nach Tabelle 6 eine Reihe von DS-T-Tafeln benutzen und die zugehörigen Werte auftragen. Wenn die Winkel φ_i und φ_a als Übertragungswinkel gelten (vgl. Bild 6, Bauform ③), wird man finden, daß nur φ_i berücksichtigt zu werden braucht. Aus Tabelle 6 kommt das Getriebe 5 den gestellten Forderungen am weitesten entgegen. Um die genauen Schwingwinkel $\varphi_o = 60^o$ und $\psi_o = 40^o$ zu erfüllen, kann man z.B. mit $b = 1,0$; $d = 3,93$; $c = 3,4$ ein Getriebe aufzeichnen und a so lange variieren, bis diese Winkel zustande kommen. Daraus findet man das Getriebe 6 der Tabelle 6 mit den Phasenwinkeln $\mu_r = 69^o$ und $\mu_1 = 108,5^o$ bei einem Übertragungswinkel $\varphi_i = 30^o$. Das Getriebe 2 der Tabelle 6 hat zwar noch größere Phasenwinkel; es kann aber nur einen Schwingwinkel $\psi_o = 15^o$ gegenüber dem verlangten Winkel von 40° erzeugen.

4.2. Getriebebeispiele für verstellbare Schwing-Dreh-Bewegungen

4.2.1. Schwingwinkelverstellung in der Kurbelschwinge

Die diesem Atlas zugrunde liegenden Kurventafeln gelten für verstellbare Gelenkvierecke, wobei sich diese Verstellbarkeit auf die Längenveränderung des Gestells d bezieht. Eine Gestellpunktverschiebung läßt sich immer am einfachsten, vor allem während des Laufes der Maschine, durchführen; allerdings wird bei Ausnutzung der kinematischen Umkehrung aus einer Gestellverstellung die Verstellung eines bewegten Getriebegliedes, so daß die Kurventafeln auch für solche Anforderungen benutzt werden können.

Bei Gestellverstellungen handelt es sich darum, die Gestellänge des Gelenkvierecks nach oben und unten so weit wie möglich zu verändern. Für die Grenzwerte d_{min} und d_{max} gelten jeweils durchschlagende Gelenkvierecke, die man im allgemeinen wegen der unbestimmten Lagen in den Durchschlagstellungen

Tabelle 6: Zahlenwerte aus den DS-T-Tafeln für eine Doppelschwinge mit vorgeschriebenen Kurbelwinkeln und möglichst großer Phasenverschiebung der beiden Schwingperioden. b = 1,0

Nr.	a	c	d	φ_o	ψ_o	φ_i	μ_r	μ_1
1	1,8	3,4	3,8	67°	34°	30°	74°	114°
2	1,8	8,0	8,5	70°	15°	30°	89°	125°
3	2,2	3,4	4,1	54°	34°	30°	75°	114°
4	3,4	8,0	8,7	34°	15°	50°	83°	97,5°
5	2,2	3,4	3,93	54°	34°	36°	73°	107°
6	2,33	3,4	3,93	60°	40°	30°	69°	1o8,5°

nicht verwendet. Eine zweckmäßige beidseitige Begrenzung ist aber durch den in beiden Endverstellungslagen gleich großen, noch als zulässig angesehenen Übertragungswinkel gegeben. Auf diese Weise lassen sich auch eindeutig die Grenzen und Möglichkeiten des Gelenkvierecks abstecken.

Eine wichtige, oft wiederkehrende Aufgabe ist die Verstellung des Schwingwinkels während des Ganges der Maschine zwischen möglichst weit gesteckten Grenzen. Zunächst soll diejenige Kurbelschwinge gesucht werden, deren Schwingwinkel ψ_o prozentual um den höchsten Betrag verändert werden kann. Auf die absoluten Beträge des Größt- und Kleinst-Schwingwinkels soll keine Rücksicht genommen werden, da in manchen Fällen dem Gelenkviereck sowieso ein Zahnradgetriebe nachgeschaltet wird, mit dessen frei wählbarem Übersetzungsverhältnis alle beliebigen Absolutwerte der Schwingwinkel erzielbar sind.

Die Kurventafel KS-T mit a = 1,0 und b - c = 64,0 - 32,0 liegt im gesuchten Grenzbereich. Sie hat ihre Grenzen bei einem als noch zulässig angesehenen Übertragungswinkel von μ_3 = 150° und μ_1 = 30° bei d_{min} = 41,0 und d_{max} = 71,5. Für diese Grenzwert gelten ψ_{omax} = 6,4° und ψ_{omin} = 3,5°. Bei einem Differenzwinkel von $\Delta\psi_o$ = 2,9° und bei ψ_{omax} = 100 % ergibt sich also eine prozentuale Maximalverstellung von 45,3 %. Im Bild 31 ist diese Kurbelschwinge in den Verstell-Endlagen $A_{oI}A_IB_IB_o$ und $A_{oII}A_{II}B_{II}B_o$ dargestellt. Man kann bei solchen Verstellungen noch eine zusätzliche Bedingung erfüllen, z.B. die, daß die linke Grenzlage B_oB der Schwinge c in jeder beliebigen Zwischen- und Endstellung immer erhalten bleibt, daß also auch in den Verstell-Endlagen B_oB_{I4} = B_oB_{II4} sein soll. Es braucht dann nur dafür gesorgt zu werden, daß der Gestellpunkt A_o in jeder Zwischenstellung auf einem Kreisbogen um B_{I4} = B_{II4} liegt. Die Endlagen A_{oI} und A_{oII} sind dann durch die aus der Kurventafel gefundenen Werte d_{min} und d_{max} gegeben. Die rechten Grenzlagen B_oB_{I2} und B_oB_{II2} schließen dann mit der gleichbleibenden linken Grenzlage B_oB_{I4} = B_oB_{II4} den größten und kleinsten Schwingwinkel ψ_{omax} und ψ_{omin} ein. Der Kurbelwinkel φ_o, dessen Größe bei der Aufgabenstellung unberücksichtigt bleiben konnte, schwankt zwischen den Extremwerten φ_{oI} = 182,5° und φ_{oII} = 180°.
Die Ausnutzung der stufenlosen Verstellung des Schwingwinkels während des Ganges soll am Beispiel einer Presse, Bild 32, gezeigt werden. Der Pressenantrieb ist durch eine Kurbelschwinge A_oABB_o gekennzeichnet, in der der Gestellpunkt A_o mit Hilfe eines Handrades und einer Verstellspindel stufenlos verstellt werden kann. Die Kurbel A_oA wird über ein Kettengetriebe von der Antriebsachse V_o aus mit der Winkelgeschwindigkeit ω_{an} umlaufend angetrieben. Durch die Verstellung V verändert sich der Hub des Schwinghebels B_oB, mit dem der Preßkolben verbunden ist, zwischen den Grenzen ψ_{omin} und ψ_{omax}. Die obere Grenzlagenstellung dieses Schwinghebels soll für alle Einstellungen die gleiche Lage behalten. Eine solche Verstellung des Schwingwinkels ermöglicht die Veränderung der zu pressenden Füllmenge, außerdem aber noch eine willkommene Veränderung des Verlaufes der Preßkraft. Bei kleiner

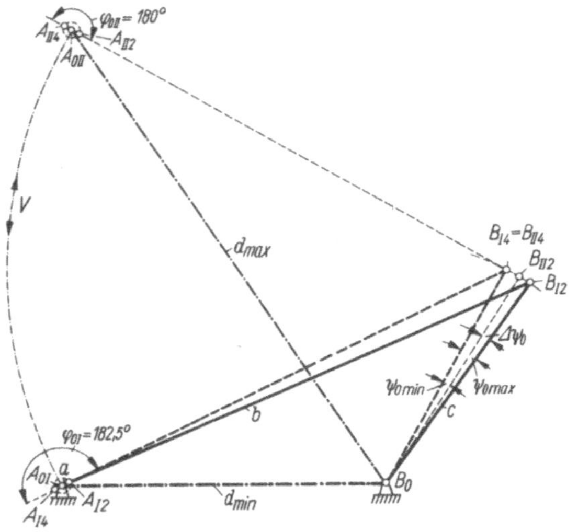

Bild 31
Kurbelschwinge für größte prozentuale Verstellung des Schwingwinkels ψ_0. Gestellveränderung zwischen d_{min} und d_{max}, so, daß die linken Grenzlagen BoB des Schwinghebels c bei jeder Zwischenverstellung in gleicher Lage bleiben.

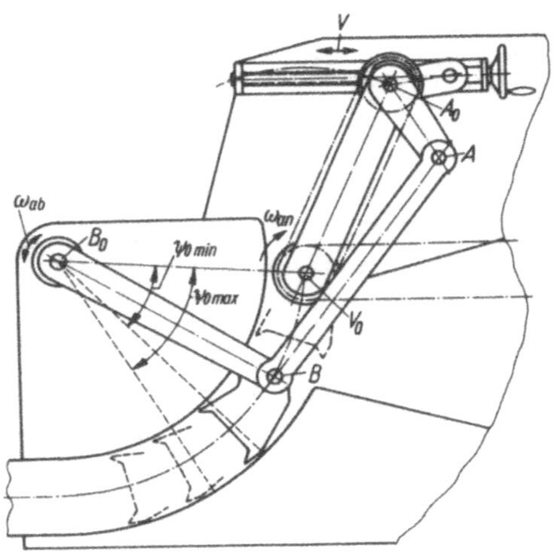

Bild 32
Kurbelschwinge als Getriebe einer Presse mit stufenlos verstellbarem Schwingwinkel ψ_0.

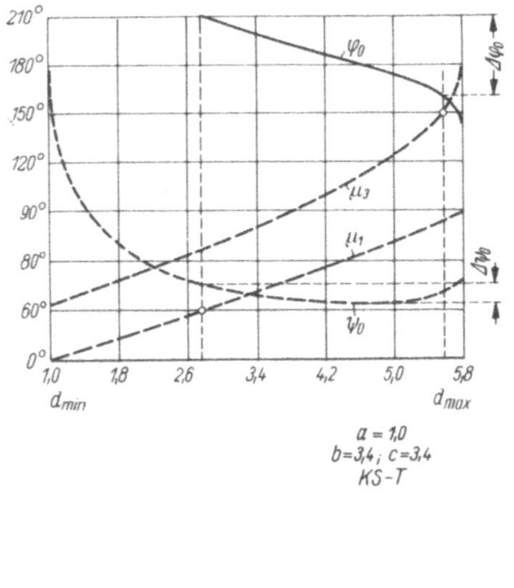

Bild 33
Ausschnitt einer KS-T-Tafel zur Bestimmung der Kurbelschwinge des Bildes 32.

werdendem Schwingwinkel wird vor seiner Grenzlage die Preßkraft wegen des sich ändernden Übersetzungsverhältnisses entsprechend größer. Für die beschriebene Aufgabe soll die Kurbelschwinge, d.h. also das Gelenkviereck mit der größten Verstellmöglichkeit des Schwingwinkels ψ_0 bei vorgeschriebenem Kleinstwert des Übertragungswinkels μ ausfindig gemacht werden. Im Bild 33 ist zunächst ein Ausschnitt aus der Tafel KS-T mit b - c = 3,4 - 3,4 dargestellt. Der Übertragungswinkel μ soll einen Kleinstwert $\mu_{min} = 30^o$ nicht unterschreiten. Da ein Übertragungswinkel von 150° wegen seiner Abweichung 30° von 180° einem Winkel von 30° entspricht, zeichnet man durch $\mu_1 = 30^o$ und $\mu_3 = 150^o$ die Grenzordinaten, die eine Gestellverstellung zwischen den Werten d = 2,68 und d = 5,48 voraussetzen. Dabei kommen die Veränderungen $\Delta\psi_o$ des Schwingwinkels und $\Delta\varphi_o$ des Kurbelwinkels zustande, wobei der Kleinstwert von ψ_o zwischen den Grenzordinaten liegt.

Um zu der Kurbelschwinge mit dem größten $\Delta\psi_o$ zu kommen, kann man eine zeichnerische Interpolation gemäß Bild 34 vornehmen. Man führt das Verfahren des Bildes 33 für einige im Maximalbereich $\Delta\psi_o$ liegende Kurventafeln durch, wobei man z.B. b = 3,4 beibehält und c variiert. Damit erhält man die $\Delta\psi_o$ Kurve des Bildes 34 über den verschiedenen c-Werten. Diese Kurve hat bei c = 2,8 ein Maximum, so daß eine günstigste Kurbelschwinge b - c = 3,4 - 2,8 mit $d_{min} = 2,71$ und $d_{max} = 4,97$ und $\Delta\psi_o = 12,5^o$ sowie $\Delta\varphi_o = 43,5^o$ für b = 3,4 gefunden wird. Die zeichnerische Interpolation für andere b-Werte in diesem engen Bereich führt u.U. zu noch etwas weiteren Verstellgrenzen.

Die auf diese Art gefundene Kurbelschwinge ist im Bild 35 in den Verstell-Endstellungen I und III sowie in einer Mittelstellung II mit $\varphi_{oII} = 180^o$ aufgezeichnet. Laut Aufgabenstellung fallen die Gelenkpunktlagen $B_{I3} = B_{II3} = B_{III3}$ in einen Punkt zusammen, der im Bild 32 dem Mittelpunkt V_o des Kreises entspricht, auf dem der Antriebspunkt A_o zu verstellen ist. In der Verstellage I treten der Grenzwert μ_1, in der Verstellage III der andere Grenzwert μ_3, deren spitze Winkel gleich sind, auf.

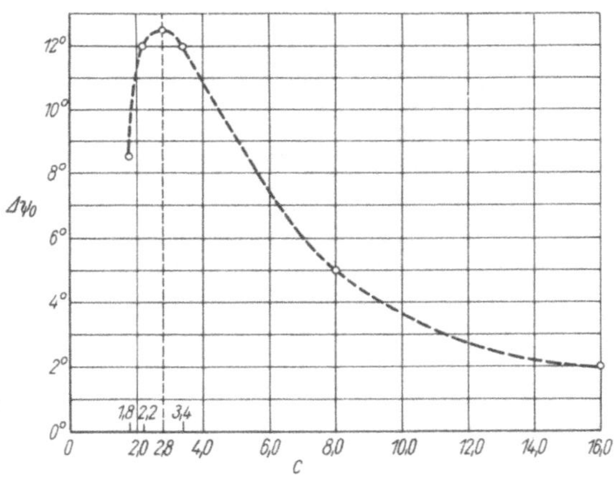

Bild 34
Zeichnerische Interpolation zwischen KS-T-Tafeln zur Bestimmung der Kurbelschwinge des Bildes 32.

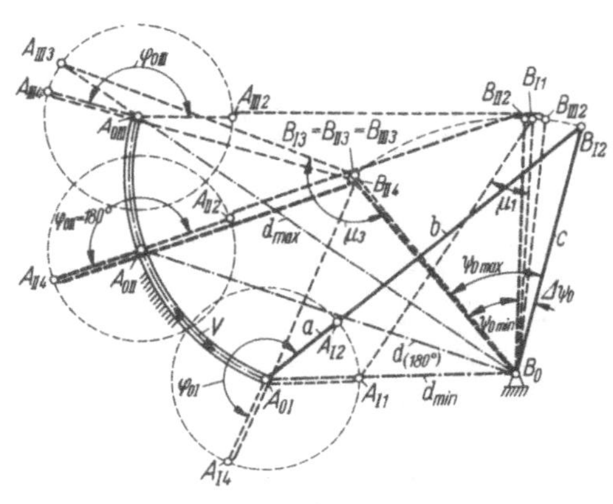

Bild 35
Getriebeschema der Kurbelschwinge des Bildes 32 in Verstell-Grenzlagen und in Mittelstellung.

4.2.2. Kurbelschwinge zur Erzeugung einer Schwing-Dreh-Bewegung mit maximaler Zeitverstellung

Das Gelenkviereck als Kurbelschwinge (und auch als Doppelschwinge) ist in der Lage, eine Schwing-Dreh-Bewegung mit verschiedenen Zeiten für Hin- und Rückgang des Abtriebsgliedes zu erzeugen. Bei gleichförmig umlaufender Antriebskurbel sind die Zeiten für Hin- und Rückgang mit den Kurbelwinkel-Anteilen verhältnisgleich, die die Antriebskurbel zwischen den Totlagenstellungen durchläuft.

Diese Zeiten für Hin- und Rückgang können nun ebenfalls z.B. mit Hilfe von Gestellängenänderungen stufenlos zwischen zwei Grenzwerten verstellt werden, wobei auch hier wieder die Verstellgrenzen durch die Übertragungsgüte, d.h. also durch vorgegebene Mindestwerte des Übertragungswinkels, gegeben sind.

Aus den KS-T-Tafeln ergeben sich bei der Vorgabe von $\mu_{min} = 30^o$ verhältnismäßig schnell die Kurbelschwingen-Bereiche mit den größten Kurbelwinkel-Änderungen bei den Werten b = 2,2 und c = 4,0 bis c = 16,0. Die zeichnerische Interpolation ergibt bei b = 2,2 für veränderliche c-Werte die Kurve für $\Delta\varphi_o$ nach Bild 36. Der Bestwert mit $\Delta\varphi_o = 66^o$ liegt bei c = 6,0. Man findet hierfür $d_{min} = 5,24$ und $d_{max} = 6,98$ mit den Absolut-Kurbelwinkeln $\varphi_{o\,min} = 151,5^o$ und $\varphi_{o\,max} = 217,5^o$. Es liegt also eine Kurbelschwinge vor, die so verstellt werden kann, daß in dem einen Bereich ein schneller Hin- und ein langsamer Rückgang ($\varphi_{o\,min} = 151,5^o$), im anderen Bereich ein langsamer Hin- und ein schneller Rückgang ($\varphi_{o\,max} = 217,5^o$) vorhanden sind. Dazwischen liegt die Einstellung der zentrischen Kurbelschwinge für $\varphi_o = 180^o$ mit gleichem Hin- und Rückgang.

Die Kurbelschwinge für Zeitverstellung ist im Bild 37 dargestellt, Bild 37a zeigt die Getriebe-Totlagen in den Verstell-Endlagen I und III, Bild 37b, in der Mittellage II für $\varphi_{o\,II} = 180^o$. Der Gestellpunkt A_o wird, um die Gestellängenänderung zu erreichen, so verstellt, daß er auf einem Kreisbogen um $B_{I\,2} = B_{II\,2} = B_{III\,2}$ wandert, daß also immer die rechte Grenzlage der Schwinge c erhalten bleibt. Bei der Kurbelschwinge des Bildes 37 ist noch hervorzuheben, daß sich bei der verhältnismäßig hohen Kurbelwinkelverstellung der Schwingwinkel ψ_o nur in den geringen Grenzen zwischen 23° und $19,5^o$ verändert.

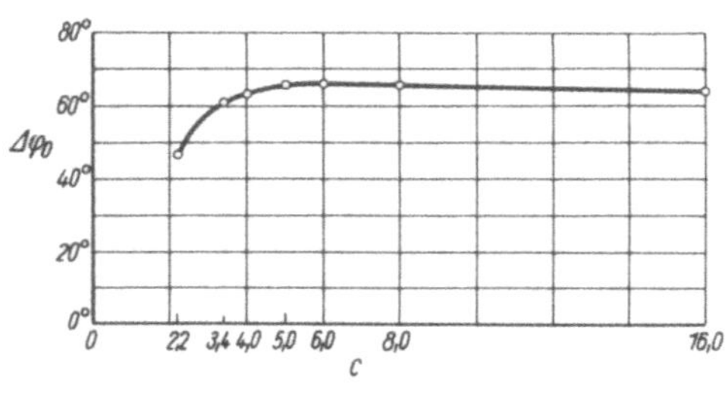

Bild 36
Zeichnerische Interpolation zur Erzielung der größten Kurbelwinkelverstellung (Zeitverstellung) einer Kurbelschwinge.

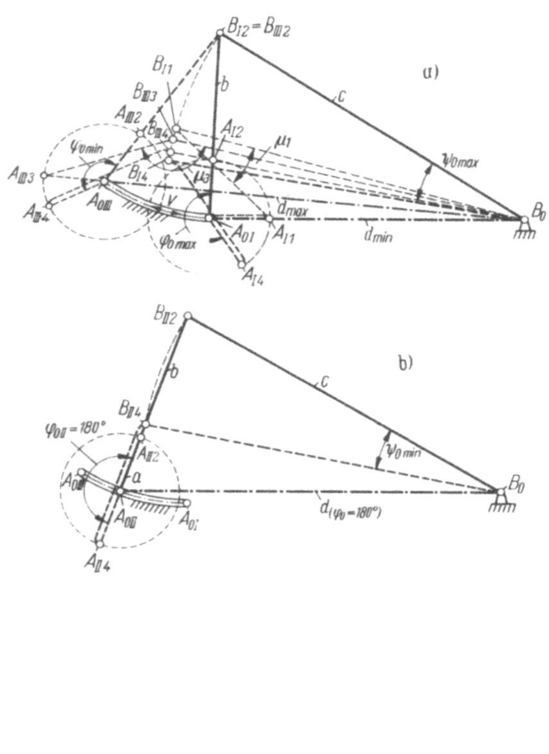

Bild 37
Kurbelschwinge für Kurbelwinkelverstellung (Zeitverstellung).

Bild 37a: Verstell-Endlagen der Kurbelschwinge für Zeitverstellung.

Bild 37b: Einstellung der Kurbelschwinge für Zeitverstellung auf die Mittellage als zentrische Kurbelschwinge.

4.2.3. Kurbelschwinge mit Kurbellängen-Verstellung

In vielen Fällen wird in der Technik, wie z.B. bei den Exzenterpressen der Stanzereitechnik, zur Hubveränderung die Kurbelverstellung benutzt. Dies ist also in der Kurbelschwinge die Längenverstellung der Antriebskurbel a. Die Kurbel a kann auch die Länge "Null" haben, und hierbei muß naturgemäß der Schwingwinkel ebenfalls Null sein. Der größte, allerdings nur theoretisch erreichbare Schwingwinkel in der Kurbelschwinge ist 180^0. Er gilt nur für den Übertragungswinkel $\mu = 0^0$. Bei vorgeschriebenem Übertragungswinkel kann der größte Schwingwinkel in der jeweils zentrischen Kurbelschwinge erzielt werden. Es ist hier immer $\psi_{omax} + 2\,\mu_{min} = 180^0$ [73] . Allerdings gilt auch dieser maximale Schwingwinkel nur als theoretischer Grenzwert.

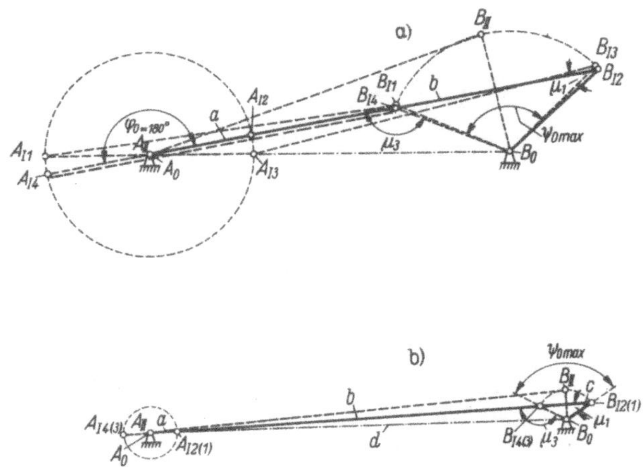

Bild 38
Kurbelschwingen für verstellbaren Schwingwinkel mit längenveränderlicher Kurbel a. Getriebestellungen I: größte Kurbellänge für kleinsten zulässigen Übertragungswinkel, Getriebestellungen II: Kurbellänge o für Schwingwinkel 0^0.

Bild 38a: Kurbelschwinge für größten Schwingwinkel $\psi_{omax} = 116^0$.

Bild 38b: Kurbelschwinge für größten Schwingwinkel $\psi_{omax} = 118,5^0$.

Im Bild 38 sind zwei Kurbelschwingen mit Kurbellängen-Verstellung einander gegenübergestellt. In beiden Fällen wird die Kurbel a von Null bis zu einem Maximalwert verstellt. Da in der zentrischen Kurbelschwinge mit maximal erreichbarem Schwingwinkel die Extremwerte des Übertragungswinkels $\mu_1 = \mu_3$ immer gleich sind, soll die Größteinstellung der Kurbellänge dem Übertragungswinkel $\mu_1 = \mu_3 = 30^0$ entsprechen. Das Getriebe des Bildes 38a wurde aus der KS-T-Tafel b - c = 3,4 - 1,2 entnommen. Für $\mu_1 = \mu_3 = 30^0$ entsteht bei d = 3,46 die zentrische Kurbelschwinge und damit ein Schwingwinkel $\psi_{omax} = 116^0$. Im Bild 38b wurde eine zentrische Kurbelschwinge mit b - c = 16 - 1,2 - 16,05 ausgewählt, die wieder für $\mu_1 = \mu_3 = 30^0$ einen Schwingwinkel $\psi_{omax} = 118,5^0$ erzeugt. Es ist zu erkennen, daß der Winkel, den die Koppel b und die Kurbel a in ihren Deck- und Strecklagen mit dem Gestell d einschließen, bei größer werdendem ψ_{omax} kleiner wird. Dieser Winkel nimmt für $\mu_1 = \mu_3 = 30^0$ und $\psi_{omax} = 120^0$ den Betrag 0^0 an. Ein Getriebe solcher Art ist aber nicht mehr durchlauffähig. Dieses Beispiel zeigt, daß es außer dem Übertragungswinkel noch andere Kennwerte für die praktische Verwendung von ungleichförmig übersetzenden Getrieben gibt. Im vorliegenden Falle ist die zusätzliche, rein geometrische Forderung aufzustellen, daß die Getriebeabmessungen nicht zu Durchschlaglagen führen dürfen, bzw. deren unmittelbare Nähe zu vermeiden ist.

4.2.4. Winkelbeziehungen zwischen verstellbaren Doppelschwingen und Kurbelschwingen

An den folgenden Beispielen für verstellbare Gelenkvierecke soll gezeigt werden, wie mit Hilfe der kinematischen Umkehrung und der Gliedervertauschung die engen Beziehungen zwischen Doppelschwinge und Kurbelschwinge nutzbringend verwendet werden können. In jedem der im folgenden aufgeführten Beispiele soll die größtmögliche Schwingwinkelverstellung bei vorgeschriebenen Extremwerten der Übertragungswinkel angestrebt werden, wobei außerdem Vergleiche zwischen Gestellverstellungen und Verstellungen von bewegten Gliedern angestellt werden sollen.

Bild 39a zeigt die Doppelschwinge mit Gestellverstellung V. Aus den DS-T-Tafeln ist ersichtlich, daß die größte Schwingwinkelverstellung in symmetrischen Doppelschwingen (a = c) erzielt werden kann. Aus der DS-T-Tafel a - c = 16,0 - 16,0 wurde die Doppelschwinge des Bildes 40 mit einer Gestellängenänderung d_{min} = 1,2 bis d_{max} = 26,5 für die μ-Grenzwerte von 30° ermittelt. Dabei ergeben sich $\Delta\varphi_o = \Delta\psi_o = \varphi_{omax} - \varphi_{omin} = \psi_{omax} - \psi_{omin} = 114^\circ - 8^\circ = 106^\circ$. Im Bild 40 wurden zur besseren Darstellung beide Gestellpunkte A_o und B_o zwischen A_{oI} und A_{oII} sowie zwischen B_{oI} und B_{oII} von d_{min} nach d_{max} verstellt. Der Antrieb der Doppelschwinge liegt zwischen den Gliedern a und b, und hierfür gelten die Extremwerte ψ_{aI} und ψ_{iII} des zugehörigen Übertragungswinkels.

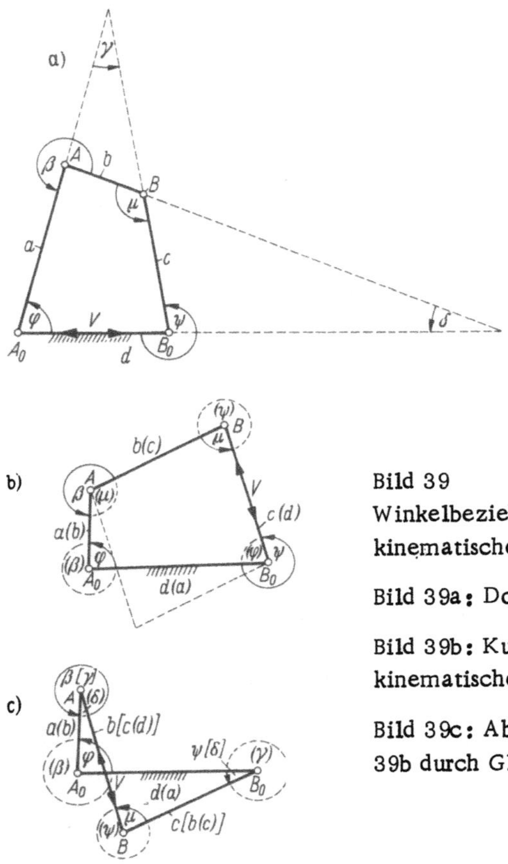

Bild 39
Winkelbeziehungen zwischen Doppelschwingen und Kurbelschwingen durch kinematische Umkehr und Gliedervertauschung.

Bild 39a: Doppelschwinge mit Winkelbezeichnungen.

Bild 39b: Kurbelschwinge aus der Doppelschwinge des Bildes 39a durch kinematische Umkehr.

Bild 39c: Abgewandelte Kurbelschwinge aus der Kurbelschwinge des Bildes 39b durch Gliedervertauschung.

Macht man für die Doppelschwinge des Bildes 39a die kinematische Umkehrung so, daß das Glied a zum Gestell wird, so entsteht die Kurbelschwinge nach Bild 39b. Die Winkel- und Gliederbezeichnungen aus Bild 39a sind im Bild 39b als Klammerwerte eingetragen worden. Es ist zu erkennen, daß die Winkelbewegung ψ (φ) der Kurbelschwinge mit der Winkelbewegung der Doppelschwinge übereinstimmt. Die Gestellängenänderung V der Doppelschwinge wird eine Schwingenlängenänderung V der Kurbelschwinge. Bild 41 zeigt die Kurbelschwinge mit denselben Abmessungen der Doppelschwinge des Bildes 40. Der Antrieb liegt im Gestellpunkt A_o. Der kleinste Schwingwinkel ψ_{omin} ergibt sich für c_{max} durch die Getriebestellungen I, der größte Schwingwinkel ψ_{omax} dagegen für c_{min} durch die Getriebestellungen II. Die Extremwerte des Übertragungswinkels sind hier die gleichen wie im Getriebe des Bildes 40, sie sind zwischen der Koppel b und der Schwinge c in den Deck- und Strecklagen der Kurbel a mit dem Gestell d zu messen.

Bild 40
Symmetrische Doppelschwinge nach dem Schema des Bildes 39a mit maximaler Schwingwinkelverstellung und Gestellängen-Änderung.

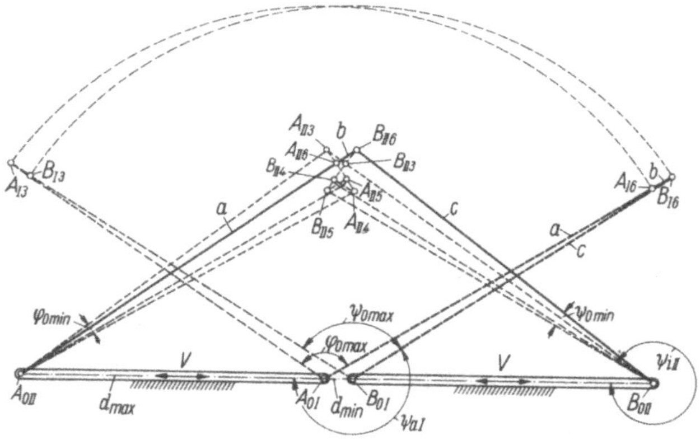

Bild 41
Kurbelschwinge nach dem Schema des Bildes 39b mit maximaler Schwingwinkelverstellung und Schwingenlängen-Änderung.

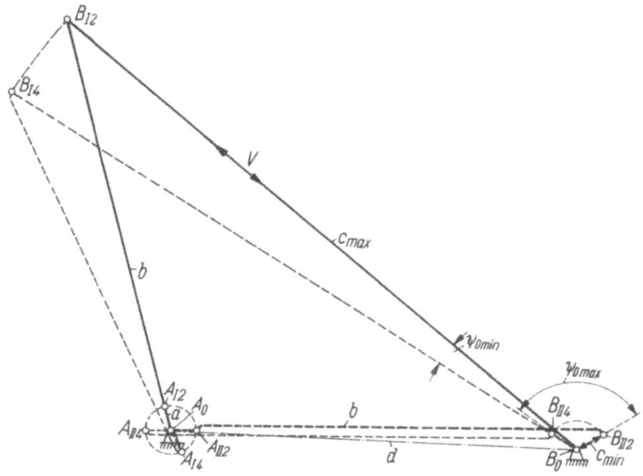

Die Kurbelschwinge des Bildes 39 c entsteht aus der Kurbelschwinge des Bildes 39b durch Vertauschen der Glieder b (c) und c (d). Im Bild 39c beziehen sich die Bezeichnungen in eckigen Klammern auf Bild 39b, in runden Klammern auf Bild 39a. Durch die Gliedervertauschung sind die Winkel γ und δ zwischen nichtbenachbarten Gliedern zu Winkeln (γ) und (δ) zwischen benachbarten Gliedern geworden.

Das Getriebe des Bildes 42 entspricht dem Schema, Bild 39c, und hat wiederum dieselben Abmessungen wie die Getriebe der Bilder 40 und 41. Die Kurbelschwinge nach Bild 42 hat aber nunmehr die Verstellung V der Koppel b zwischen b_{min} (Bild 42 a) und b_{max} (Bild 42 b). Die Winkel $\gamma_{o\,min}$ und $\gamma_{o\,max}$ stimmen mit den Winkeln $\psi_{o\,min}$ und $\psi_{o\,max}$ des Bildes 41 überein. Der Übertragungswinkel liegt auch in der Kurbelschwinge des Bildes 42 zwischen der Koppel b und der Schwinge c. Das Bild 42 a zeigt die Einstellung b_{min} für $\gamma_{o\,max}$, das Bild 42 b die Einstellung b_{max} für $\gamma_{o\,min}$. Die drei Getriebe der Bilder 40, 41 und 42 haben, wie bereits erwähnt, dieselben Abmessungen. Sie erzeugen eine gleich große, verstellbare Abtriebsschwingung bei übereinstimmender Übertragungsgüte. Die Doppelschwinge des Bildes 40 hat Koppelgelenk-Antrieb, Gestellängen-Verstellung und den Abtrieb in einem Gestell-Gelenk. Die Kurbelschwinge, Bild 41, hat An- und Abtrieb in je einem Gestell-Gelenk und Schwingenlängen-Verstellung. Bei der Kurbelschwinge des Bildes 42 liegt der Antrieb in einem Gestellgelenk, der Abtrieb aber zwischen Koppel und Gestell, so daß eine wellenbewegliche Kupplung erforderlich ist. Die Verstellung ist als Koppellängenänderung durchzuführen. Alle drei Getriebe zeigen mit guter Annäherung die größtmögliche Schwingwinkelverstellung bei vorgeschriebenen Mindestwerten des Übertragungswinkels.

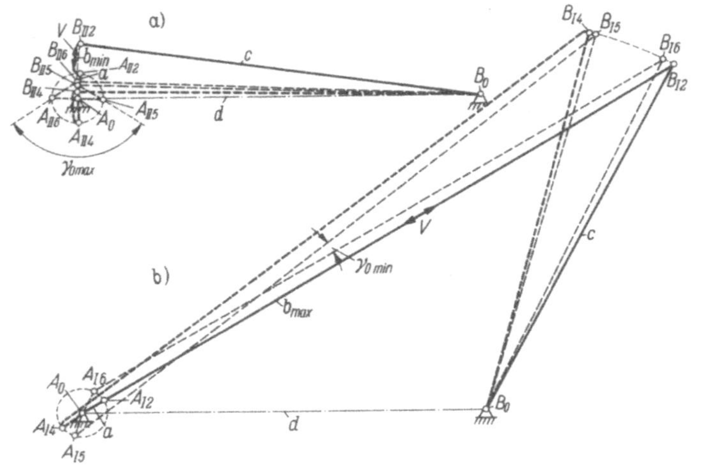

Bild 42
Kurbelschwinge nach dem Schema des Bildes 39c mit maximaler Schwingwinkelverstellung und Koppellängen-Änderung

Bild 42a: Kurbelschwinge mit Einstellung b_{min} für größten Schwingwinkel γ_{omax}.

Bild 42b: Kurbelschwinge mit Einstellung b_{max} für kleinsten Schwingwinkel γ_{omin}.

4.2.5. Verstellbare Doppelschwingen mit optimalen Verstellungen

Mit Verstellgetrieben versucht man im allgemeinen, nur eine oder nur wenige Bewegungsgrößen zu verstellen und alle anderen konstant zu halten. Dieses Ziel läßt sich exakt nur mit vielgliedrigen Getrieben erreichen. In einem Falle ist aber bei der Doppelschwinge der gleichbleibende Kurbelwinkel von 180° in diagonaler Zuordnung zum Schwingwinkel mit mathematischer Genauigkeit gewährleistet. Wenn also beim gleichförmigen Antrieb der Koppel b relativ zu einem ihrer benachbarten Glieder der diagonal liegende Schwingwinkel zu verstellen ist, bleibt der Kurbelwinkel für Hin- und Rückgang immer 180°, und für Hin- und Rückgang gelten gleiche Zeiten.

So soll z.B. ein größter Schwingwinkel von etwa 100° auf einen möglichst kleinen Wert bei gleichen Zeiten für Hin- und Rückgang verstellt werden, wobei ein kleinster Übertragungswinkel von 30° nicht unterschritten werden soll.

Für diese Aufgabe kommt z.B. das Blatt DS-T: a - c = 3,4 - 3,4 in Frage. Die größeren Veränderungen des Schwingbereiches sind im allgemeinen bei den φ_o -Winkeln zu verzeichnen. Die oben erwähnte Tafel gilt für eine symmetrische Doppelschwinge mit a = c und $\varphi_o = \psi_o$.

Wenn $\mu\varphi$ = 180° (vgl. Bild 15a) als Antriebswinkel gilt, übernehmen φ_a und φ_i die Rolle des Übertragungswinkels, und keiner von beiden darf den vorgeschriebenen Wert von 30° als Abweichung von 0° (φ_i) oder 180° (φ_a) unterschreiten. Zieht man die Waagerechte 30°, so erhält man mit φ_i zwei Schnittpunkte, die einen Bereich bestimmen, in dem φ_a zwischen 30° und 150° liegt, also hier als kritischer Übertragungswinkel nicht berücksichtigt zu werden braucht. Für φ_i = 30° ergeben sich folgende Werte:

$$\varphi_{i1} = 30^\circ;\ d_1 = 1,2;\ \varphi_{o1} = 105^\circ,$$

$$\varphi_{i2} = 30^\circ;\ d_2 = 4,7;\ \varphi_{o2} = 35^\circ.$$

Es erfolgt also eine Schwingwinkelveränderung von 105° auf 35° bei einer Gestellängenänderung von 1,2 auf 4,7. Der Verlauf des Schwingwinkels über der Gestellänge ist sofort aus dem Diagramm zu erkennen.

Das Gelenkviereck als Doppelschwinge zeichnet sich dadurch aus, daß die Schwingbewegungen der beiden im Gestell gelagerten Glieder immer zueinander phasenverschoben sind, d.h. die Grenzlagen dieser beiden Glieder fallen zeitlich niemals zusammen. Phasenverschobene und verstellbare Schwingbewegungen haben vielfach praktische Bedeutung, und es ist deshalb wichtig, die Möglichkeiten der Doppelschwinge in dieser Richtung zu erkennen.

Es soll z.B. eine verstellbare Doppelschwinge bestimmt werden, deren Schwingwinkel φ_0 und ψ_0 während der Verstellung nahezu konstant bleiben; die Phasenlage der Schwingbewegungen zueinander soll aber in möglichst weiten Grenzen verändert werden. Als Maß für die Güte der Bewegungsübertragung soll ein kleinster Übertragungswinkel von 30° gelten. In der Tafel a - c = 2,2 - 8,0 bleiben die Schwingwinkel φ_0 und ψ_0 bei veränderlichem d nahezu konstant. Beim Antrieb der Doppelschwinge zwischen der Koppel b und dem Glied c gelten die Winkel φ_a und φ_i mit ihren Abweichungen von 0° und 180° als Übertragungswinkel. Deshalb beginnt bei $\varphi_a = 150°$ ($\varphi_i = 85°$) der brauchbare Bereich, der bei $\varphi_i = 30°$ ($\varphi_a = 88°$) endet. Für diese Grenzen gelten folgende Werte:

$$\varphi_{a1} = 150°;\ d_1 = 7{,}03;\ \mu_{11} = 33°;\ \mu_{r1} = 60°;\ \mu\psi_1 = 152°$$

$$\varphi_{i2} = 30°;\ d_2 = 8{,}80;\ \mu_{12} = 128°;\ \mu_{r2} = 93°;\ \mu\psi_2 = 214°$$

Bei gleichförmigem Antrieb von b relativ zu c (vgl. Bild 15a und 15b) bleibt bei Verstellung von d_1 auf d_2 der Schwingwinkel $\psi_0 = 15°$ nahezu konstant, der Schwingwinkel φ_0 schwankt zwischen 60° und 54°, die linke Grenzlage des Hebels c verändert sich von $\varphi_{a1} = 150°$ auf $\varphi_{a2} = 88°$ und der Hingang im Winkel ψ_0 für das Glied a liegt zwischen den Grenzen $\mu\psi_1 = 152°$ und $\mu\psi_2 = 214°$, während der Hebel a dem gleichbleibenden Kurbelwinkel $\mu\varphi = 180°$ entsprechend immer beim Hin- und Rückgang gleiche Zeiten hat. Besonders wichtig ist aber, daß die linken Grenzlagen der Hebel a und c sich zeitlich von $\mu_{11} = 33°$ bis $\mu_{12} = 128°$ zueinander verschieben. Die rechten Grenzlagen beider Hebel verändern sich von $\mu\psi_1 = 152°$ auf $\mu\psi_2 = 214°$. Die unterschiedliche Veränderung $\mu_{12} - \mu_{11} = 95°$ und $\mu_{r2} - \mu_{r1} = 33°$ ergibt sich durch die Differenz $\mu\psi_2 - \mu\psi_1 = 62°$; denn es ist:

$$(\mu_{12} - \mu_{11}) - (\mu_{r2} - \mu_{r1}) = \mu\psi_2 - \mu\psi_1.$$

4.2.6. Doppelschwinge mit Koppelpol-Antrieb für Pflugaushebung durch Bodenrad

Bild 43a zeigt die Verwendung einer verstellbaren Doppelschwinge zum Ausheben eines Anhängepfluges. Der Antrieb für den Aushebevorgang erfolgt von dem im Gelenk B gelagerten Bodenrad R aus, das zu diesem Zwecke mit der Koppel AB zweitweise gekuppelt wird. Nach diesem Kupplungsvorgang ist eine Doppelschwinge A_0ABB_0 mit dem kürzesten Glied AB = b und mit dem Radantrieb R entstanden. In ausgehobener Stellung, Bild 43b, wird die Koppel AB in ihrer Lage A_1B_1 gegenüber dem Radhebel B_0B in seiner Lage $B_{01}B_1$ um einen geringen Betrag nach der Strecklage $A_{01}A_1B_1$ durch eine Kupplungsrast verriegelt, damit aus dieser Stellung heraus der gesamte Pflug durch sein Eigengewicht sicherer nach unten fällt, wenn das Rad R sich in Pfeilrichtung dreht. In der tiefsten Arbeitsstellung, Bild 43c, wird die Koppel AB in ihrer Lage A_2B_2 wiederum gegenüber dem Hebel B_0B in seiner Lage $B_{02}B_2$ durch eine zweite Kupplungsrast kurz vor der Decklage $A_{02}B_2A_2$ verriegelt. Im Vergleich zur Lage des Bildes 43b hat damit der Hubhebel B_0B einen Winkel ψ_{012} durchlaufen, der einem Hub h_{12} des Pfluges entspricht.

Der Punkt A_0 kann zum Zwecke der stufenlosen Verstellung V der Pflugtiefe um den Punkt C_0 verschwenkt werden. Im Bild 43e ist er in einer Lage, die der geringsten Pflugtiefe entspricht. Die Kupplungs-Verriegelung der Koppel AB (A_3B_3) gegenüber B_0B ($B_{03}B_3$) bleibt wie im Bild 43b erhalten, und beim Entkuppeln fällt der Pflug um den Betrag h_{34} in die Lage $B_{04}B_4A_4A_{04}$, die der Kupplungsverriegelung des Bildes 43c entspricht.

Das besondere Kennzeichen der beschriebenen Pflugaushebung liegt darin, daß für jede beliebige Pflugtiefeneinstellung die Transporthöhe, d.h. die Bodenfreiheit, annähernd gleich bleibt. Dies wird durch die Lage des Punktes C_0 erreicht, und es ist zu erkennen, daß nur eine geringe Differenz Δh der Transportstellung durch die Verstellung V hervorgerufen wird.

Diese schon seit langer Zeit bekannte Pflugaushebung durch Bodenradantrieb ist ein Beispiel für den Koppel-Antrieb einer verstellbaren Doppelschwinge. Das Bodenrad R wird mit der Koppel b zweitweise verbunden. Es rollt auf der Ackeroberfläche, also auf dem festen "Getriebegestell" ab. Da hierbei das Gestell A_0B_0 der Doppelschwinge als Teil des Pflugrahmes gehoben und gesenkt wird, ist diese Rahmenbewegung eigentlich wiederum als Teilbewegung in einem vielgliedrigen Getriebe anzusehen. Im vorliegenden Falle genügt aber mit guter Annäherung die Berücksichtigung der Doppelschwinge allein.

Der Winkel ψ_{012} des Hebels c ergibt sich durch die Vertikalbewegung h_{12} des Gelenkes B von B_1 bis B_2, Bild 43 b und 43 c, den Aushubweg bei größter Furchentiefen-Einstellung, während der kleinsten Furchentiefen-Einstellung die Aushubhöhe h_{34}, Bild 43 e und 43 f, entspricht.

Nach Bild 43 d entsteht durch Gliedervertauschung a_1 gegen a_1' und b_1 gegen b_1' aus der Doppelschwinge $A_{01}A_1B_1B_{01}$ eine Kurbelschwinge $A_{01}A_1'B_1B_{01}$ mit unveränderten Winkelbewegungen der Glieder $a_1 = a_1'$ und $b_1 = b_1'$, so daß die Kurventafeln KS-T verwendet werden können.

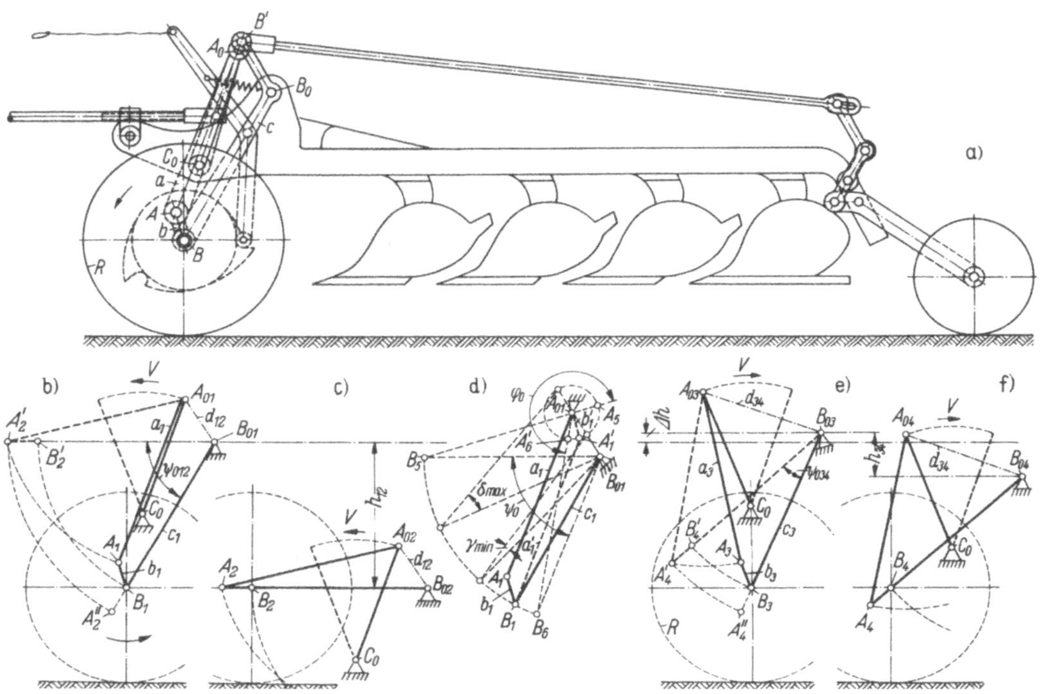

Bild 43
Aushebe-Vorrichtung eines Anhängepfluges mit Bodenrad-Antrieb. Verwendung einer verstellbaren Doppelschwinge zur stufenlosen Einstellung auf verschiedenen Pflugtiefen. (Bauart Gebr. Eberhardt, Ulm).

Bild 43a: Darstellung des Anhängepfluges mit konstruktiven Einzelheiten.

Bild 43b: Transportstellung des Pfluges bei größter Pflugtiefen-Einstellung.

Bild 43c: Arbeitsstellung des Pfluges bei größter Pflugtiefen-Einstellung.

Bild 43d: Darstellung der Totlagenwinkel der Doppelkurbel mit Koppelpol-Antrieb in der durch Gliedervertauschung entstehenden Kurbelschwinge.

Bild 43e: Transportstellung des Pfluges bei kleinster Pflugtiefen-Einstellung.

Bild 43f: Arbeitsstellung des Pfluges bei kleinster Pflugtiefen-Einstellung.

Bei der Pflugaushebung kommt es vor allem darauf an, für den eigentlichen Aushebevorgang eine möglichst geringe Umfangskraft am Bodenrad aufzuwenden. Deshalb ist der Kurbelwinkel φ_0, Bild 43 d, wesentlich größer als 180° vorgesehen. Sein Ergänzungswinkel zu 360° kann sehr klein sein, da in diesem Bereich der Pflugrahmen nach unten "fällt". Deshalb kann auch der Übertragungswinkel μ_{min} kleine Werte annehmen. Die beim Hubvorgang auftretenden Übertragungswinkel liegen unterhalb des Wertes γ_{max}. In jeder Getriebestellung sind die Übertragungswinkel in der Ersatz-Kurbelschwinge mit den von den Gliedern a und c eingeschlossenen Winkeln identisch (vgl. Bild 4). Wie bereits erwähnt, sind die durch die Kupplung bedingten Raststellungen nicht mit den Grenzlagen des Hebels c identisch; der Totlagenwinkel ψ_0 ist etwas größer als der zwischen den eingerasteten Lagen liegende Winkel ψ_{012}.

Für die durch den Verstellhebel $C_0 A_0$ einstellbare kleinste Pflugtiefeneinstellung C_0A_{03}, Bild 43 e und 43 f, entsteht eine Hubhöhe h_{34}, die dem Schwingwinkel ψ_{034} des Hebels c entspricht. Die Übertragungsverhältnisse sind bei der größten Hubeinstellung h_{12} am ungünstigsten, bei der kleinsten Hubhöhe h_{34} am günstigsten.

Die im Bild 43 a angedeutete zusätzliche Bewegung des hinteren Furchenrades wird über ein Verbindungsgestänge und ein zusätzliches Getriebe bewerkstelligt. Das hintere Rad ist für den Transport auf der Straße notwendig. Es muß während des Aushebevorganges so gesteuert werden, daß die einzelnen Pflugkörper nacheinander aus dem Arbeitsbereich kommen, um ein angenähert gleichmäßiges Furchenende für die nebeneinander liegenden Furchen zu gewährleisten. Aus diesem Grunde ist in der nach hinten führenden Verbindungsstange ein Langloch vorgesehen, das erst nach einer bestimmten Hubbewegung des vorderen Teiles der Aushebevorrichtung deren hinteres Teil in Bewegung kommen läßt. In der ausgehobenen, d.h. in der Transportstellung sollen sämtliche Körper die gleiche Bodenfreiheit haben.

4.2.7. Doppelschwinge mit Zeitverstellung der Abtriebs-Schwingbewegung bei gleichbleibendem Schwingwinkel

Es wurde bereits erwähnt, daß sich bei Längenänderungen in ungleichförmig übersetzenden Getrieben im allgemeinen sämtliche Bewegungsgesetze verändern, während es aber oft erwünscht ist, daß bestimmte Kennwerte konstant bleiben sollen. Im folgenden Beispiel soll gezeigt werden, daß schon mit dem einfachen Gelenkviereck bestimmte Aufgaben mit verhältnismäßig guten Näherungen gelöst werden können [24] .

Im Bild 44 ist ein Gelenkviereck als verstellbare Doppelschwinge dargestellt, die von einer Motorwelle aus angetrieben wird, wenn z.B. der Motor in B_0 gelagert und mit c fest verbunden ist. Seine Antriebsdrehung wird über eine Kette auf ein mit der Koppel b fest verbundenes Kettenrad übertragen. Dann läuft, wenn die Motorwelle gleichförmig umläuft, auch das Glied b relativ zu c gleichförmig um. Es liegt hier also ein Koppelgelenk-Antrieb vor.

Wird bei der Doppelschwinge mit den gezeigten Abmessungen das Gestell zwischen bestimmten Grenzen verstellt, so bleiben während dieser Verstellung nicht nur der Schwingwinkel ψ_0 des Gliedes c, sondern auch dessen Lage, gekennzeichnet durch die Winkel ψ_a und ψ_i mit guter Annäherung konstant, Bild 44 b. Dafür ändert sich aber der Kurbelwinkel $\mu\psi$, den das Glied b relativ zu c durchläuft, wenn das Glied c von einer Grenzlage zur anderen um den Winkel ψ_0 schwingt. Bei gleichförmiger Drehung von b relativ zu c bedeutet dies aber, daß für eine Schwingung in einer Richtung des Gliedes c verschiedene Zeiten in Abhängigkeit vom jeweils eingestellten d in Anspruch genommen werden. Den Winkel $\mu\psi$ kann man zeichnerisch bestimmen, wenn man die Kurbellage B_2A_1' im gleichen Winkel an B_0B_2 anträgt, wie B_1A_1 zu B_0B_1 liegt. Wenn der Antrieb der Doppelschwinge zwischen den Gliedern b und c liegt, gilt der diagonal dazu liegende Winkel φ , den das Glied a mit dem Gestell d einschließt, als Übertragungswinkel. Für diese verstellbare Doppelschwinge gilt die DS-T-Tafel a - c = 1,8 - 8,0, die im Ausschnitt im Bild 44c wiedergegeben ist. In der Kurventafel ist φ_i der jeweils kleinste Winkel, den a mit d einschließt, und φ_a der größte Winkel dieser Eintragung.

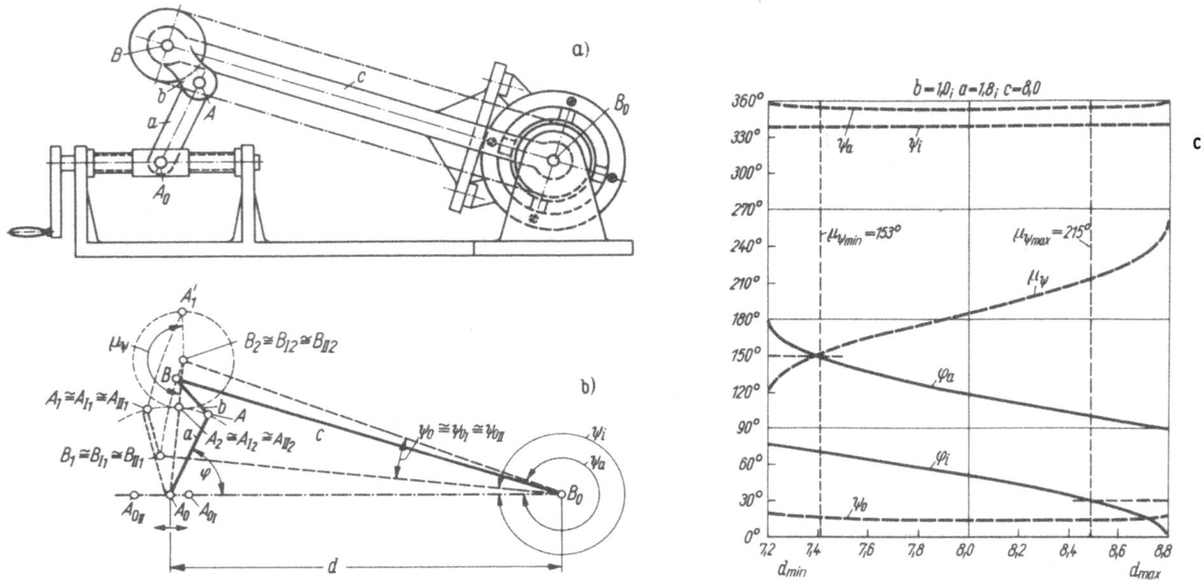

Bild 44
Doppelschwinge mit Zeitverstellung der Abtriebs-Schwingbewegung.

Bild 44a: Darstellung der verstellbaren Doppelschwinge mit Koppelgelenk-Antrieb über Kettengetriebe von einem mit der Schwinge c verbundenen Motor aus.

Bild 44b: Schematische Darstellung der verstellbaren Doppelschwinge mit Totlagen- und Lagenwinkeln. Verstellung des Gestellpunktes A_o zwischen A_{oI} und A_{oII}.

Bild 44c: DS-T-Tafel zur Festlegung der Doppelschwinge mit Zeitverstellung.

Wenn also z.B. ein Übertragungswinkel von 30° als Grenzwert angesehen wird, bestimmt man in Bild 44c für $\varphi_i = 30°$ und für $\varphi_a = 150°$ die zugehörigen d-Werte 7,39 und 8,49 und hat damit den übertragungsgünstigsten Verstellbereich bestimmt. Das besondere Kennzeichen des zugehörigen Verstellgetriebes ist nunmehr, wie bereits in Bild 44b bezeigt, daß die Winkel ψ_o, ψ_a, ψ_i in diesem Bereich nahezu konstant bleiben, d.h. daß der Schwingwinkel ψ_o und die Schwinglagen ψ_a und ψ_i des Hebels c sich während der Verstellung nur geringfügig ändern. Dafür ergibt sich aber eine Veränderung des Kurbelwinkels zwischen den Grenzen $\mu\psi_{min} = 153°$ und $\mu\psi_{max} = 215°$. Dies bedeutet, daß der Hebel c in dem unteren Verstellbereich für den Hingang eine geringere Zeit braucht als für den Rückgang und im oberen Verstellbereich für den Hingang eine längere Zeit erfordert als für den Rückgang. Dazwischen liegt bei $\mu\psi = 180°$ die Einstellung für gleiche Zeiten des Hin- und Rückganges.

4.2.8. Kurbelschwinge zur Erzeugung einer konstanten Schwingdreh-Bewegung bei beliebigen Verlagerungen des Maschinengestells

Bei der Kurbelschwinge der Bauform ⑲ des Bildes 5 erfolgt der umlaufende Antrieb zwischen der Schwinge 4 (c) und der Kurbel 2 (a), der schwingende Abtrieb zwischen der Koppel 3 (b) und dem Gestell 1 (d). Da es sich in beiden Fällen um Übertragungen zwischen nicht benachbarten Gliedern handelt, sind zwei wellenbewegliche Kupplungen erforderlich.

Diese Bauform eignet sich zur Erzeugung einer konstanten Schwingdreh-Bewegung, wenn das Maschinengestell, z.B. das Fahrgestell eines Fahrzeuges, unkontrollierten Verschiebebewegungen ausgesetzt ist. Bei der Benutzung der Bauform ⑲ des Bildes 5 bedeutet dies, daß das in seiner Länge unveränderliche Gestell 1 beliebige Bewegungen ausführt. Die Abtriebs-Schwingdreh-Bewegung zwischen Koppel 3 und Gestell bleibt wegen der winkeltreu übertragenden, wellenbeweglichen Kupplung hinsichtlich der Größe des Schwingwinkels unbeeinflußt hiervon. Die Lage des Schwingwinkels ändert sich mit den Drehungen, die das Gestell erfährt, während geradlinige Gestell-Verschiebungen diese Lage nicht verändern.

Um die bei dieser angeführten Bewegungsart zu erzeugenden Totlagenwinkel erfassen zu können, empfiehlt es sich, eine solche Kurbelschwinge durch Gliedervertauschung entsprechend Bild 3 b in eine Doppelschwinge umzuwandeln.

Bild 45 a zeigt eine Doppelschwinge mit dem umlaufenden Antrieb im Gelenk B zwischen den Gliedern b und c. Der Schwing-Abtrieb soll zwischen den Gliedern a und d liegen. Es ist damit eine Diagonal-Zuordnung zwischen dem Kurbelwinkel $\mu\varphi$ und dem Schwingwinkel φ_0 gegeben, bei der die Lagenwinkel φ_i und φ_a als Übertragungswinkel anzusehen sind, deren Extremwerte, wie bereits früher gezeigt, in den Grenzlagen des Gliedes a relativ zum Gestell d erscheinen. Durch Vertauschung der Glieder b und a entsteht die Kurbelschwinge des Bildes 45 b. In diesem Getriebe stimmen die Klammerbezeichnungen mit denjenigen der Doppelschwinge des Bildes 45 a überein.

Im Bild 45 b erfolgt also der umlaufende Antrieb $\delta\gamma$ zwischen der Kurbel a und der Schwinge d über eine wellenbewegliche Kupplung, der Abtrieb γ_0 zwischen der Koppel b und dem Gestell d über eine zweite wellenbewegliche Kupplung. Die Diagonalzuordnung des Getriebes, Bild 45 a, mit dem Kurbelwinkel 180° bleibt auch in der Kurbelschwinge, Bild 45 b, erhalten (vgl. Bild 4, Ausführung ⑨). Der in einem beliebigen Gestellpunkt C_0 gelagerte Kupplungsteil vollführt also, wie bereits erwähnt, immer den gleich

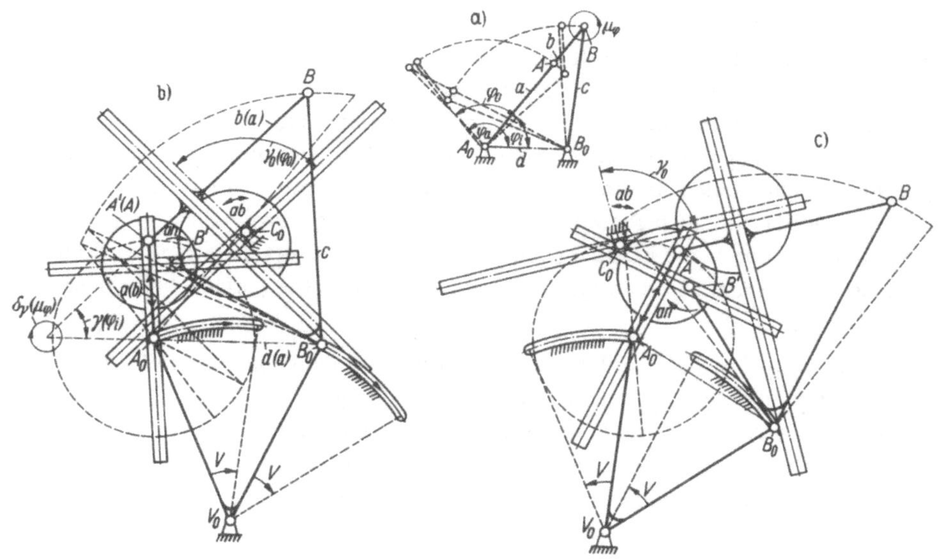

Bild 45
Erzeugung einer Schwingdreh-Bewegung ohne Beeinflussung durch Verlagerungen des Maschinengestelles.

Bild 45a: Doppelschwinge mit Diagonal-Übertragung.

Bild 45b: Durch Gliedervertauschung aus Doppelschwinge des Bildes 45a entstandene Kurbelschwinge mit Diagonal-Übertragung.

Bild 45c: Kurbelschwinge des Bildes 45b nach Gestell-Verlagerung.

großen Schwingwinkel γ_0, wenn z.B. das Gestell A_0B_0 um einen Punkt V_0 und um den Winkelbetrag V verdreht wird. Im Bild 45c ist eine andere Lage des Gesamtgetriebes dargestellt, für die, wie für jede andere Zwischenlage auch, keine Änderung des Winkels γ_0 eintritt. Auch im Verhältnis der Zeiten zwischen Hin- und Rückgang ist keine Änderung zu verzeichnen.

Vorgeschriebene Werte der Totlagenwinkel für die Kurbelschwinge, Bild 45b und 45c, können also aus den DS-T-Tafeln der Doppelschwinge, Bild 45a, entnommen werden.

4.2.9. Höhere Möglichkeiten der vielgliedrigen Getriebe zur Erzeugung von Schwing-Dreh-Bewegungen

In den vorangegangenen Beispielen wurde das Gelenkviereck mit seinen Umlauf- und Schwingbewegungen in allen Variationen, die die Umwandlung einer umlaufenden in eine hin und her gehende Bewegung (und umgekehrt !) ermöglichen, untersucht. Dabei kam es besonders darauf an, die Grenzen dieses einfachen Getriebes hinsichtlich der erzielbaren größten Totlagenwinkel bei vorgeschriebenen Extremwerten des Übertragungswinkels, darüber hinaus aber auch hinsichtlich der Verstellmöglichkeiten des Getriebes zu finden.

Es ist eine wichtige Aufgabe, zunächst für alle auftretenden Forderungen mit dem Gelenkviereck eine Lösung anzustreben. Unter bestimmten Voraussetzungen kann es sogar im Sinne einer einfachen und wirtschaftlichen Konstruktion zweckmäßig sein, die Aufgabenstellung selbst eingehend nachzuprüfen und gegebenenfalls so einzuengen, daß eine Lösung mit dem einfachen Gelenkviereck möglich wird.

In vielen Fällen wird aber der Übergang zu den mehrgliedrigen Getrieben notwendig sein. Es ist deshalb erwünscht, die nächst höhere Gruppe der zwangläufigen Getriebe, die sechsgliedrigen Getriebe mit sieben Drehgelenken, zu untersuchen. Es gibt zwei solcher kinematischen Ketten mit Einfachgelenken, je eine mit einem und mit zwei Doppelgelenken. Das Gelenkviereck ermöglicht die Darstellung nur einer einzigen umlauffähigen Kette. Die vier sechsgliedrigen Ketten führen aber zu 16 verschiedenen Formen umlauffähiger Ketten [26] , wobei hier noch die Einschränkung auf die "durchlauffähigen" Ketten gilt, das sind Ketten, die ohne die Verwendung zusätzlicher Mittel, wie Hilfsverzahnungen oder Speicherfedern, stetig bewegt werden können. In den sechsgliedrigen Ketten kann es bei sieben Gelenken zwei, drei und sogar vier Umlaufgelenke geben. Die Ketten mit vier Umlaufgelenken ermöglichen bei entsprechender Dimensionierung sogar die Ableitung von Getrieben, bei denen Zweifach-Umlaufbewegungen und Einfach-Umlaufbewegungen zwischen verschiedenen Gliedern gleichzeitig einer Bewegungsperiode entsprechen. Die Erzeugung von Doppel- und sogar Dreifach-Schwingbewegungen von einer Einfach-Umlaufbewegung und auch von Pilgerschrittbewegungen ist schon lange bekannt [22] . Es konnte neuerdings gezeigt werden, daß man ein sechsgliedriges Getriebe durch einfache Gestellpunkt-Verschiebung auf eine Einfach-Schwingbewegung umstellen kann [24] .

Aus den 16 verschiedenen, umlauffähigen Ketten entstehen durch Gestellwechsel insgesamt 72 unterschiedliche Getriebe gleicher Gliederzahl [27] . Als Teilpolygone sind Gelenkvierecke, aber auch Gelenkfünfecke vorhanden. Am einfachsten sind diejenigen sechsgliedrigen Getriebe zu untersuchen und zu entwerfen, die nur Gelenkvierecke als Teilpolygone aufweisen. So kann man z.B. solche Getriebe unterscheiden, die aus hintereinander- oder übereinander geschalteten Gelenkvierecken bestehen [21] . Bei den hintereinander geschalteten Getrieben ist die Multiplikation der Einzel-Übersetzungsverhältnisse, bei den übereinander geschalteten Getrieben deren Addition zu berücksichtigen. Die sechsgliedrigen Getriebe mit Gelenkfünfecken als Teilpolygone vollführen Bewegungen, die von den Koppelkurven des Gelenkvierecks abhängen [28] . Diese mathematisch schwierig zu behandelnden Kurven können verhältnismäßig komplizierte Bewegungsgesetze erzeugen, eine Untersuchung mit Kurventafeln gestaltet sich schwieriger als für Getriebe mit Gelenkvierecken [56] .

Eine höhere Aufgabenstellung, wie sie mit dem einfachen Gelenkviereck nicht erfüllt werden kann, besteht u.a. in der Forderung nach einem größeren Schwingwinkel [8, 55, 60] . Man kann hinter das als Kurbelschwinge laufende Gelenkviereck mit maximal erzielbarem Schwingwinkel ein zweites Gelenkviereck schalten, das diesen Zwischen-Schwingwinkel in höchst erreichbarem Verhältnis vergrößert. Es ist aber auch möglich, der Koppel und der Abtriebsschwinge einer Kurbelschwinge ein zweites Gelenkviereck so zu überlagern, daß die Winkelbewegung der Abtriebsschwinge des überlagerten Gelenkvierecks zu derjenigen der Abtriebsschwinge des Grund-Gelenkvierecks addiert wird. Das für beide Fälle zusätzliche Gelenkviereck kann aus vorhandenen Kurventafeln [40] für höchste Schwingwinkel-Vergrößerung entnommen werden. Wenn beide Gelenkvierecke für gleich große Minimalwerte der Übertragungswinkel ausgelegt werden, ist ein solches Gesamtgetriebe als übertragungsgünstigstes Getriebe anzusehen. Auf diese Weise können sogar Kurventafeln für sechsgliedrige Getriebe aufgestellt werden, die somit wieder deren Grenzen erkennen lassen [21] .

Wie aus den vorangegangenen Beispielen entnommen werden kann, ist auch der Größe des Kurbelwinkels, d.h. seiner Abweichung von 180° im Gelenkviereck durch den Übertragungswinkel eine Grenze gesetzt. Man kann also in diesem Getriebe den zeitlichen Unterschied im Hin- und Rückgang eines Schwinghebels nicht beliebig groß ansetzen. Das Gelenkviereck als Doppelkurbel ist in der Lage, die Ungleichförmigkeit einer Umlaufbewegung zu erhöhen. Wie weit dies wiederum in Abhängigkeit vom Übertragungswinkel möglich ist, kann aus Kurventafeln abgelesen werden [20] . Durch Vorschalten einer Doppelkurbel vor eine Kurbelschwinge kann man den wirksamen Kurbelwinkel und damit die erwähnte Ungleichförmigkeit im Hin- und Rückgang wesentlich erhöhen.

Die Schwingwinkel-Verstellung vom Wert Null bis zu einem Maximum kann im Gelenkviereck nur durch Kurbelverstellung, also durch Längenänderung eines umlaufenden Hebels vorgenommen werden. Für sechsgliedrige Getriebe gibt es mehrere Möglichkeiten [24] , durch Verschiebung eines Gestellpunktes den gleichen Effekt zu erzielen, wobei wiederum die Benutzung von Kurventafeln das Auffinden übertragungsgünstigster, mehrgliedriger Getriebe wesentlich erleichtert.

KS-T-Tafeln

Tabelle 7: Übersicht über Kurventafeln KS-T (Kurbelschwingen-Totlagen) für durch Gestellängen-Änderung verstellbare Kurbelschwingen

Kurbel a = 1,0; Koppel b; Schwinge c; Gestell d.

b	c	d_{min}	d_{max}	b	c	d_{min}	d_{max}
1,1	1,1	1,0	1,2	3,4	1,1	3,3	3,5
1,1	1,2	1,1	1,3	3,4	1,2	3,2	3,6
1,1	1,4	1,3	1,5	3,4	1,4	3,0	3,8
1,1	1,8	1,7	1,9	3,4	1,8	2,6	4,2
1,1	2,2	2,1	2,3	3,4	2,2	2,6	4,6
1,1	3,4	3,3	3,5	3,4	3,4	1,0	5,8
1,1	8,0	7,9	8,1	3,4	8,0	5,6	10,4
1,1	16,0	15,9	16,1	3,4	16,0	13,6	18,4
1,1	32,0	31,9	32,1	3,4	32,0	29,6	34,4
1,1	64,0	63,9	64,1	3,4	64,0	61,6	66,4
1,2	1,1	1,1	1,3	8,0	1,1	7,9	8,1
1,2	1,2	1,0	1,4	8,0	1,2	7,8	8,2
1,2	1,4	1,2	1,6	8,0	1,4	7,6	8,4
1,2	1,8	1,6	2,0	8,0	1,8	7,2	8,8
1,2	2,2	2,0	2,4	8,0	2,2	6,8	9,2
1,2	3,4	3,2	3,6	8,0	3,4	5,6	10,4
1,2	8,0	7,8	8,2	8,0	8,0	1,0	15,0
1,2	16,0	15,8	16,2	8,0	16,0	9,0	23,0
1,2	32,0	31,8	32,2	8,0	32,0	25,0	39,0
1,2	64,0	63,8	64,2	8,0	64,0	57,0	71,0
1,4	1,1	1,3	1,5	16,0	1,1	15,9	16,1
1,4	1,2	1,2	1,6	16,0	1,2	15,8	16,2
1,4	1,4	1,0	1,8	16,0	1,4	15,6	16,4
1,4	1,8	1,4	2,2	16,0	1,8	15,2	16,8
1,4	2,2	1,8	2,6	16,0	2,2	14,8	17,2
1,4	3,4	3,0	3,8	16,0	3,4	13,6	18,4
1,4	8,0	7.6	8,4	16,0	8,0	9,0	23,0
1,4	16,0	15,6	16,4	16,0	16,0	1,0	31,0
1,4	32,0	31,6	32,4	16,0	32,0	17,0	47,0
1,4	64,0	63,6	64,4	16,0	64,0	49,0	79,0
1,8	1,1	1,7	1,9	32,0	1,1	31,9	32,1
1,8	1,2	1,6	2,0	32,0	1,2	31,8	32,2
1,8	1,4	1,4	2,2	32,0	1,4	31,6	32,4
1,8	1,8	1,0	2,6	32,0	1,8	31,2	32,8
1,8	2,2	1,4	3,0	32,0	2,2	30,8	33,2
1,8	3,4	2,6	4,2	32,0	3,4	29,6	34,4
1,8	8,0	7,2	8,8	32,0	8,0	25,0	39,0
1,8	16,0	15,2	16,8	32,0	16,0	17,0	47,0
1,8	32,0	31,2	32,8	32,0	32,0	1,0	63,0
1,8	64,0	63,2	64,8	32,0	64,0	33,0	95,0
2,2	1,1	2,1	2,3	64,0	1,1	63,9	64,1
2,2	1,2	2,0	2,4	64,0	1,2	63,8	64,2
2,2	1,4	1,8	2,6	64,0	1,4	63,6	64,4
2,2	1,8	1,4	3,0	64,0	1,8	63,2	64,8
2,2	2,2	1,0	3,4	64,0	2,2	62,8	65,2
2,2	3,4	2,2	4,6	64,0	3,4	61,6	66,4
2,2	8,0	6,8	9,2	64,0	8,0	57,0	71,0
2,2	16,0	14,8	17,2	64,0	16,0	49,0	79,0
2,2	32,0	30,8	33,2	64,0	32,0	33,0	95,0
2,2	64,0	62,8	65,2	64,0	64,0	1,0	127,0

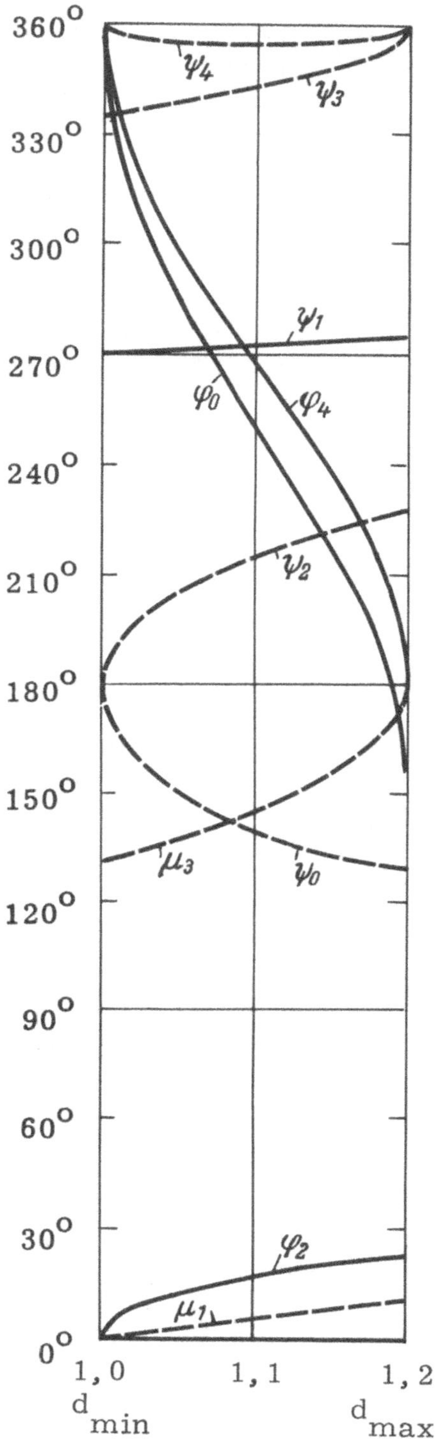

a = 1,0

b = 1,1 c = 1,1

KS - T

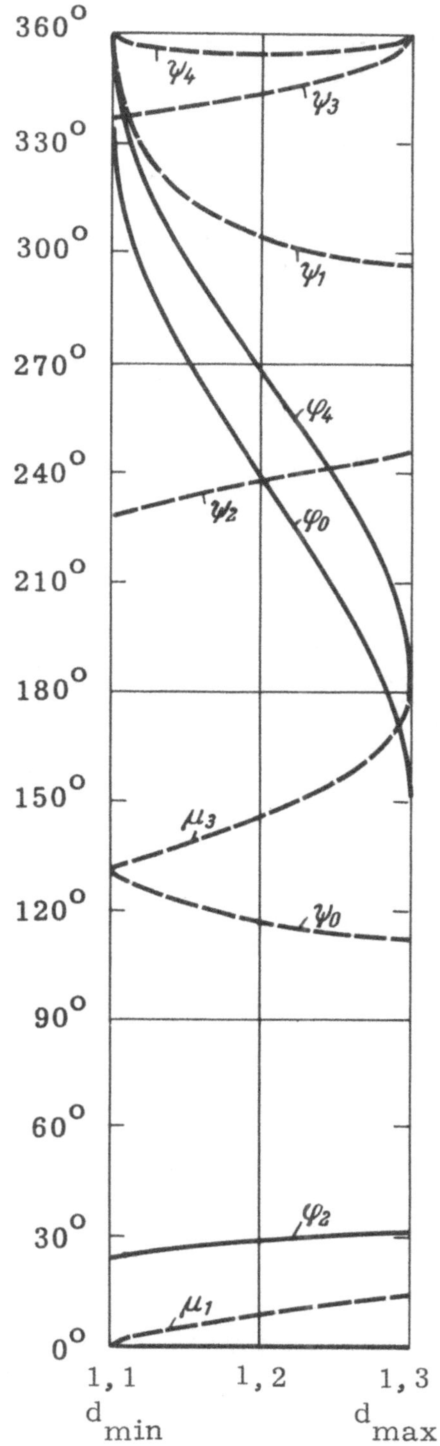

a = 1,0

b = 1,1 c = 1,2

KS - T

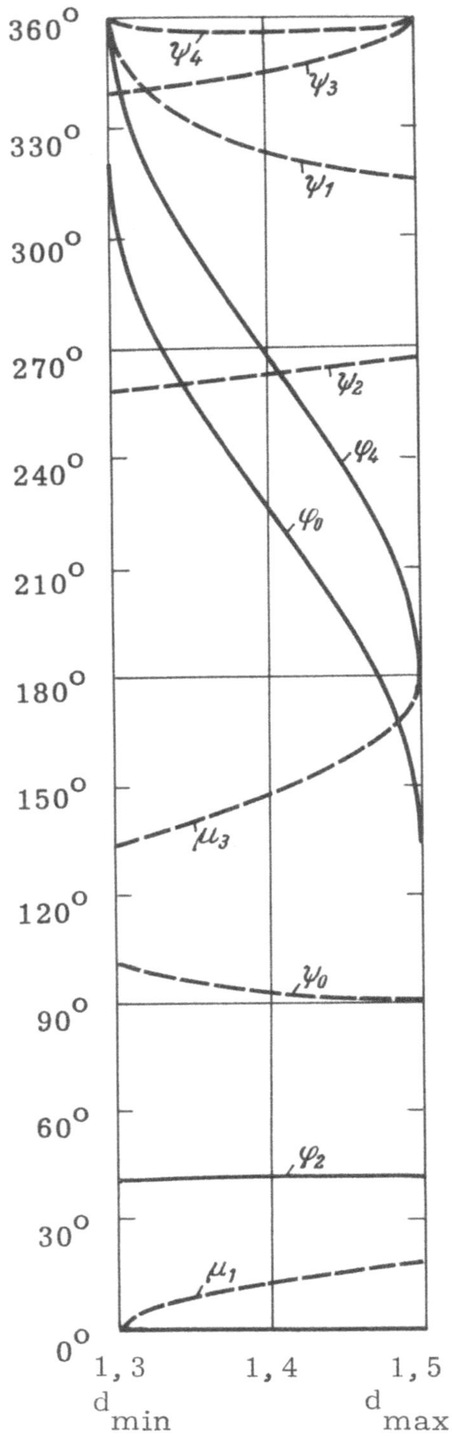

a = 1,0

b = 1,1 c = 1,4

K S - T

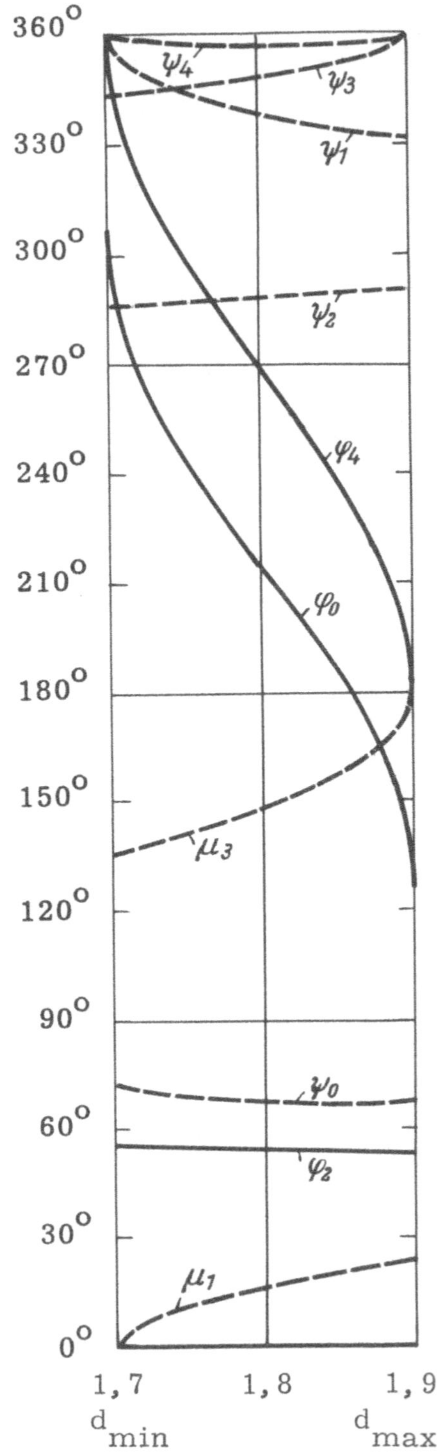

a = 1,0

b = 1,1 c = 1,8

K S - T

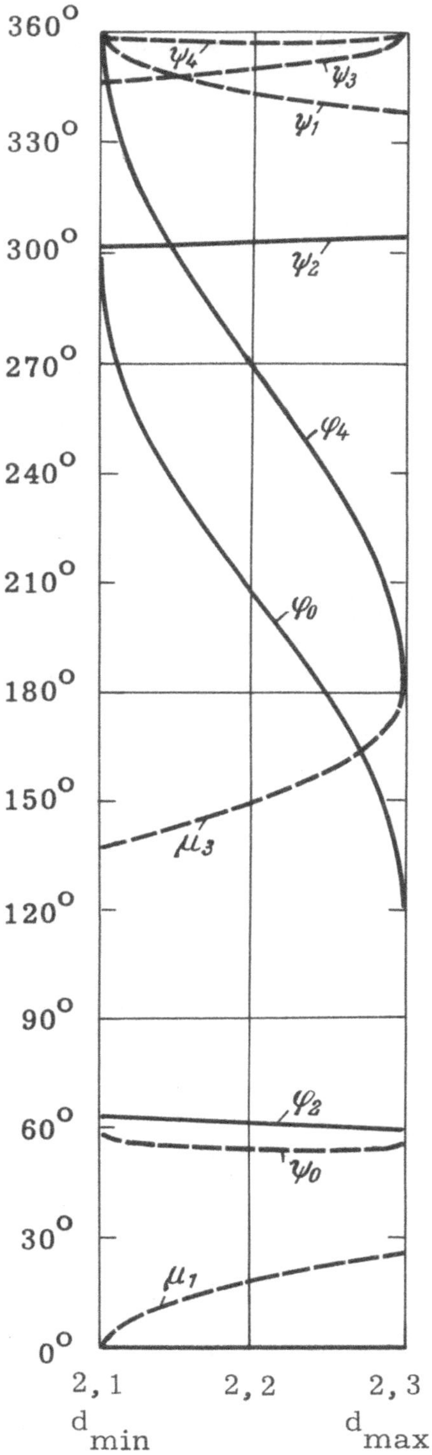

a = 1, 0

b = 1, 1 c = 2, 2

K S - T

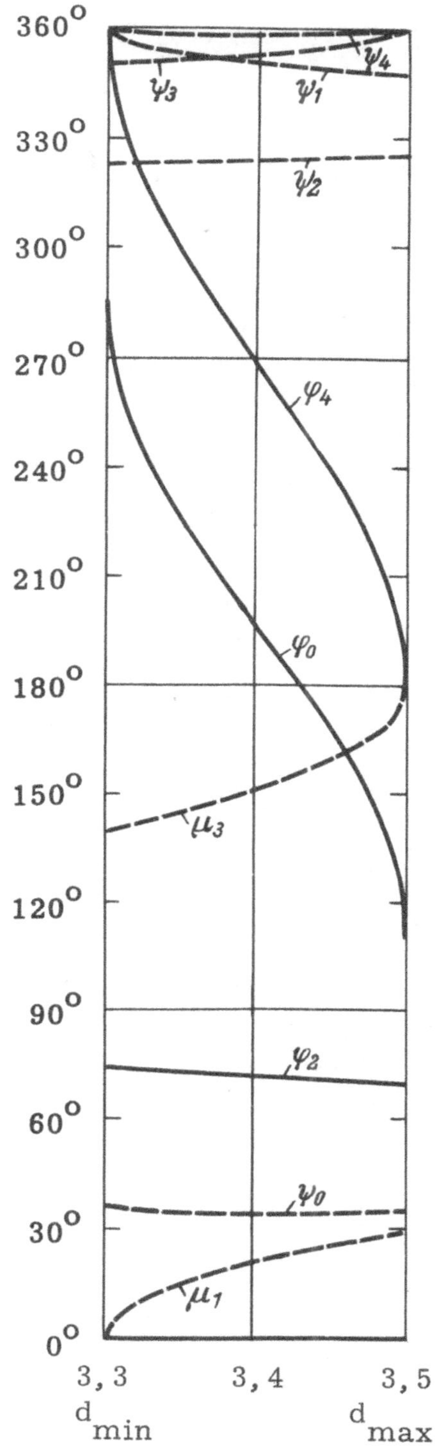

a = 1, 0

b = 1, 1 c = 3, 4

K S - T

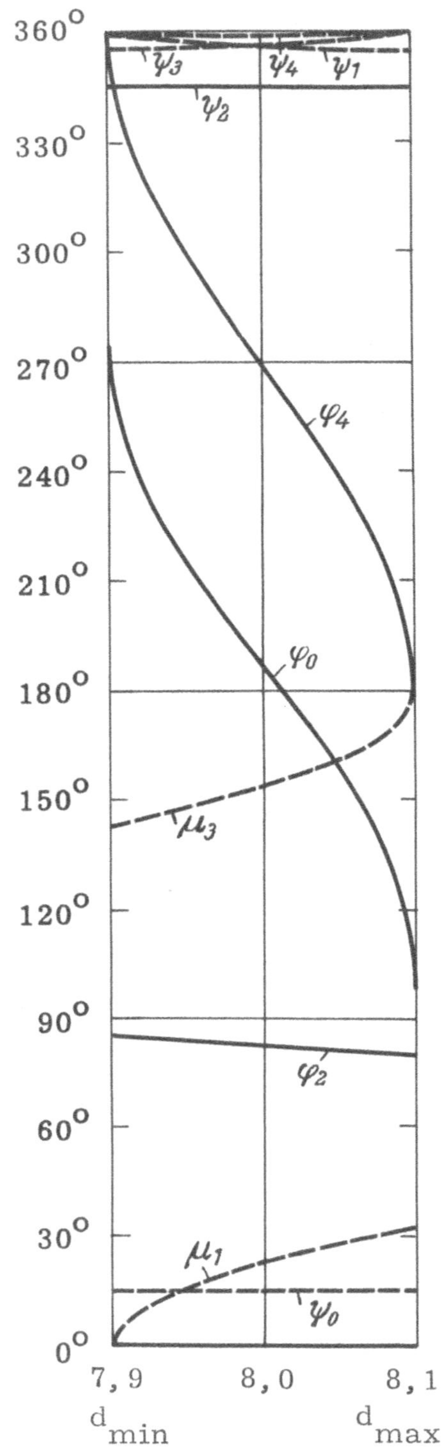

a = 1,0

b = 1,1 c = 8,0

KS - T

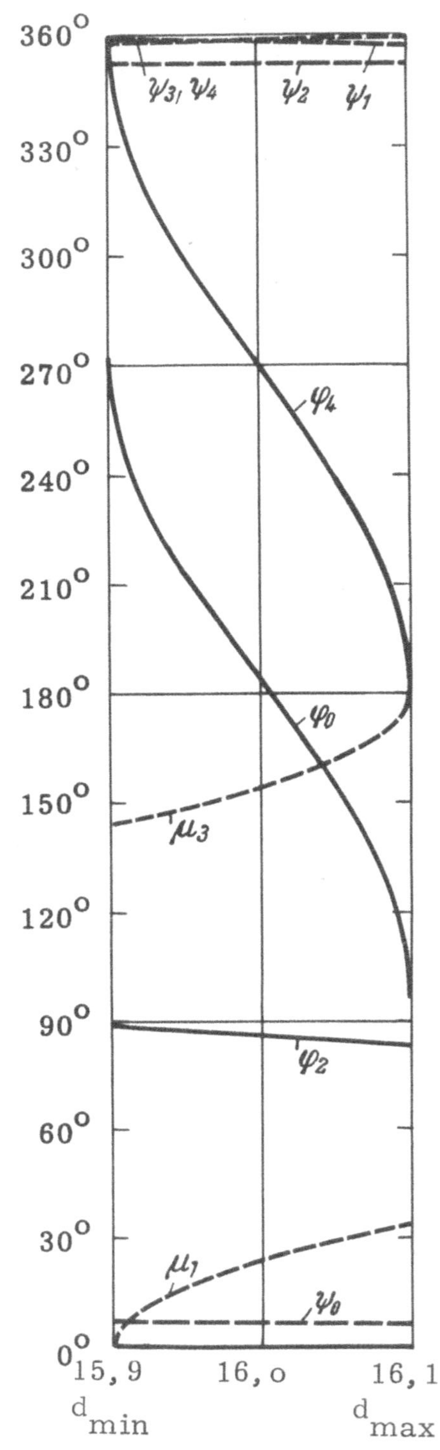

a = 1,0

b = 1,1 c = 16,0

KS - T

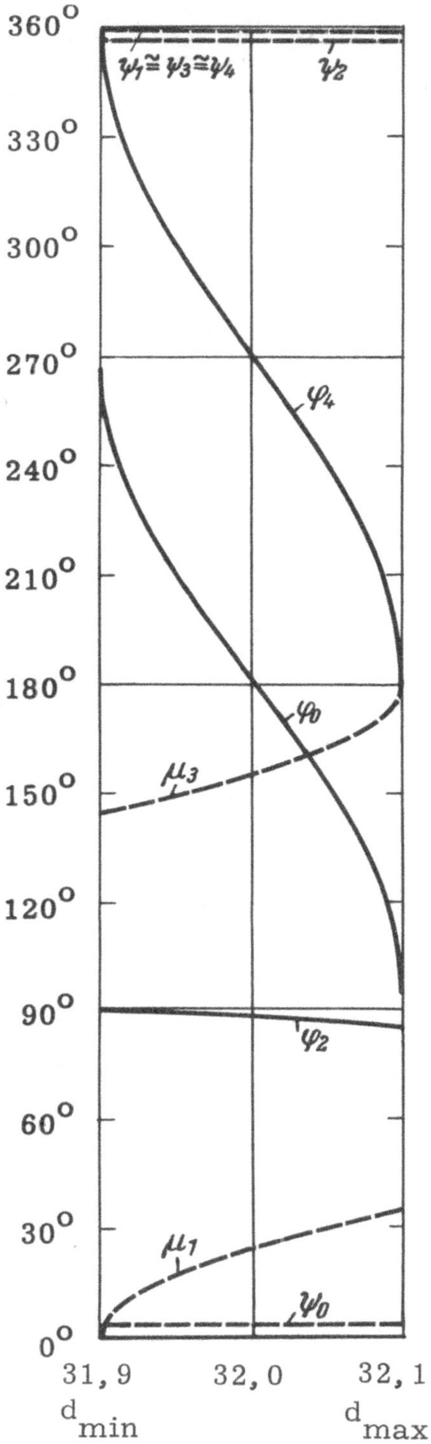

a = 1,0

b = 1,1 c = 32,0

K S - T

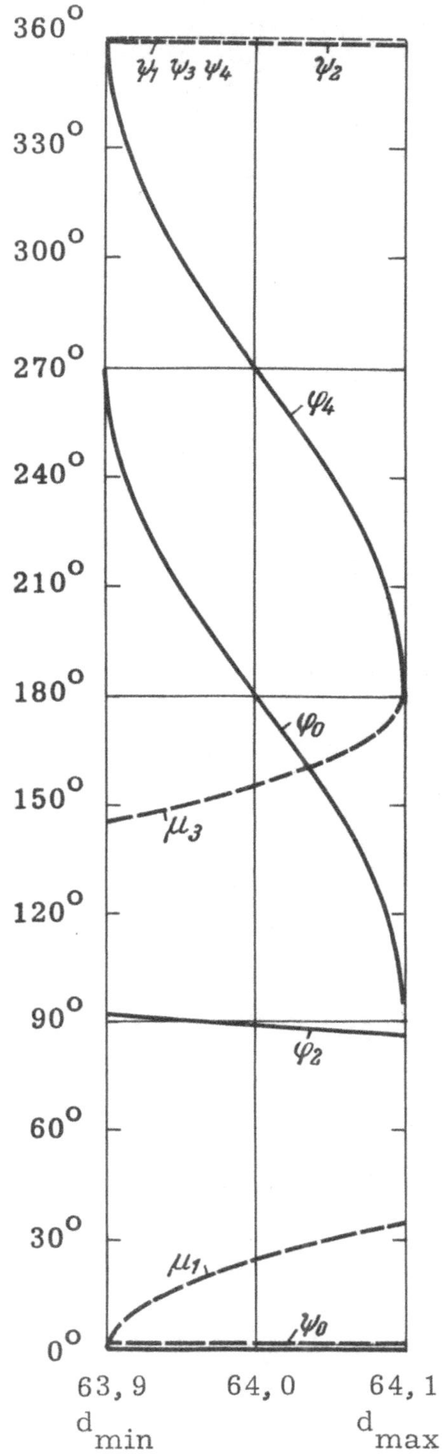

a = 1,0

b = 1,1 c = 64,0

K S - T

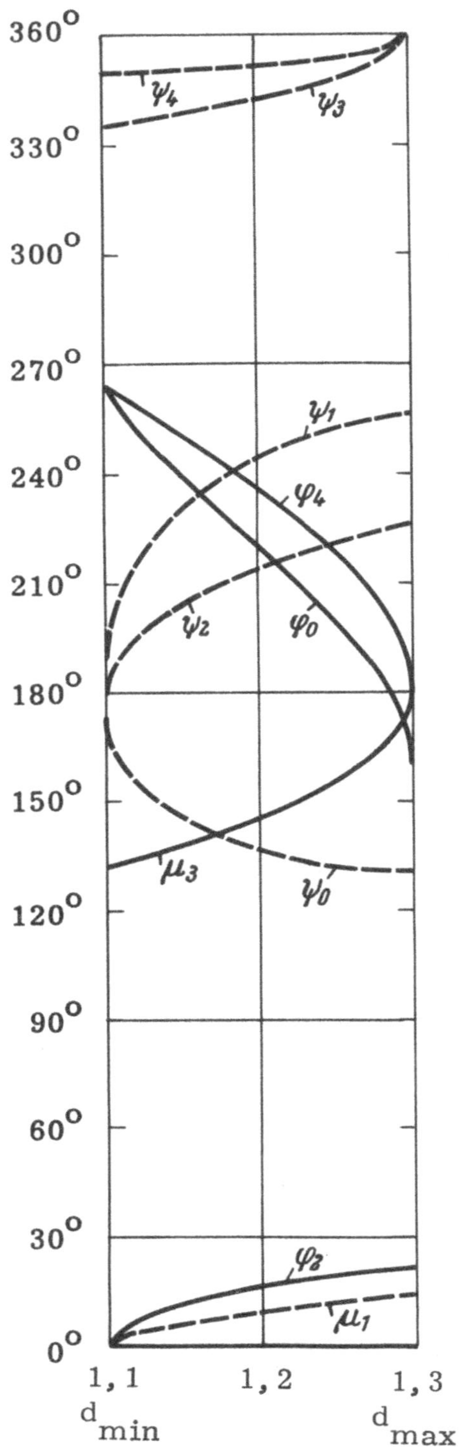

a = 1,0

b = 1,2 c = 1,1

KS - T

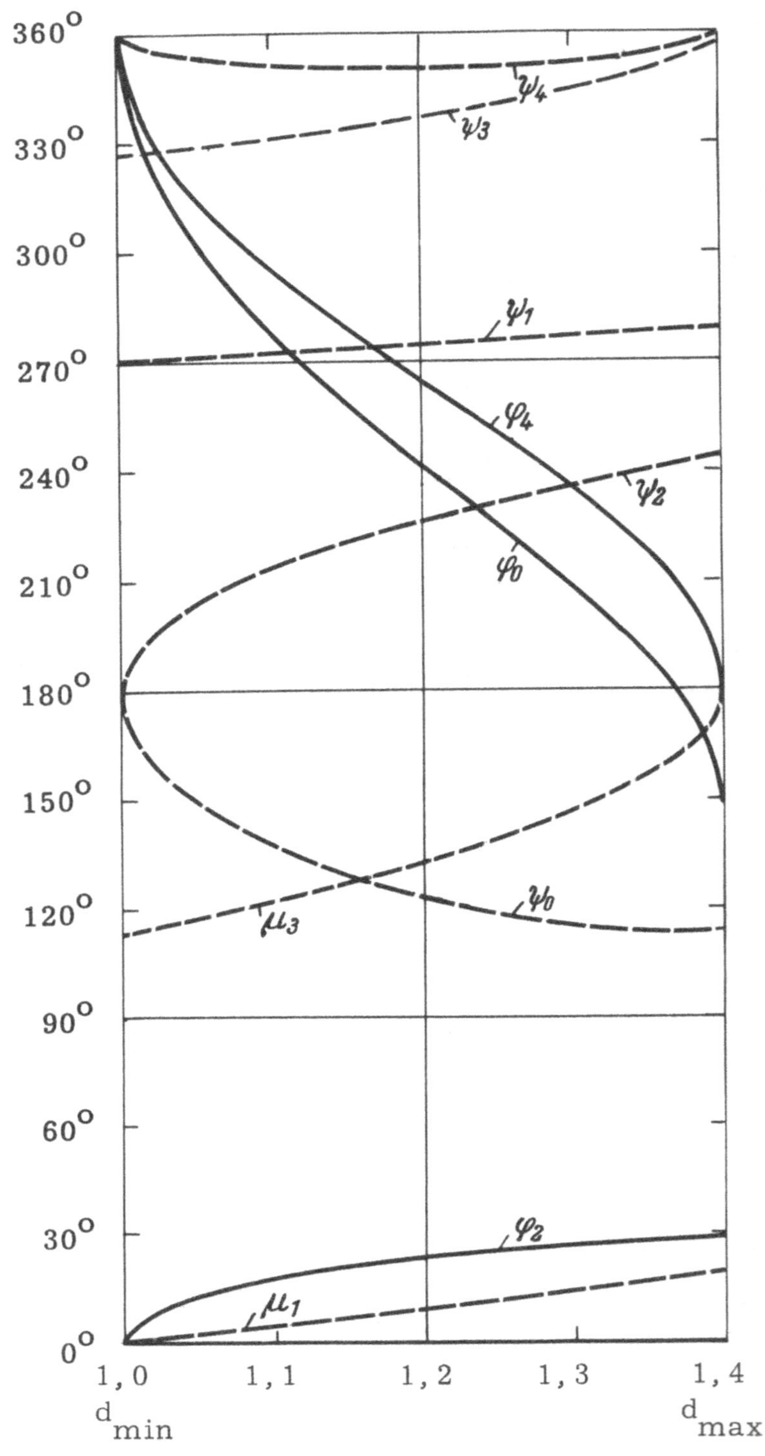

a = 1,0

b = 1,2 c = 1,2

KS - T

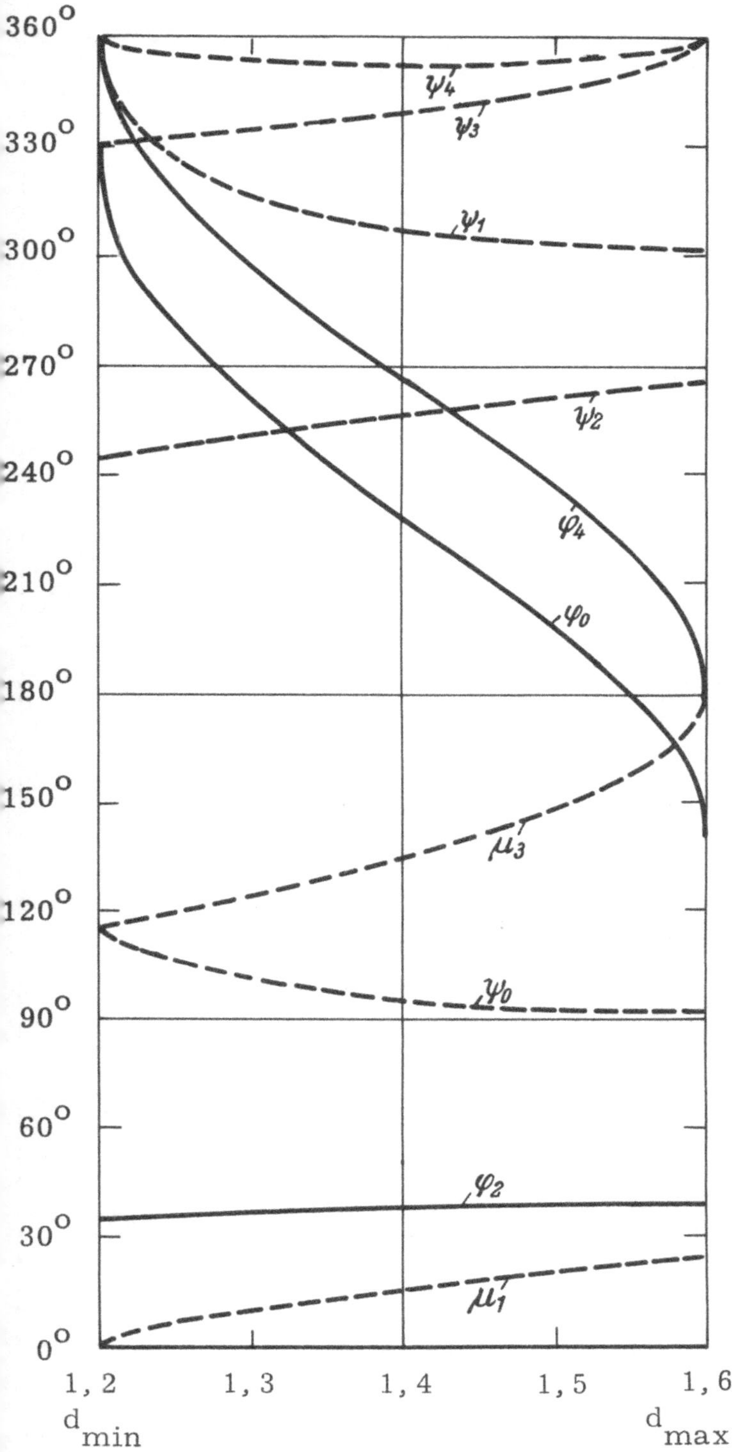

a = 1, 0

b = 1, 2 c = 1, 4

K S - T

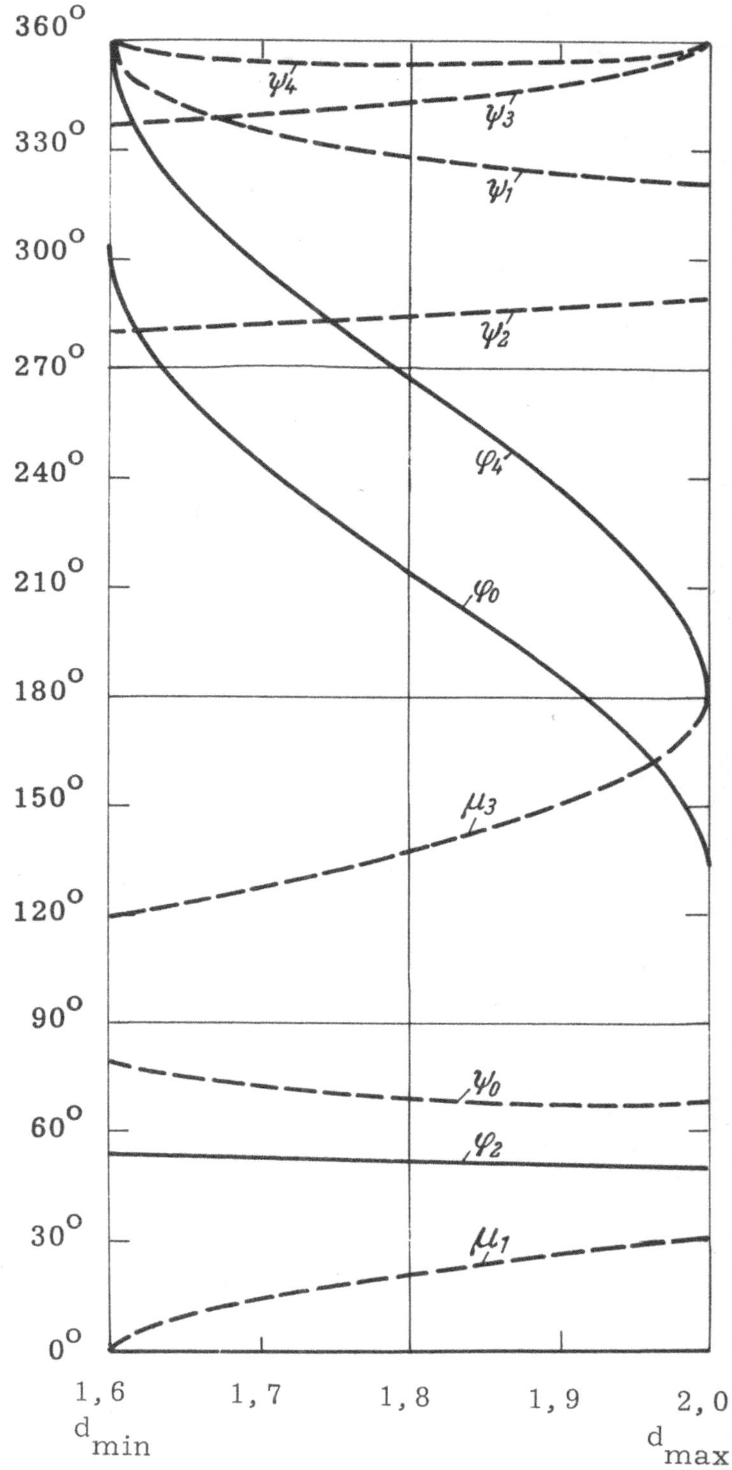

a = 1, 0

b = 1, 2 c = 1, 8

K S - T

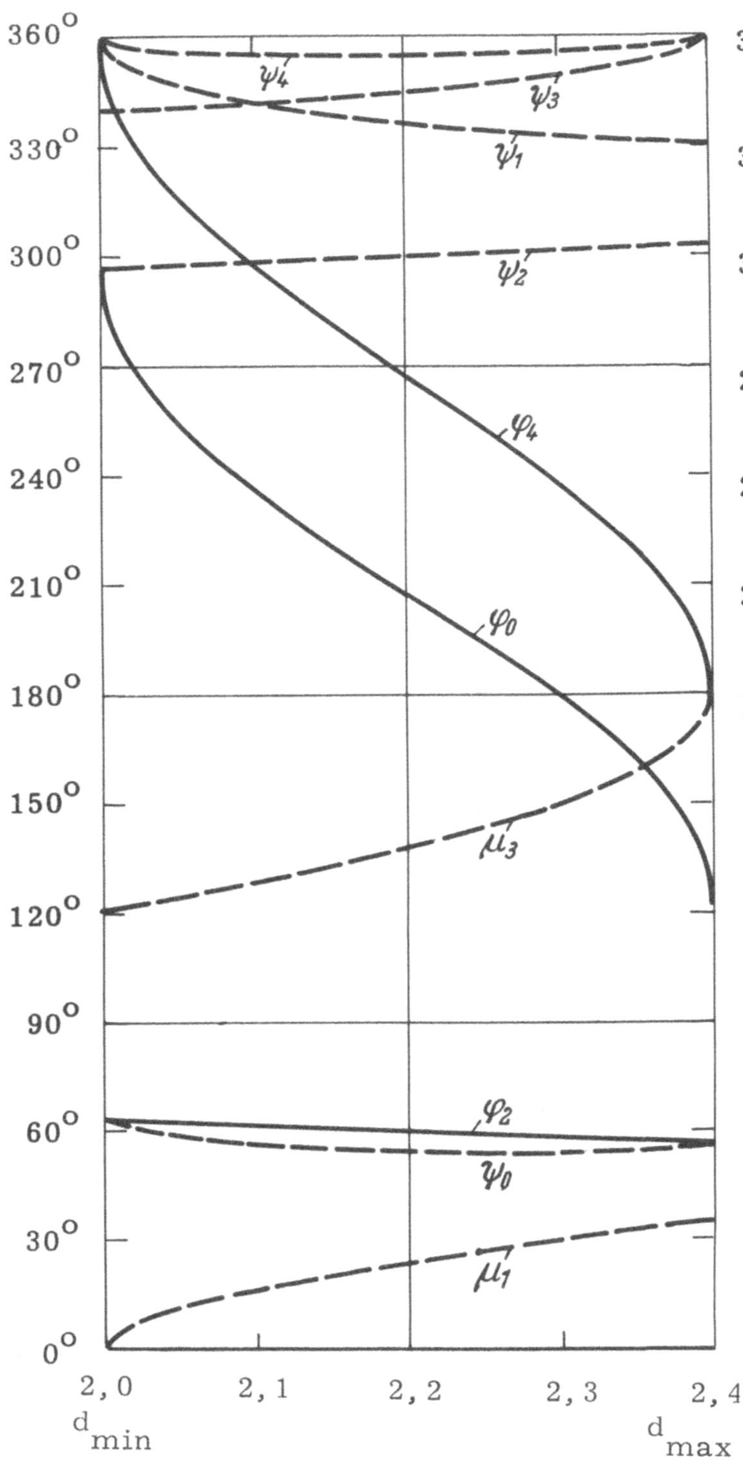

a = 1,0

b = 1,2 c = 2,2

K S - T

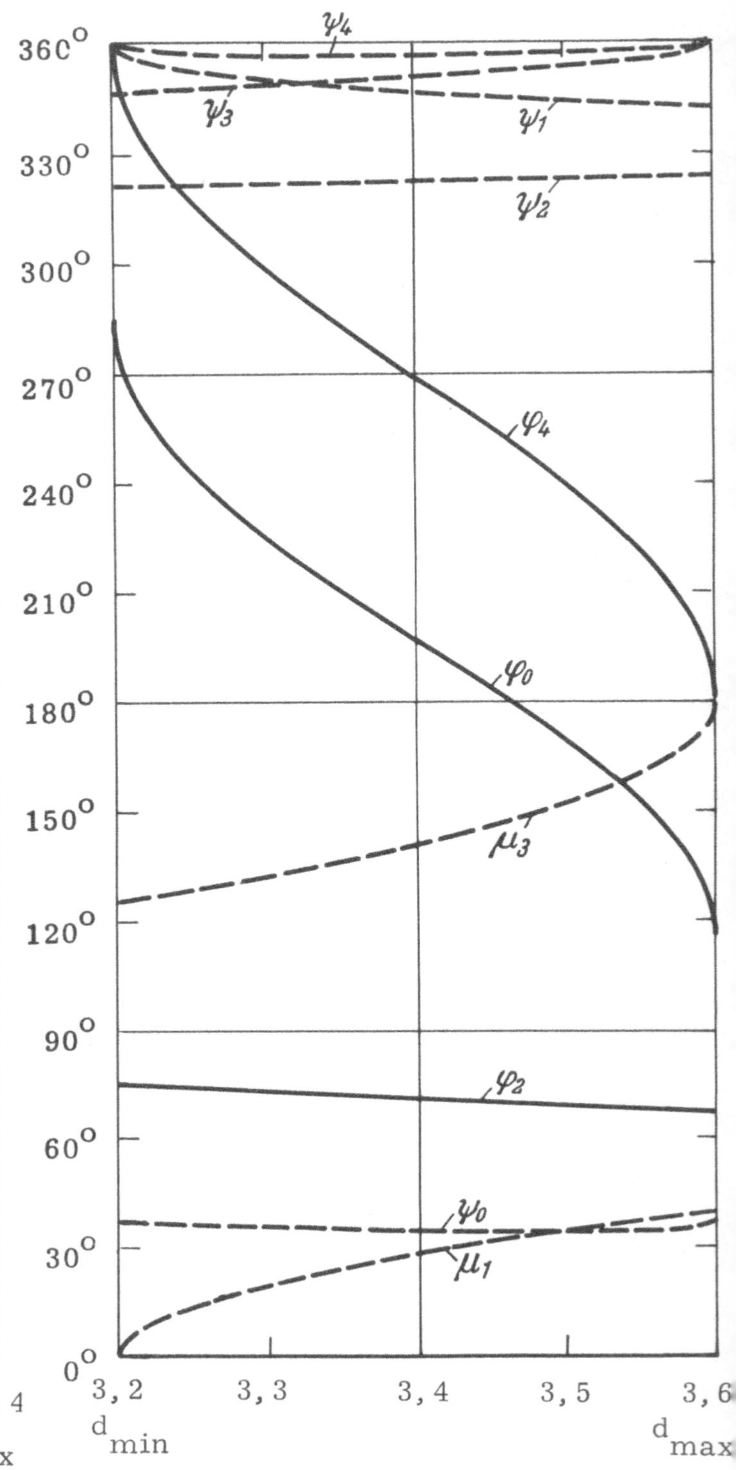

a = 1,0

b = 1,2 c = 3,4

K S - T

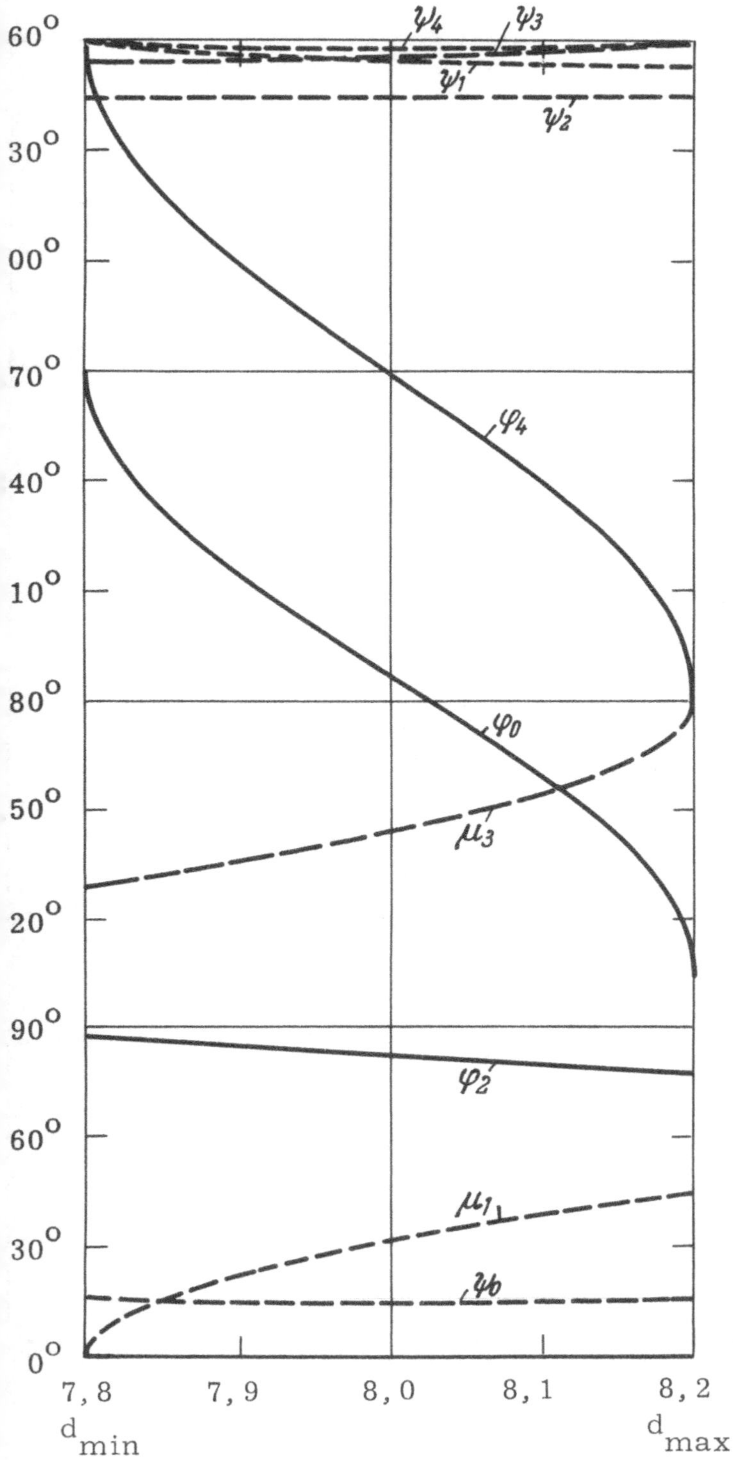

a = 1,0

b = 1,2 c = 8,0

KS - T

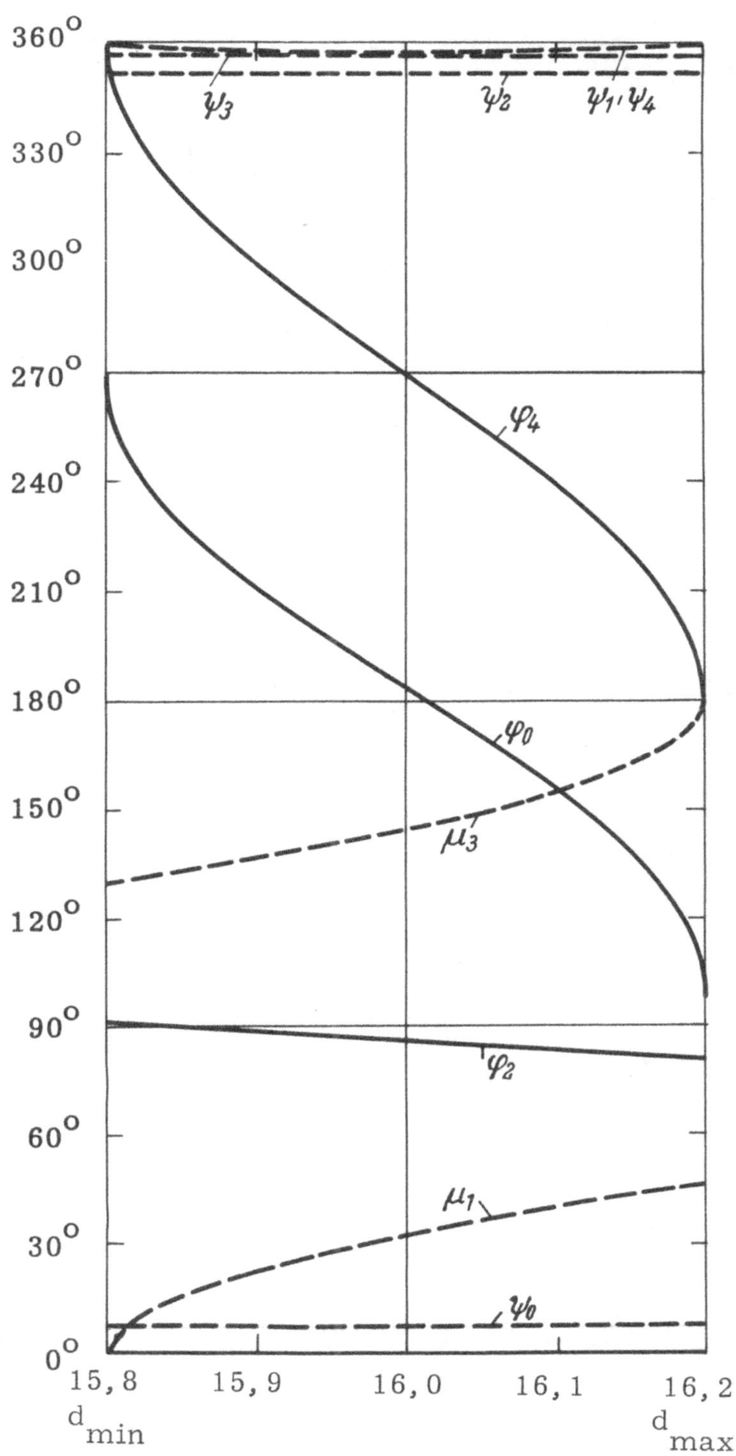

a = 1,0

b = 1,2 c = 16,0

KS - T

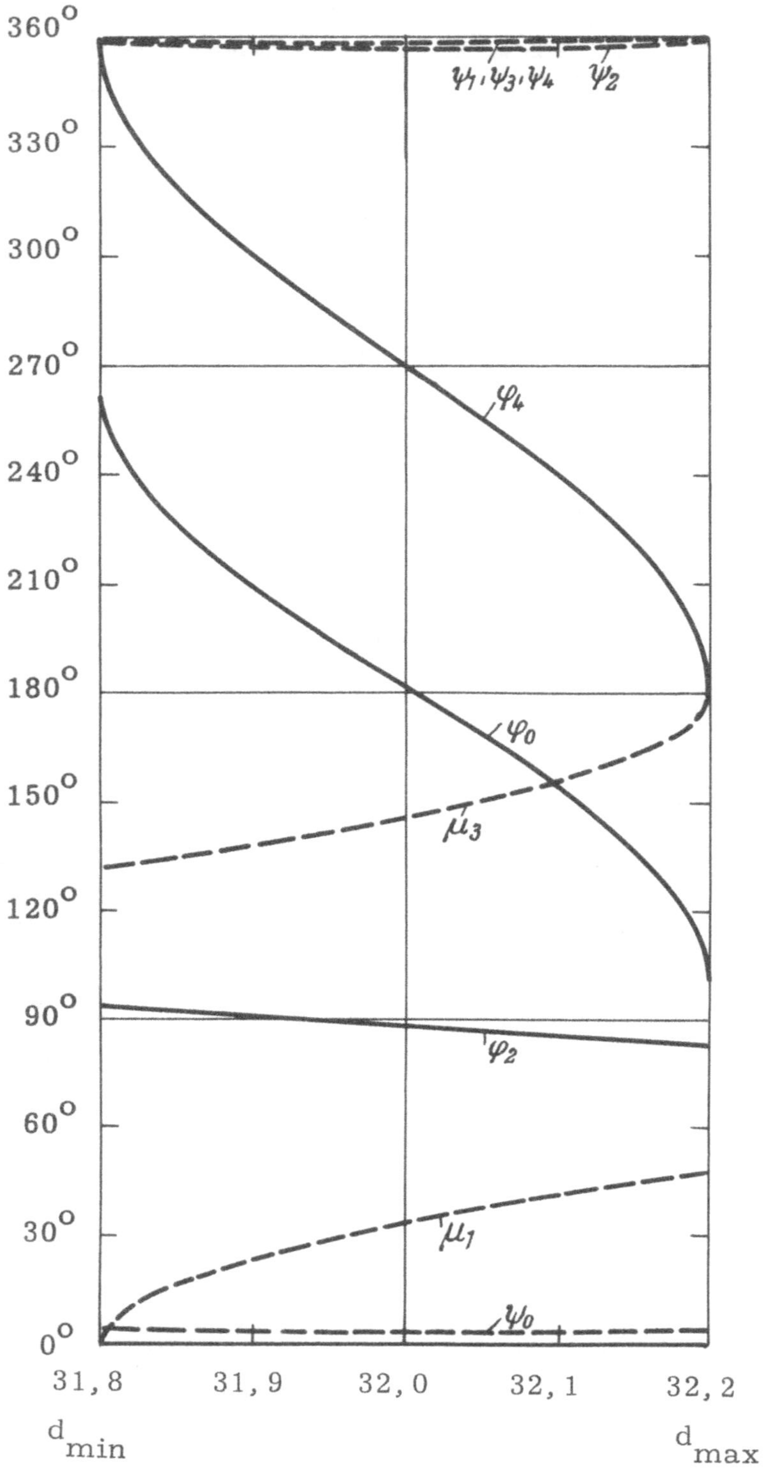

a = 1,0

b = 1,2 c = 32,0

K S - T

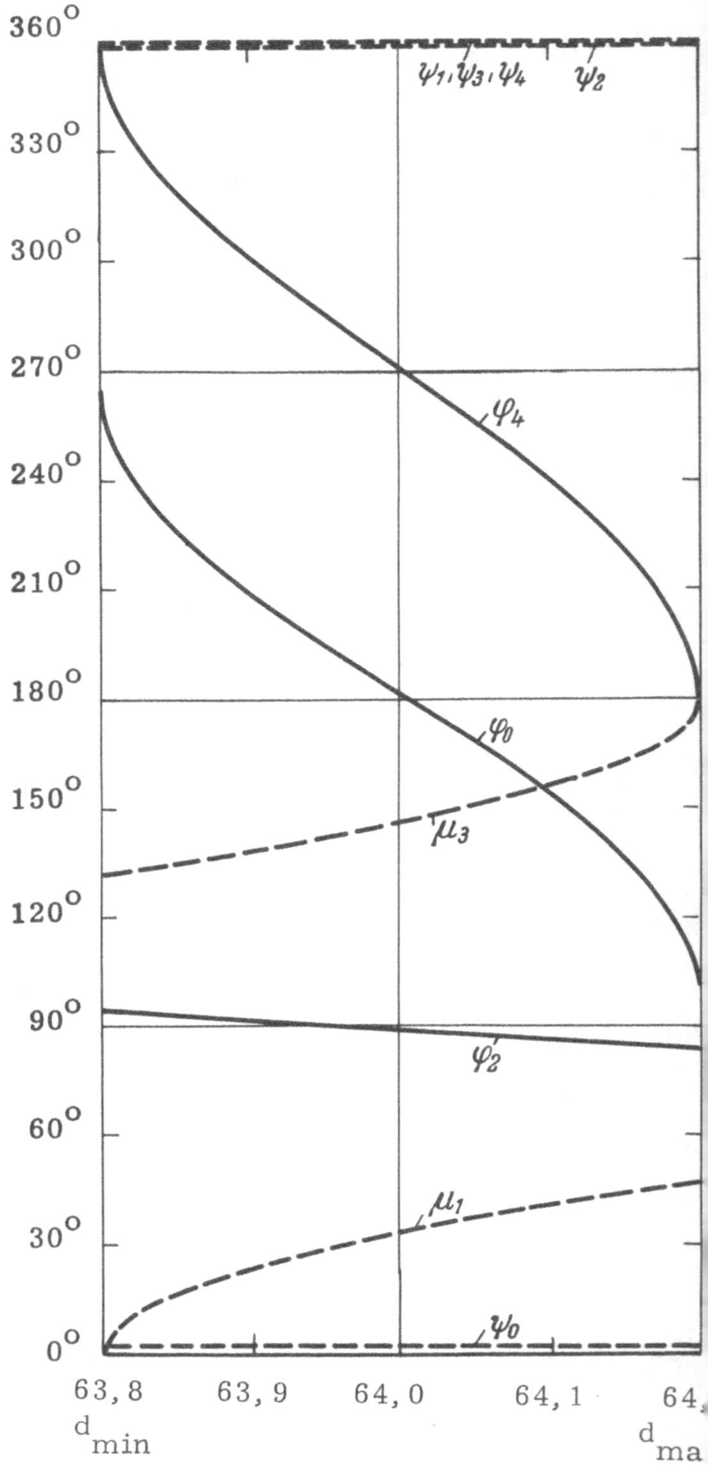

a = 1,0

b = 1,2 c = 64,0

KS - T

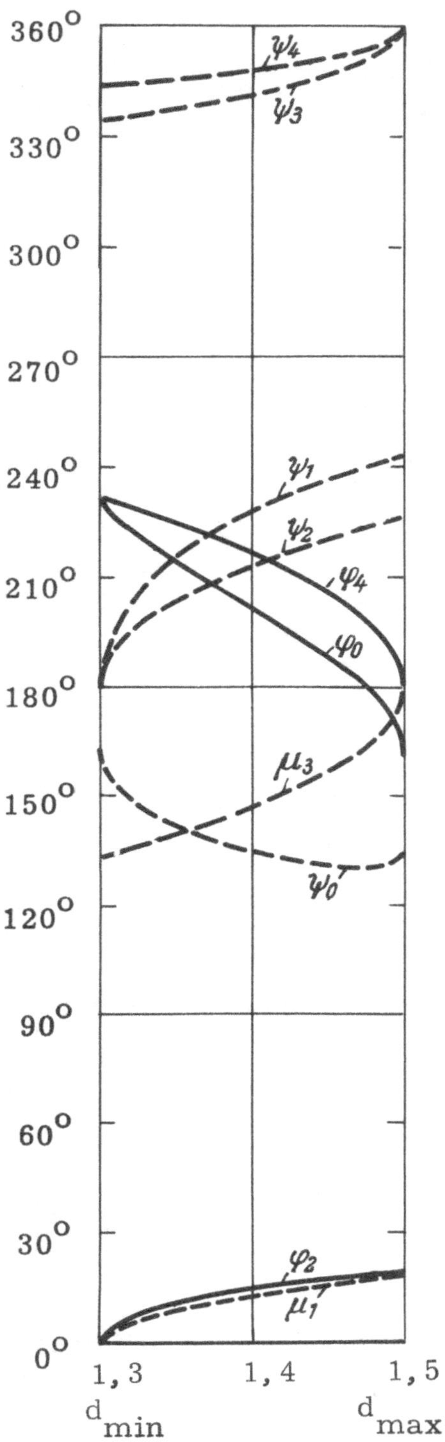

a = 1,0

b = 1,4 c = 1,1

K S - T

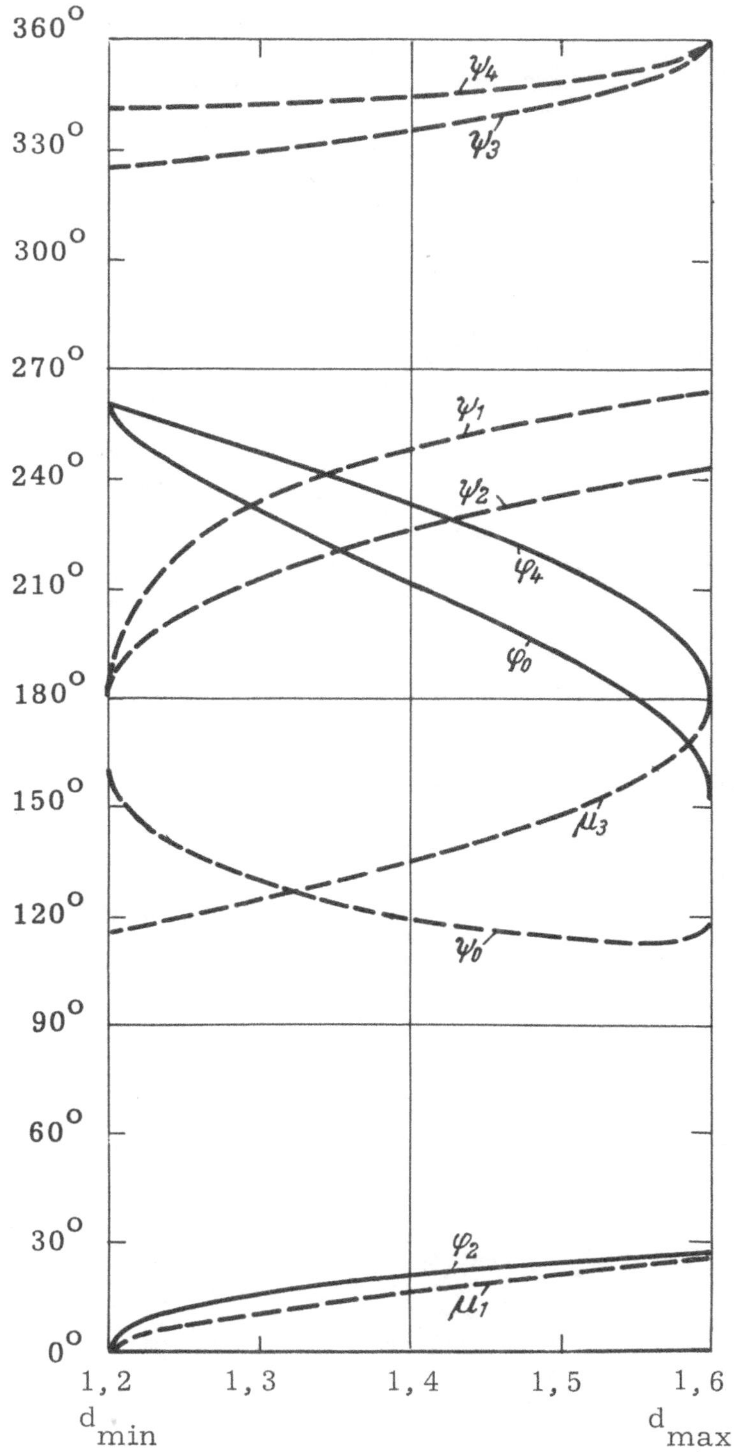

a = 1,0

b = 1,4 c = 1,2

K S - T

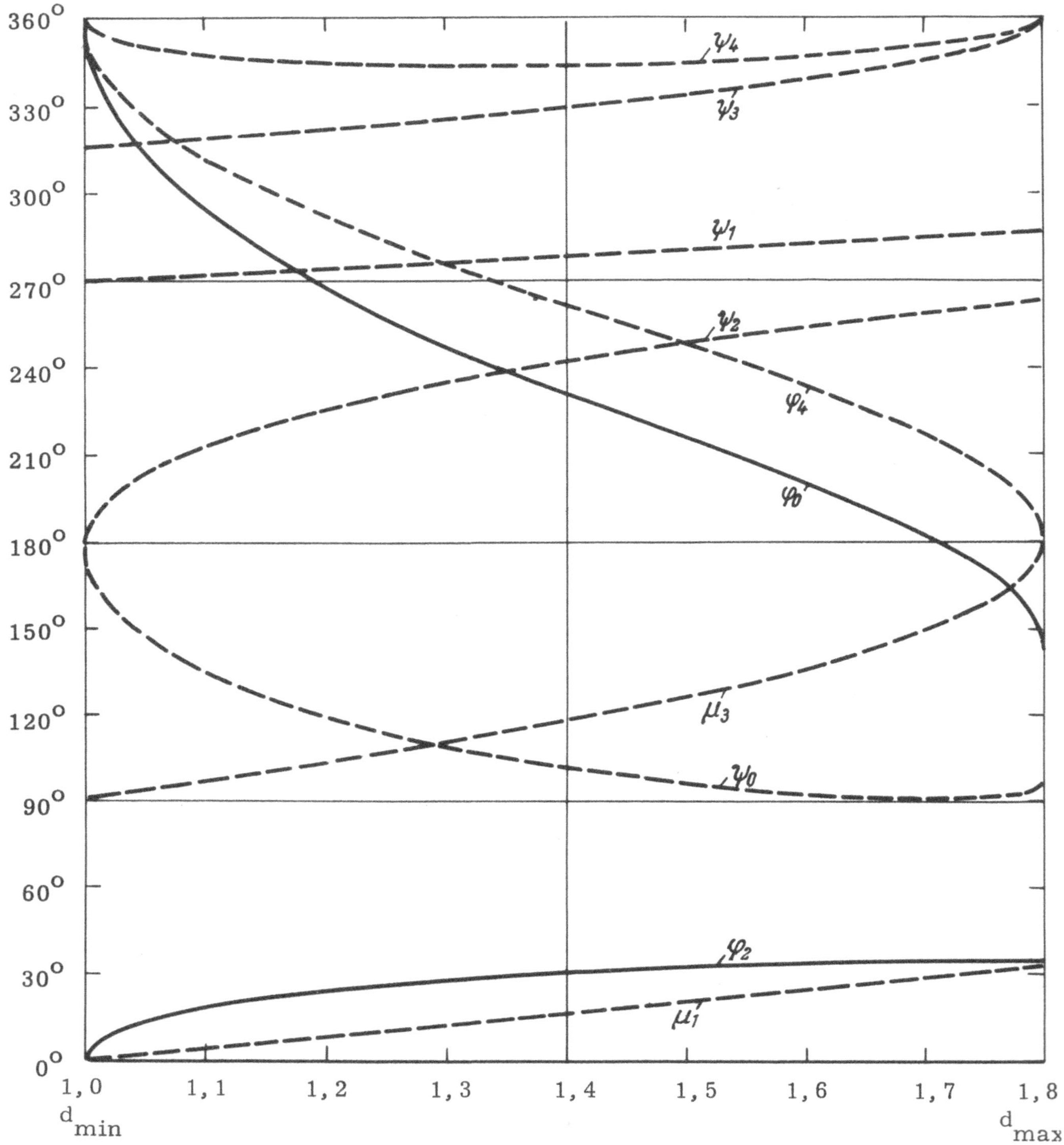

a = 1,0

b = 1,4 c = 1,4

KS - T

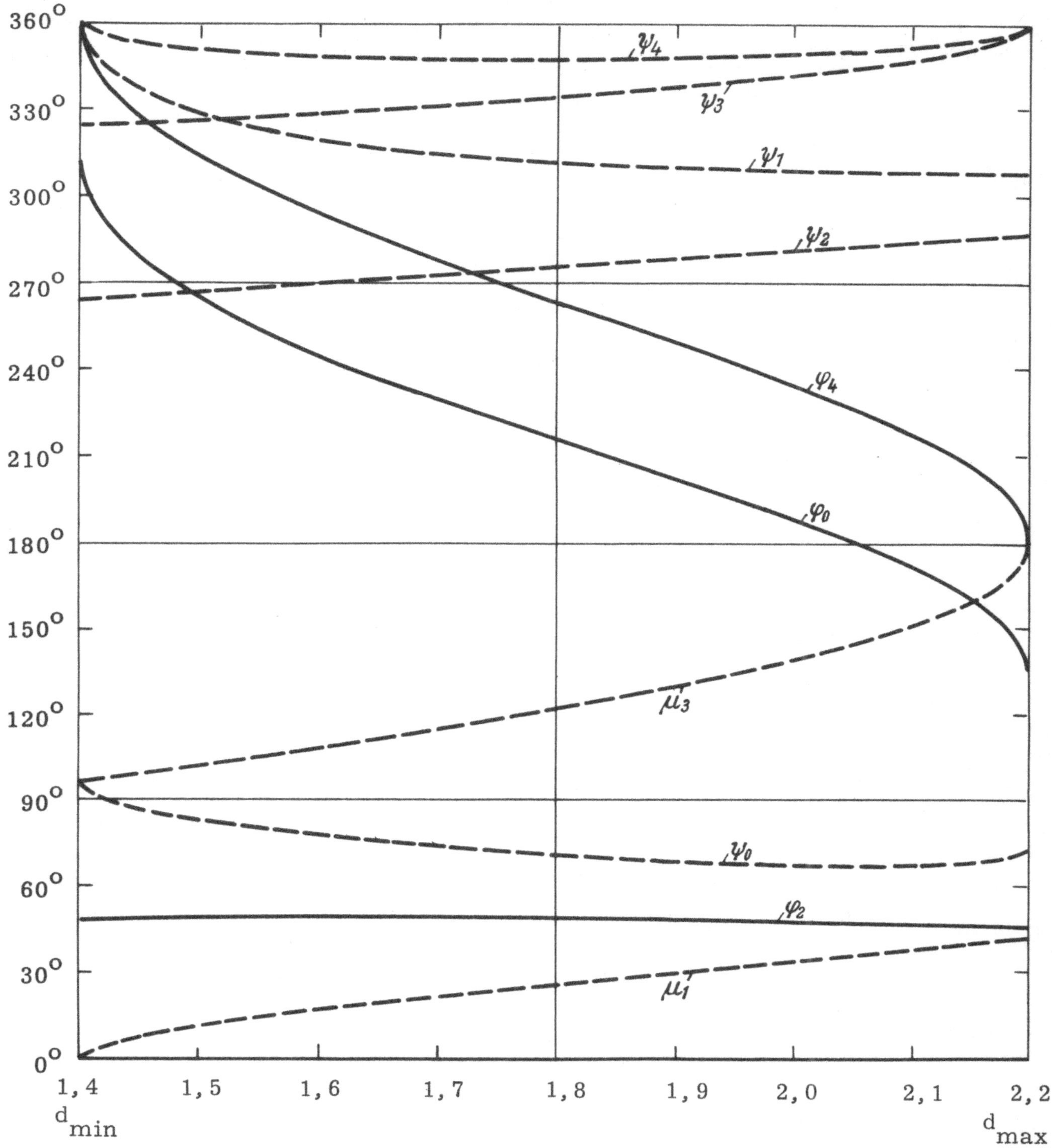

a = 1,0

b = 1,4 c = 1,8

KS - T

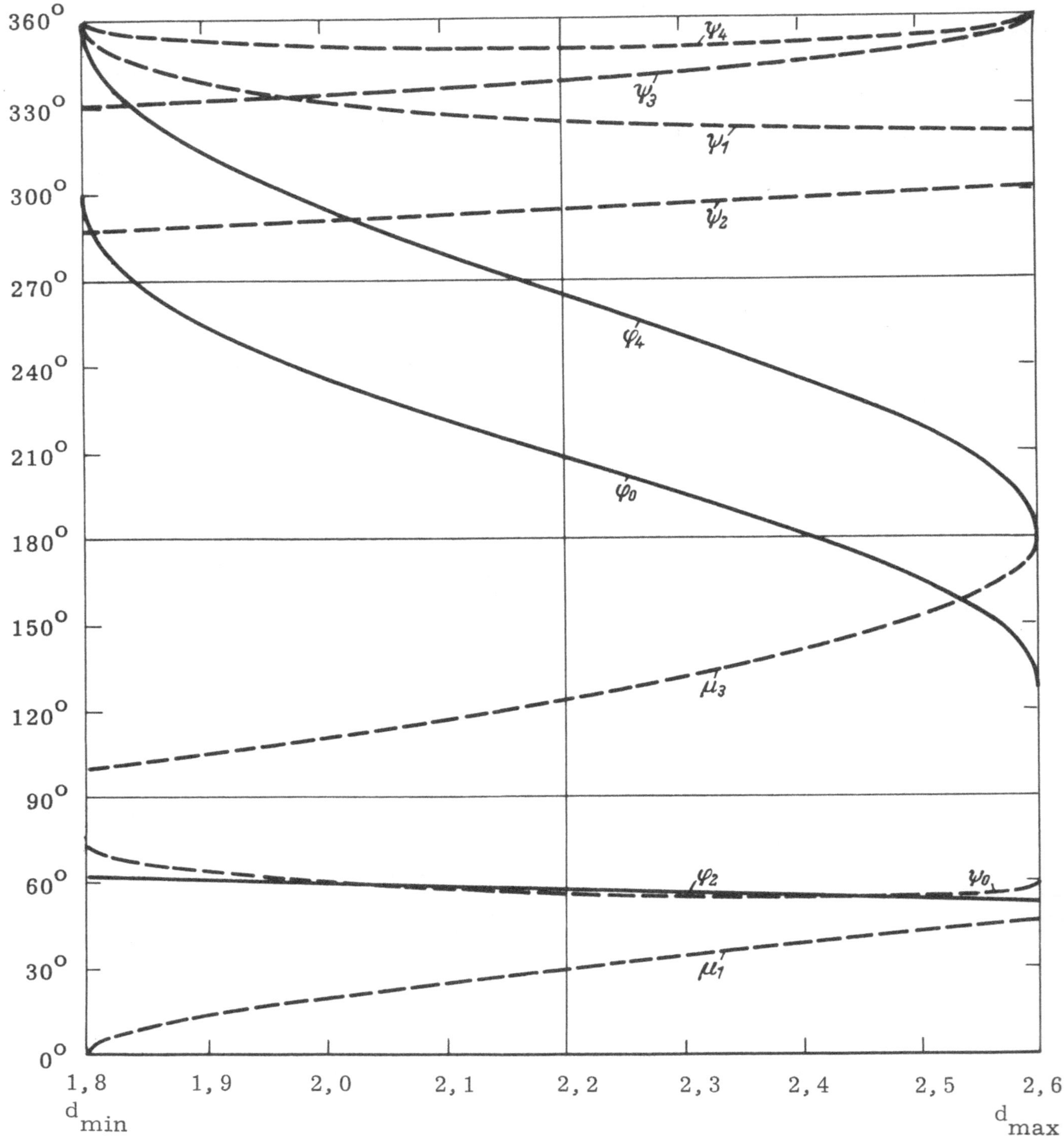

a = 1,0

b = 1,4 c = 2,2

K S - T

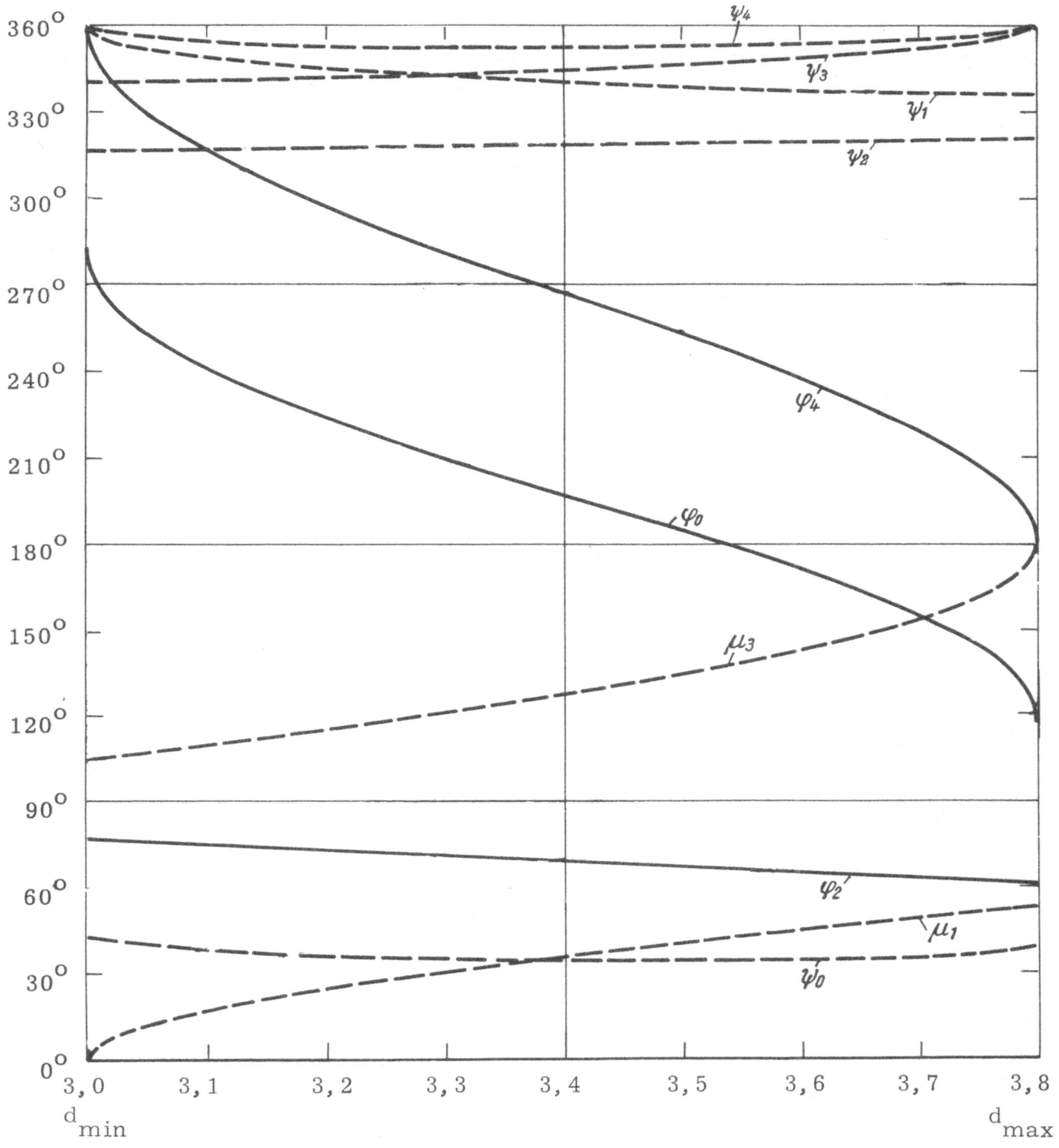

a = 1,0

b = 1,4 c = 3,4

K S - T

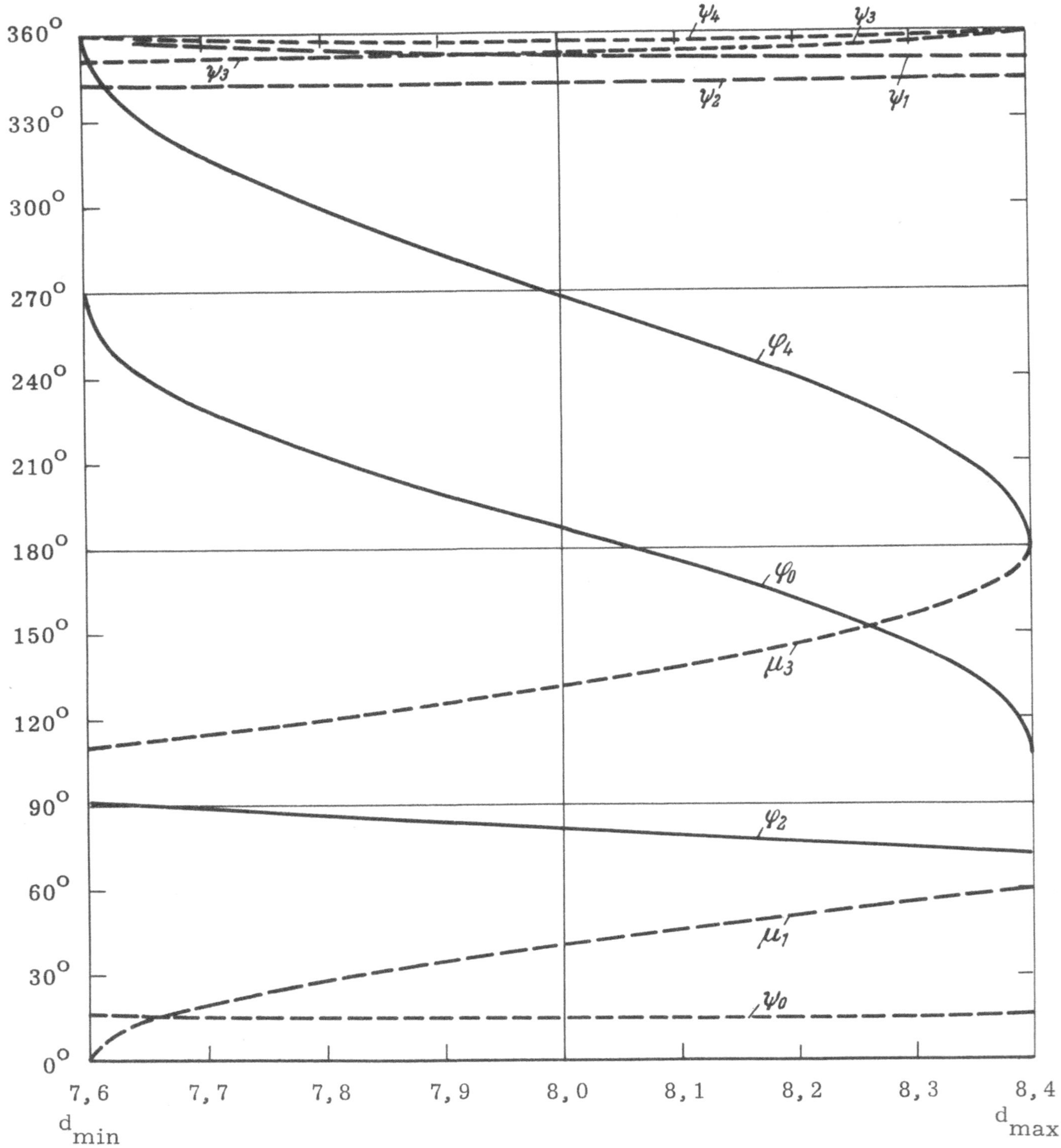

a = 1,0

b = 1,4 c = 8,0

KS - T

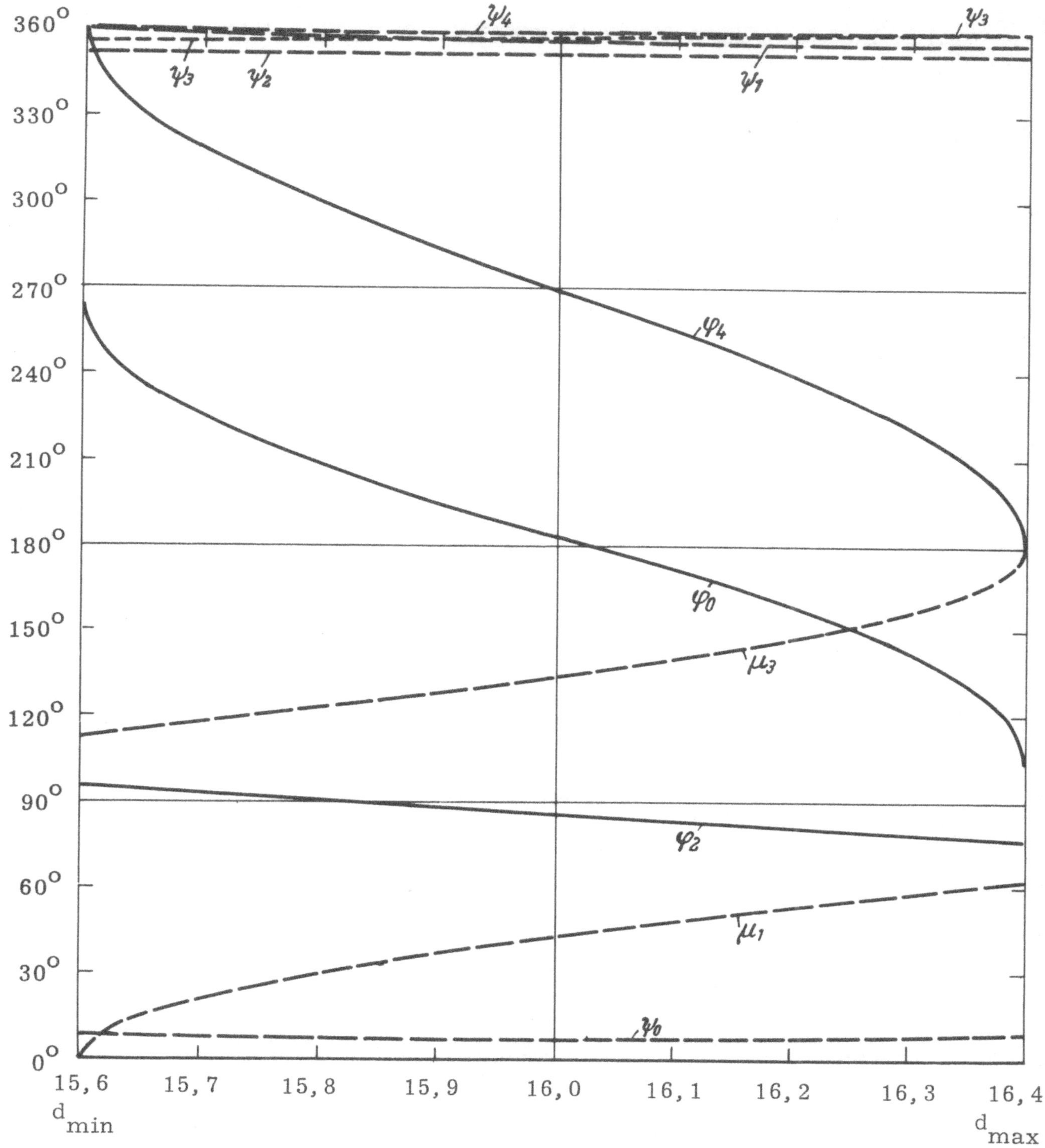

a = 1,0

b = 1,4 c = 16,0

KS - T

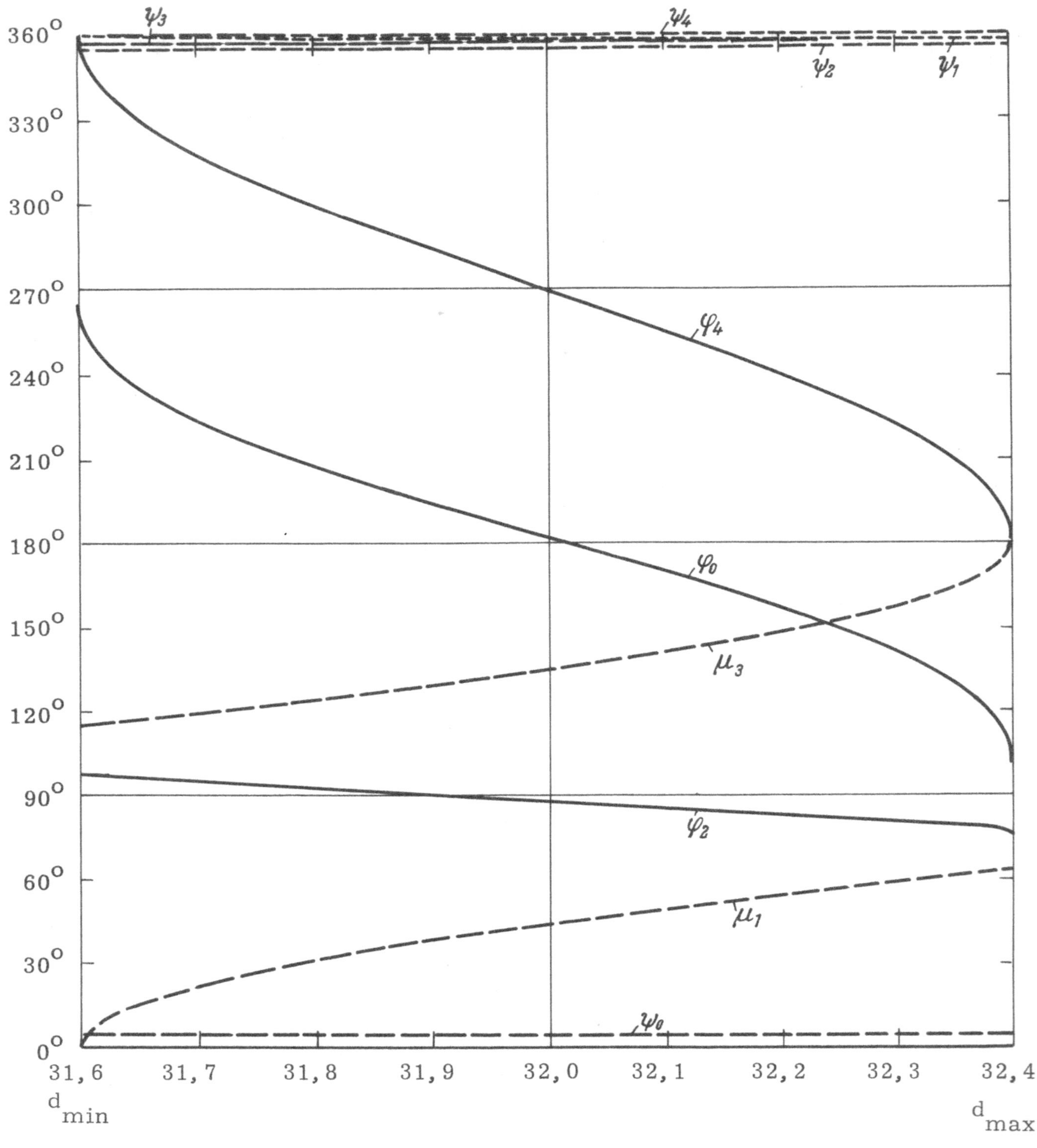

a = 1,0

b = 1,4 c = 32,0

KS - T

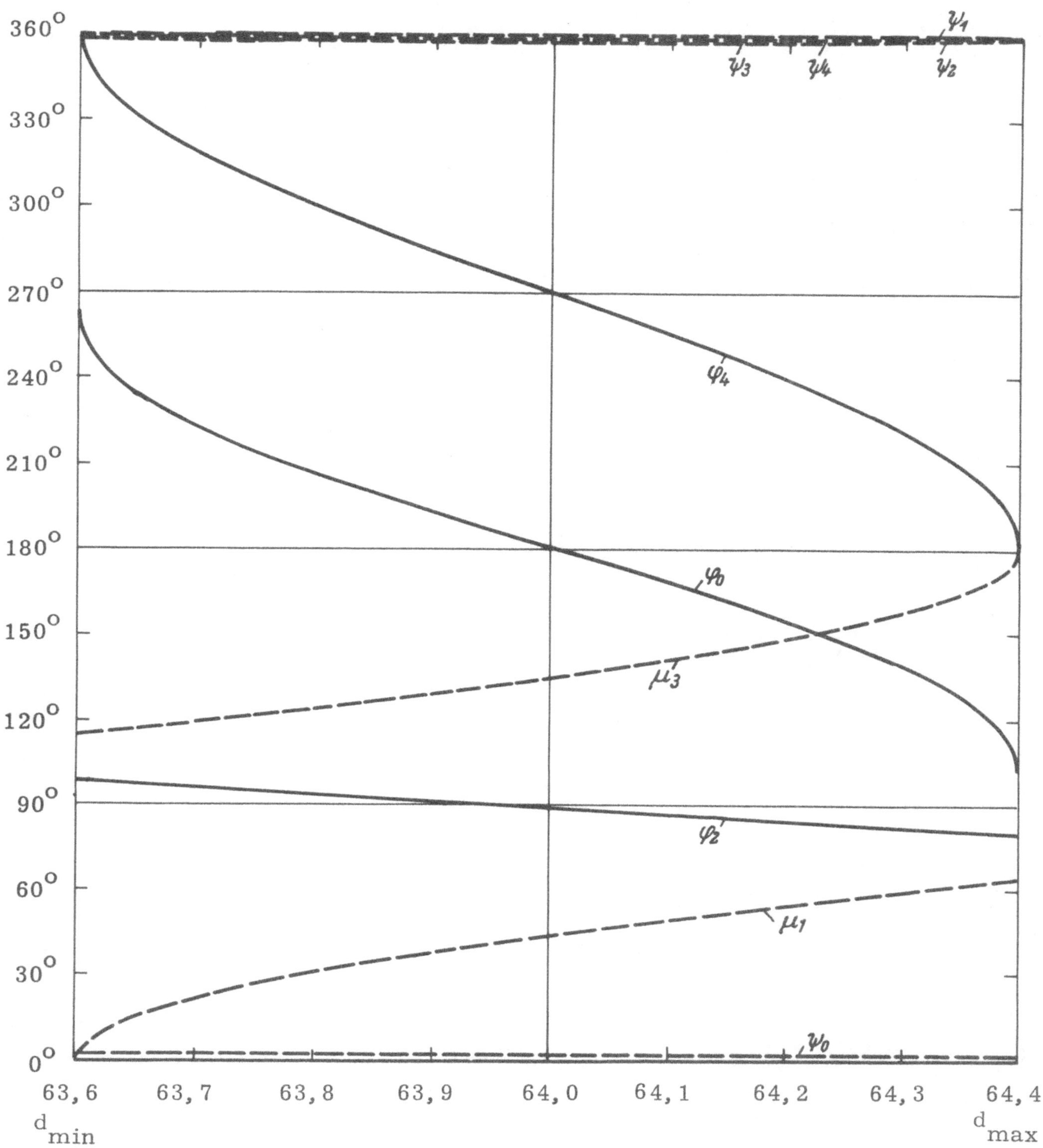

a = 1,0

b = 1,4 c = 64,0

KS - T

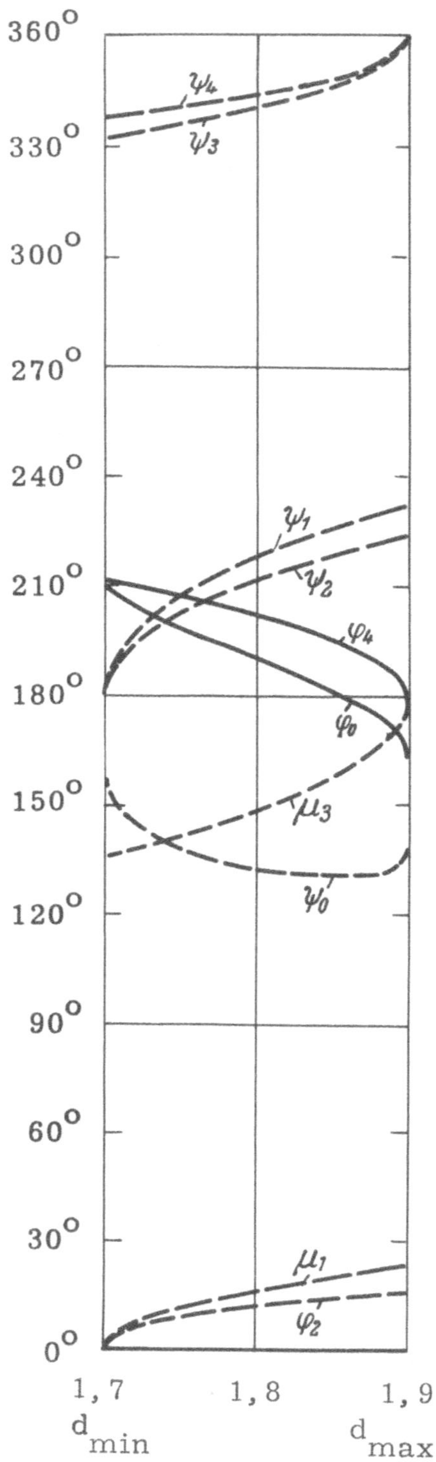

a = 1,0

b = 1,8 c = 1,1

KS - T

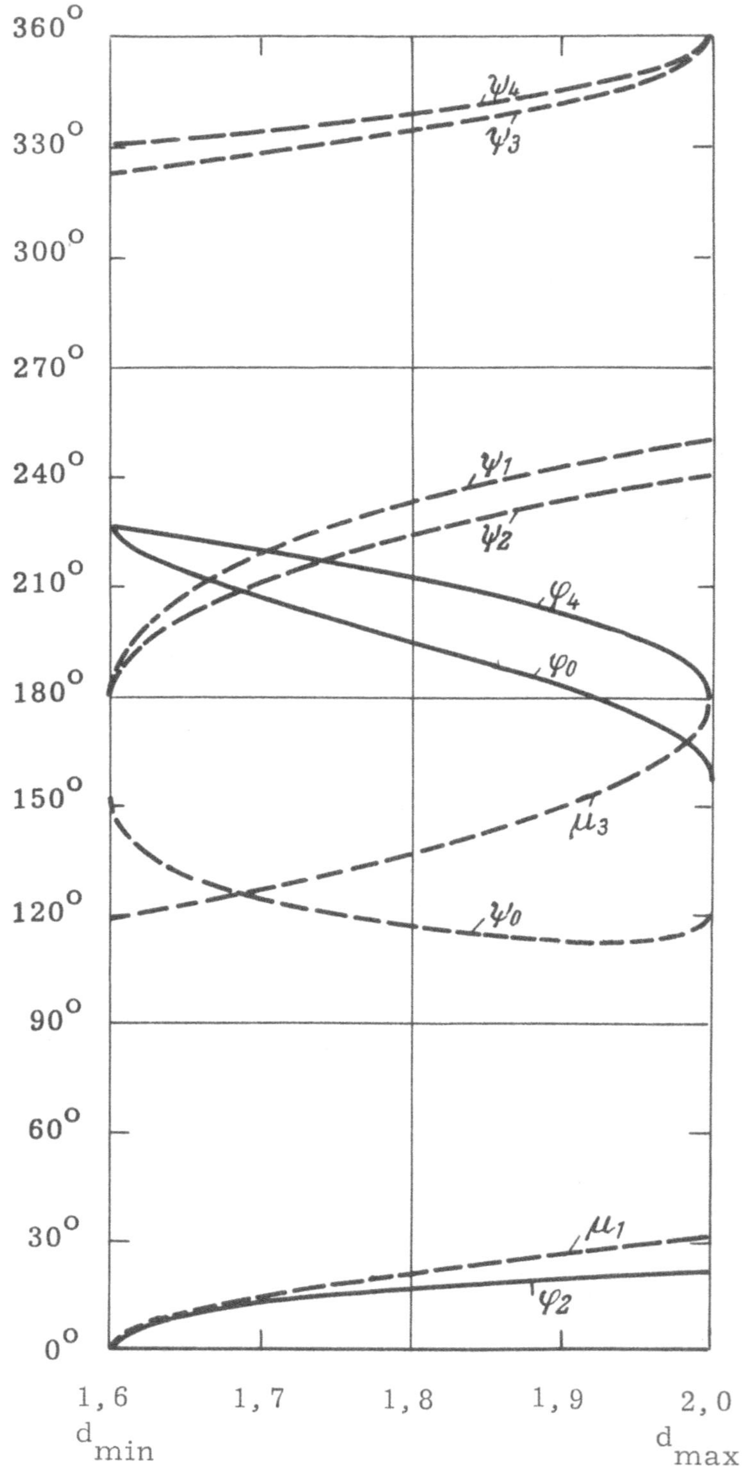

a = 1,0

b = 1,8 c = 1,2

KS - T

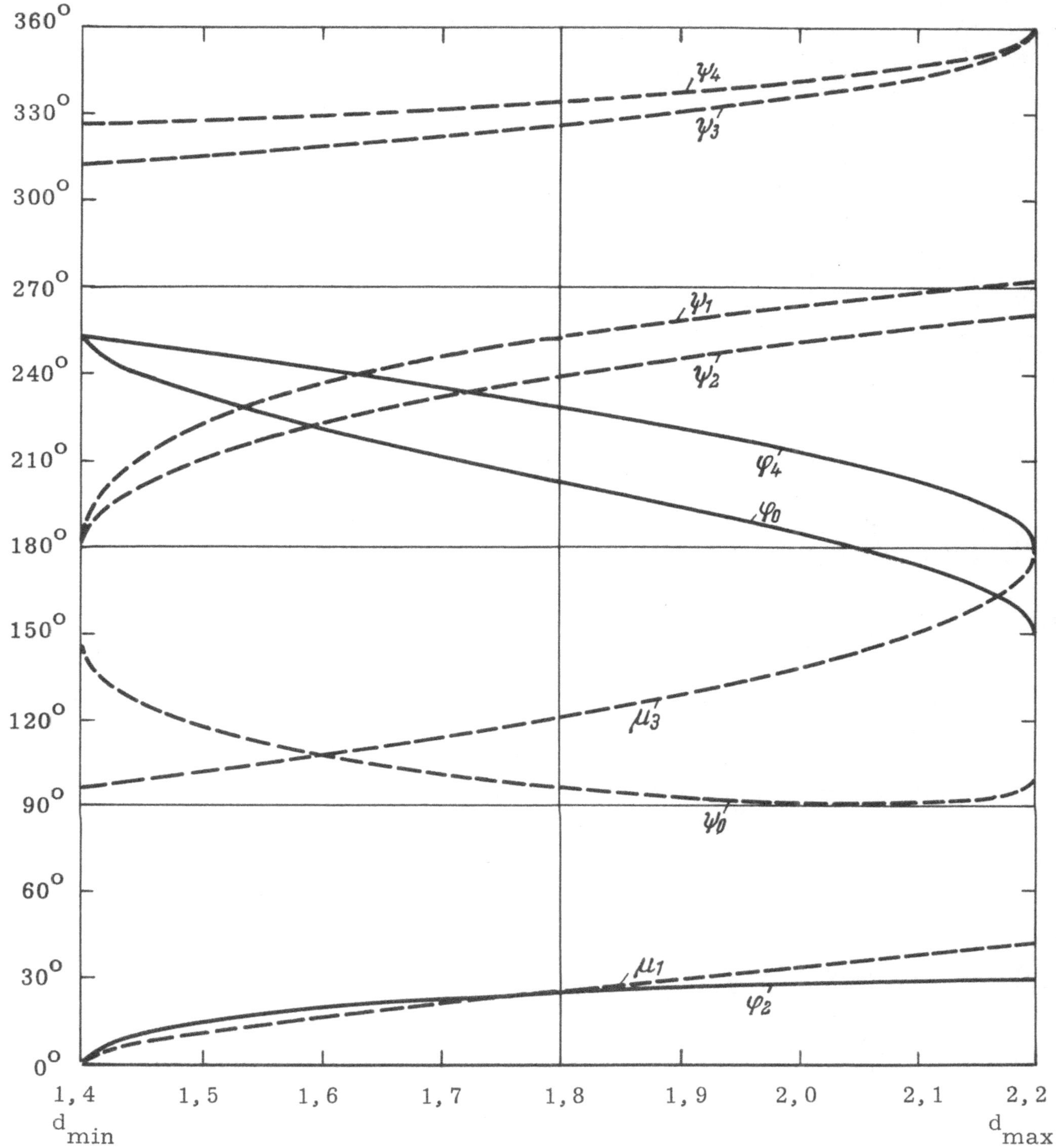

a = 1,0

b = 1,8 c = 1,4

KS - T

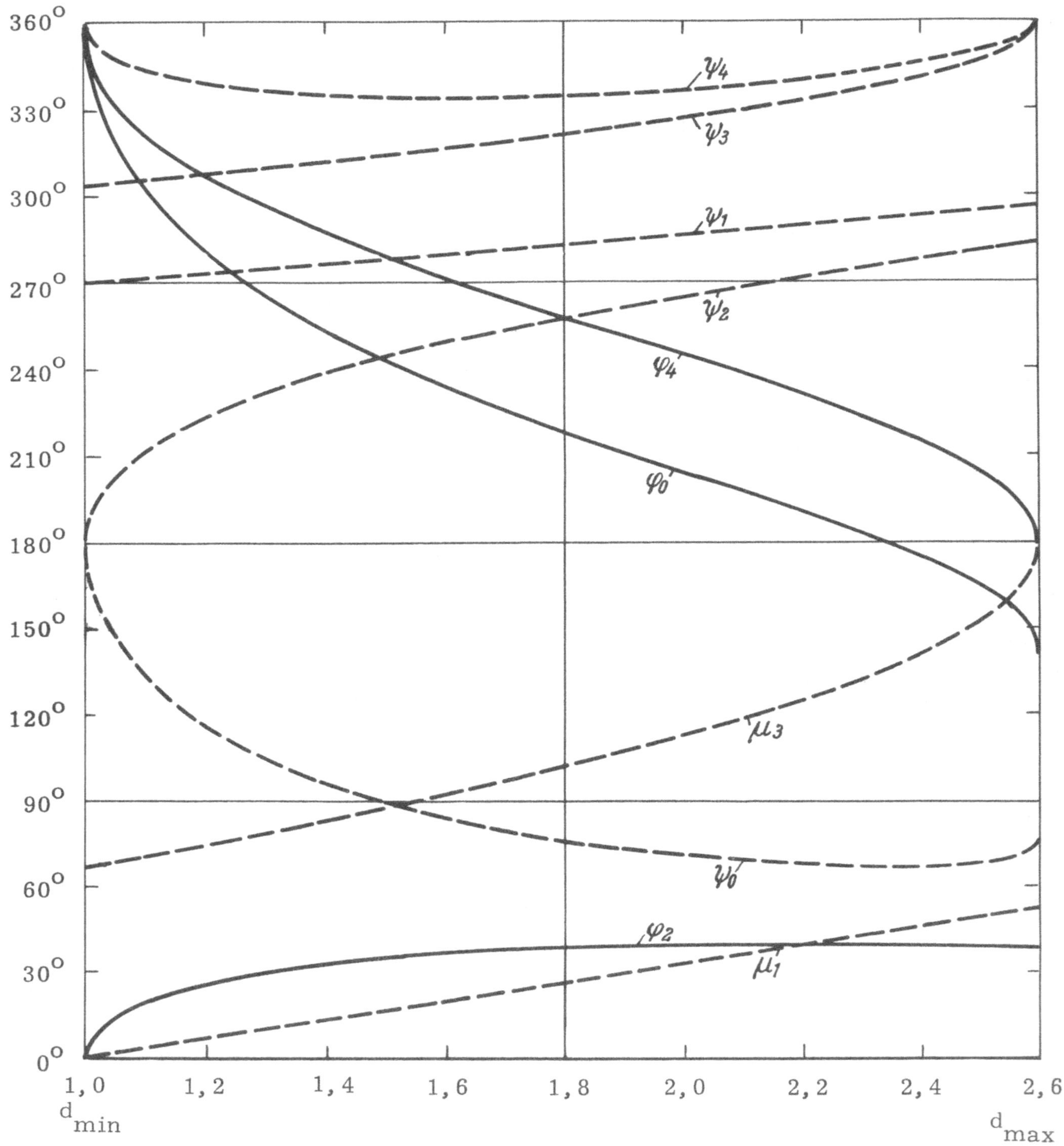

a = 1,0

b = 1,8 c = 1,8

KS - T

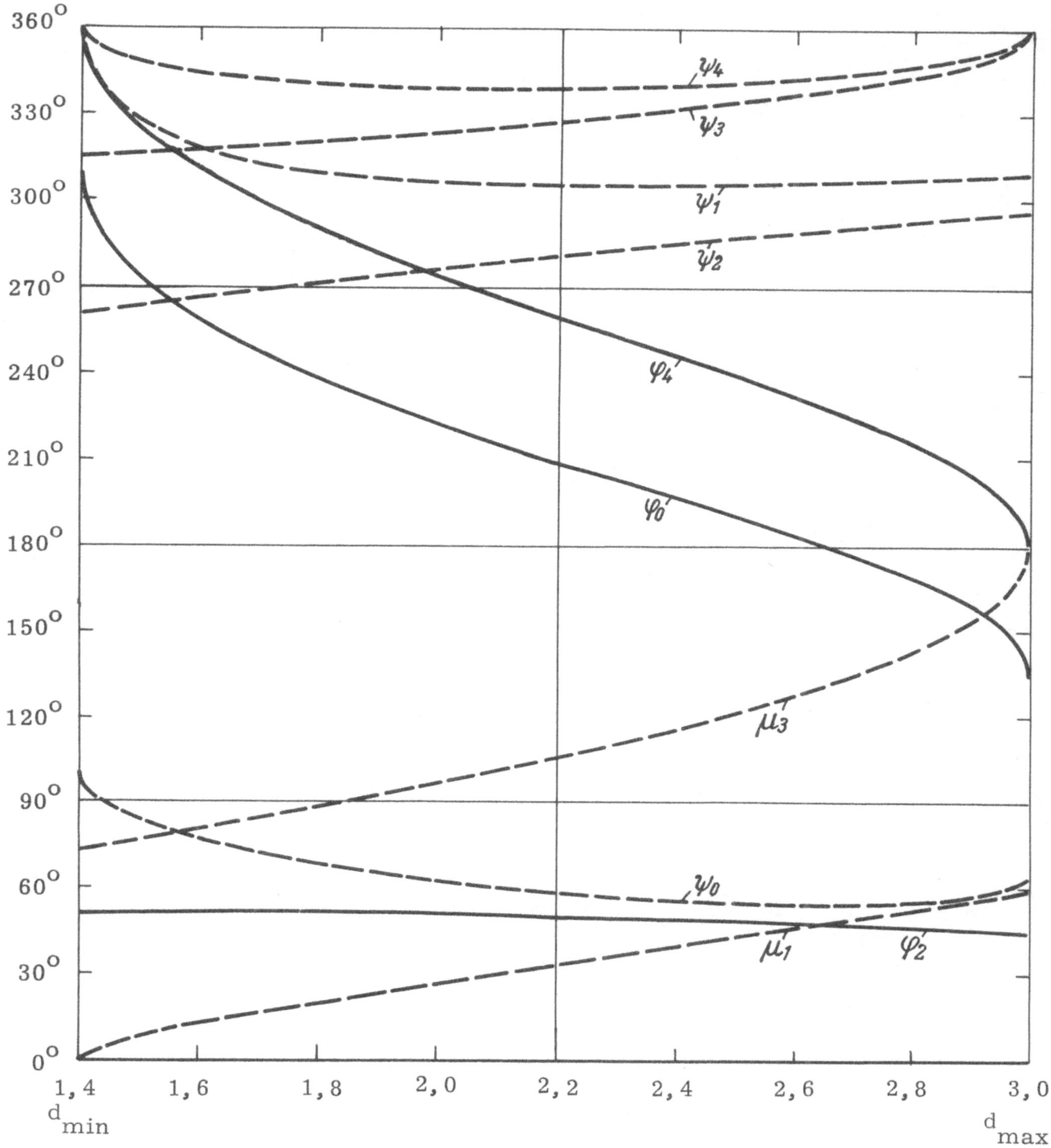

a = 1,0

b = 1,8 c = 2,2

KS - T

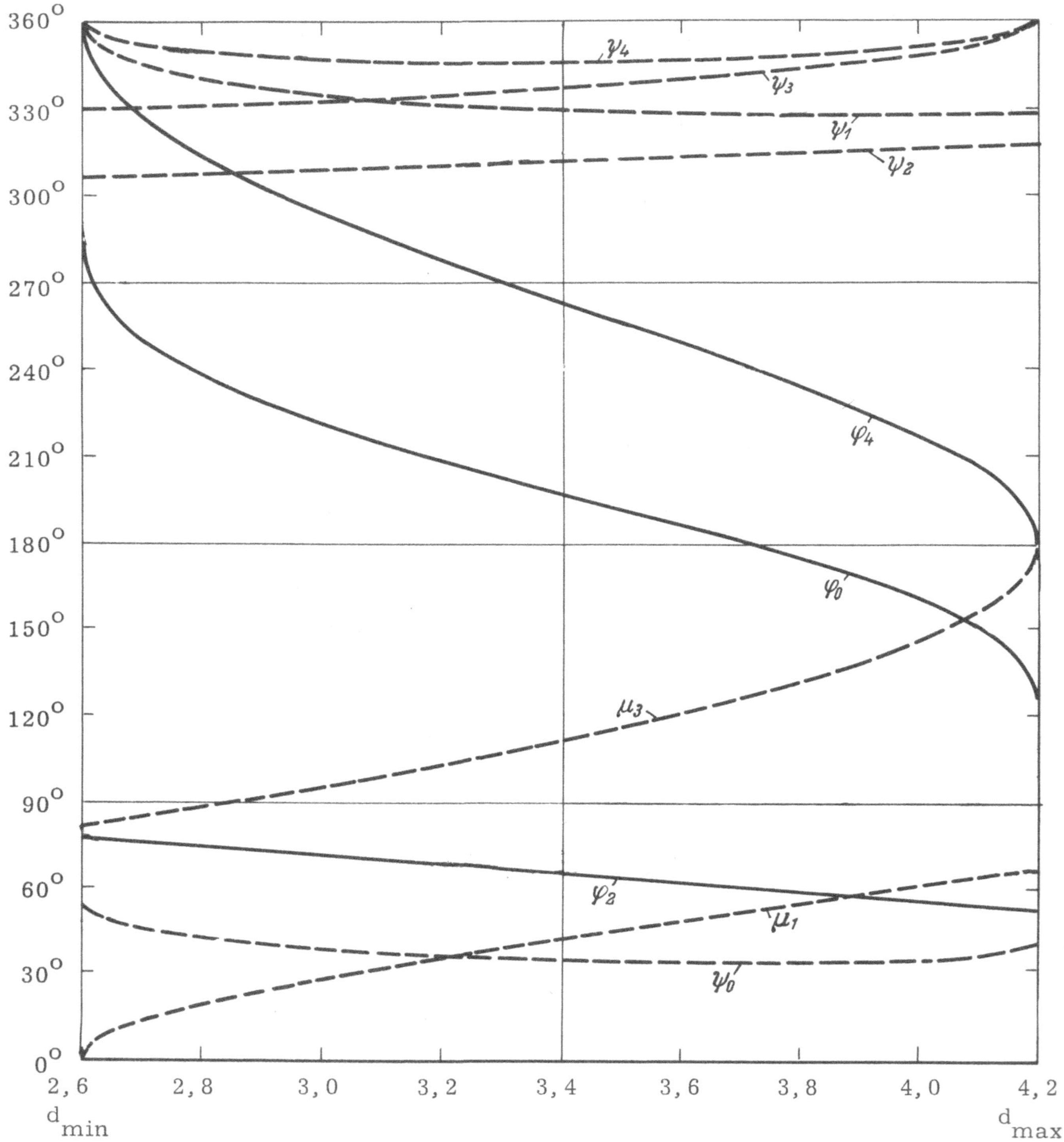

a = 1,0

b = 1,8 c = 3,4

KS - T

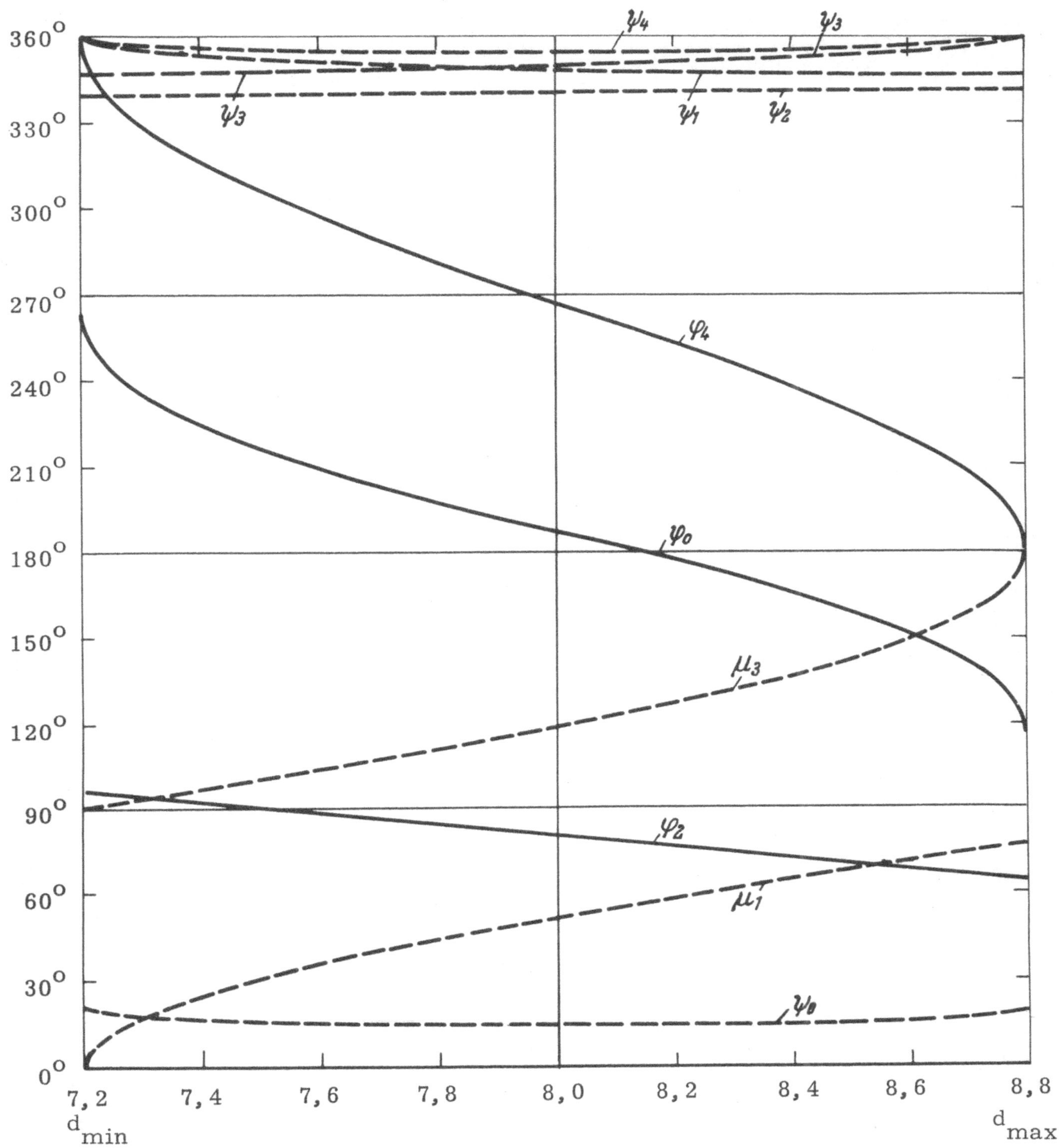

a = 1,0

b = 1,8 c = 8,0

KS - T

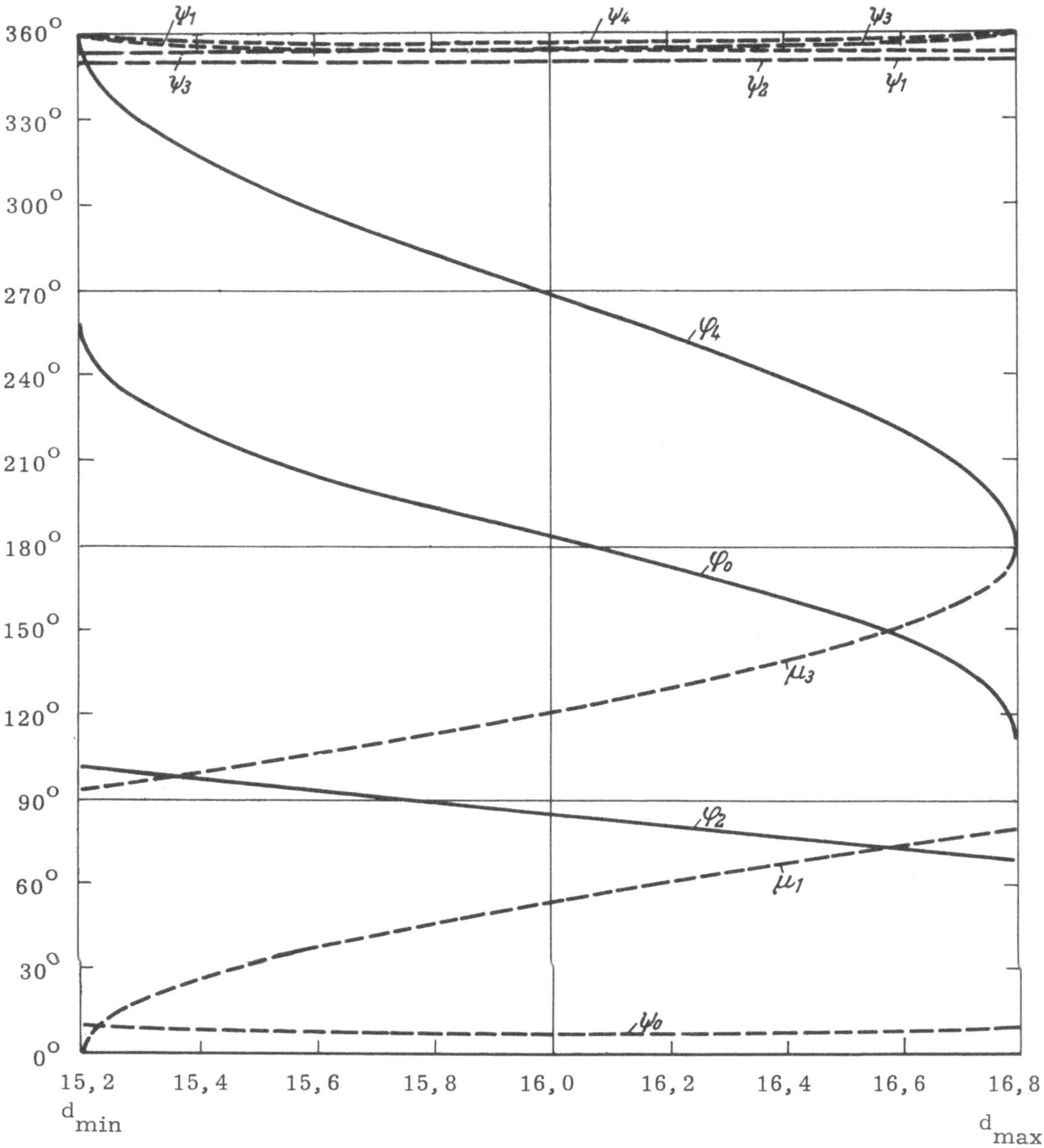

a = 1,0

b = 1,8 c=16,0

KS - T

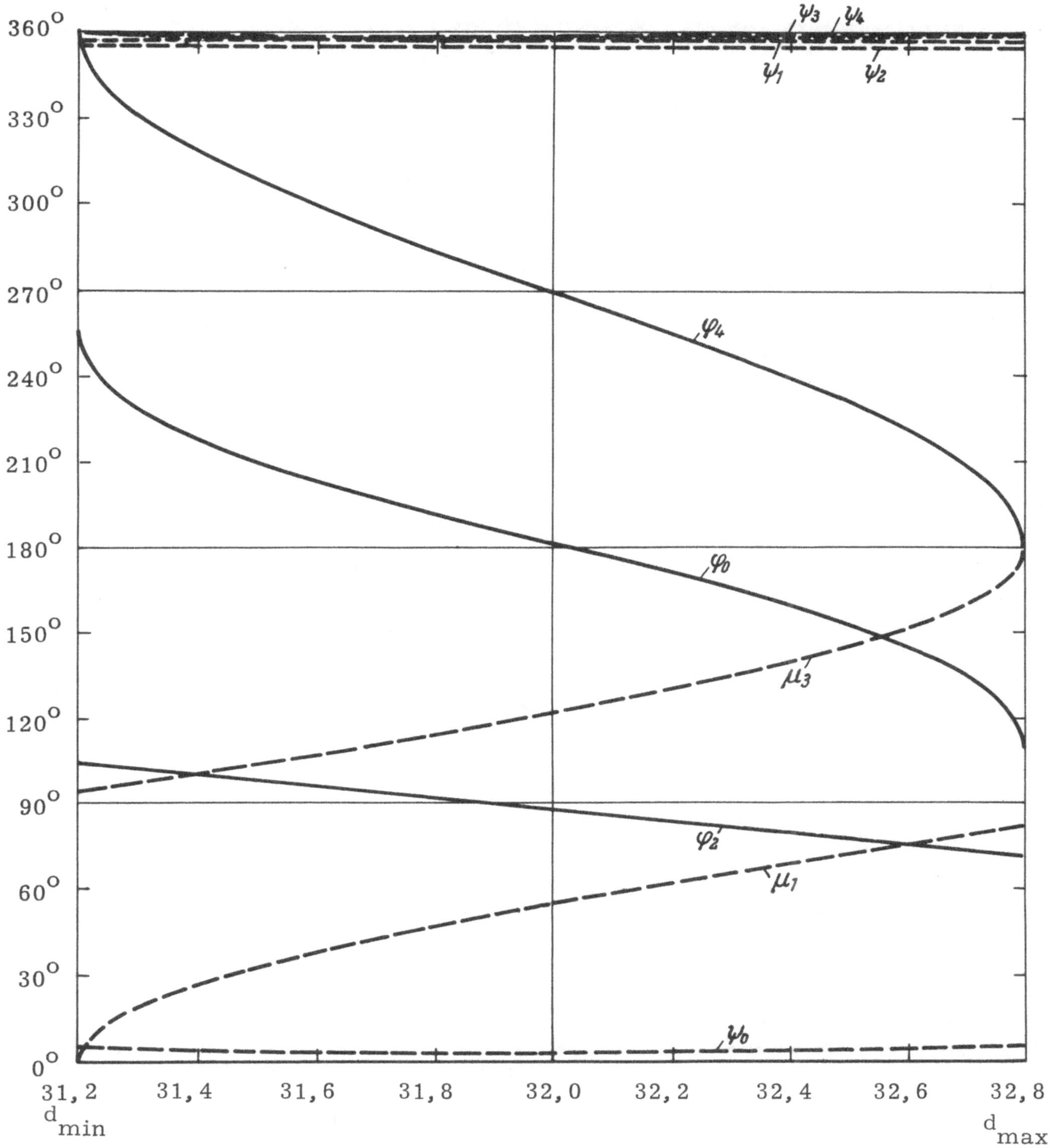

a = 1,0

b = 1,8 c = 32,0

KS - T

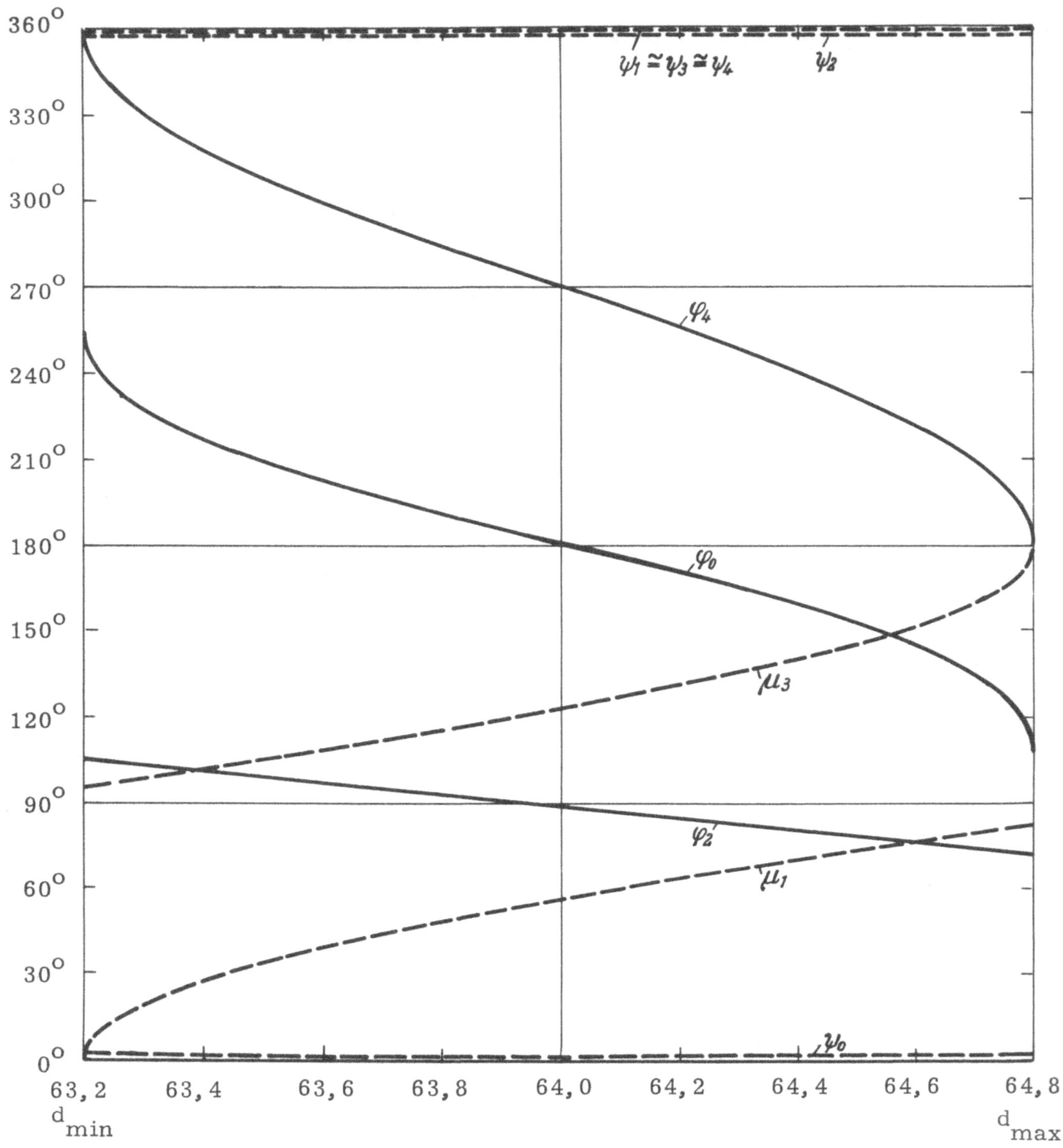

a = 1,0

b = 1,8 c = 64,0

K S - T

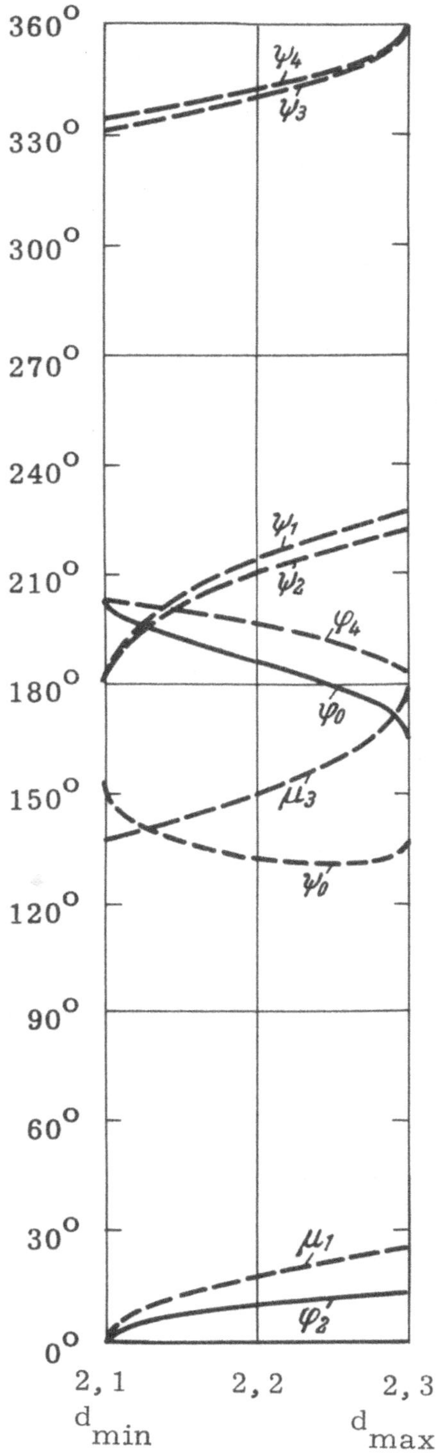

a = 1,0

b = 2,2 c = 1,1

K S - T

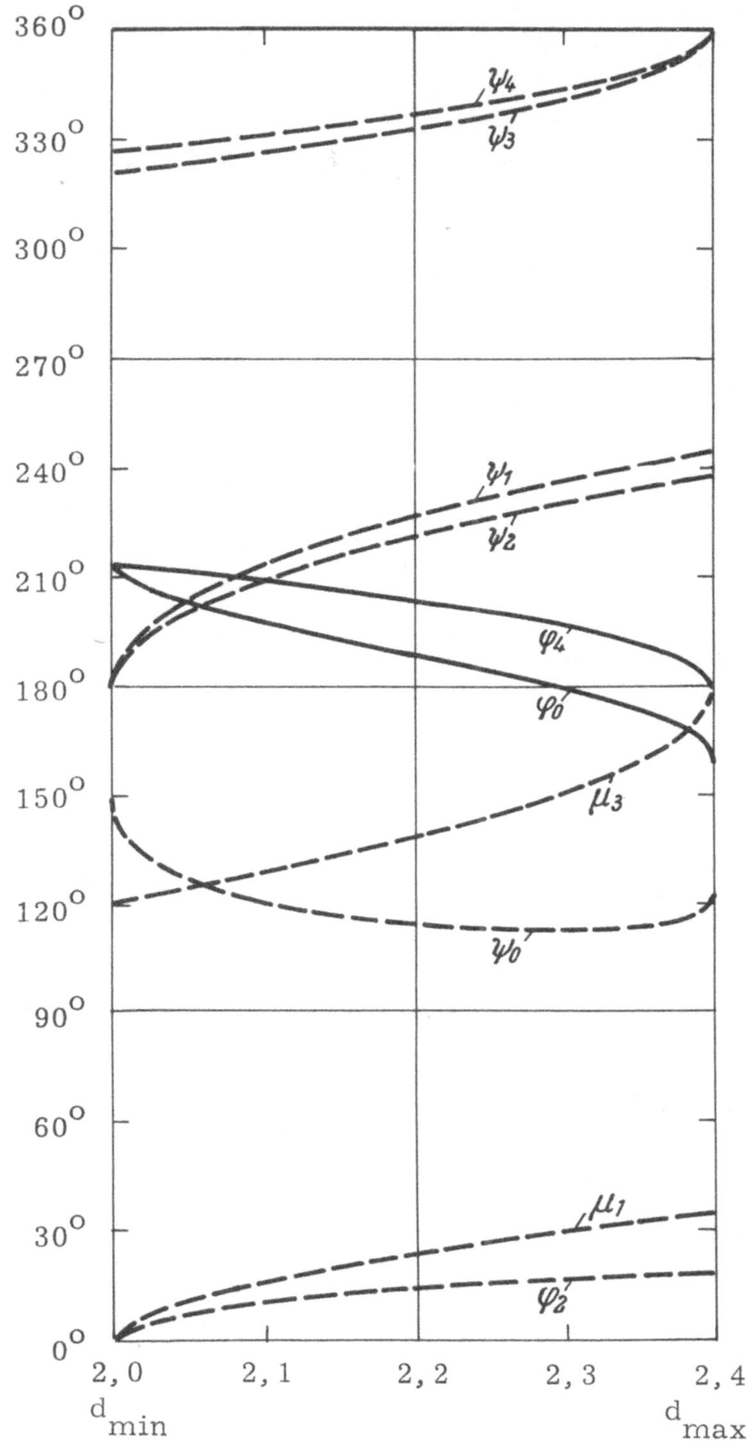

a = 1,0

b = 2,2 c = 1,2

K S - T

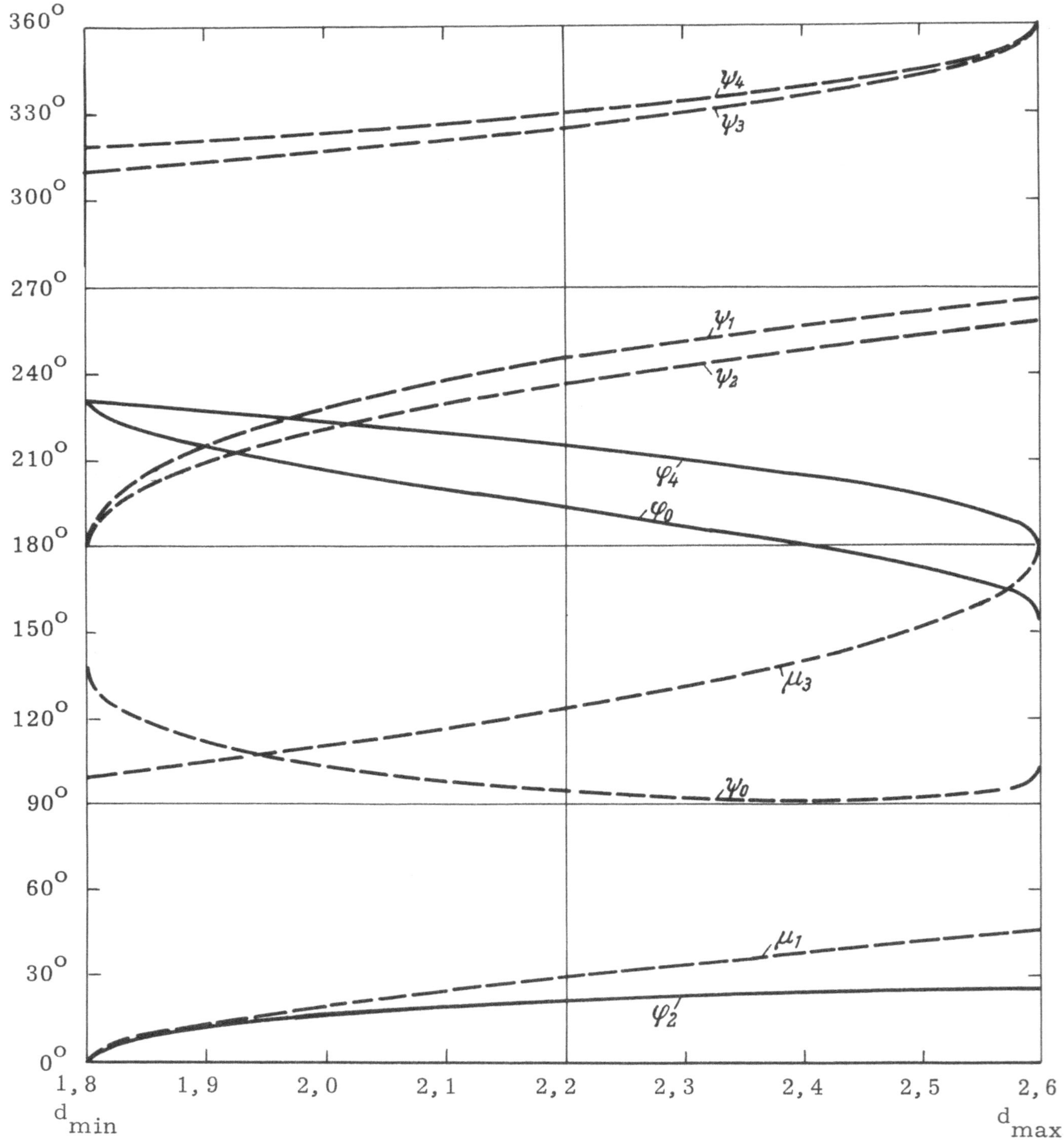

a = 1,0

b = 2,2　　c = 1,4

K S - T

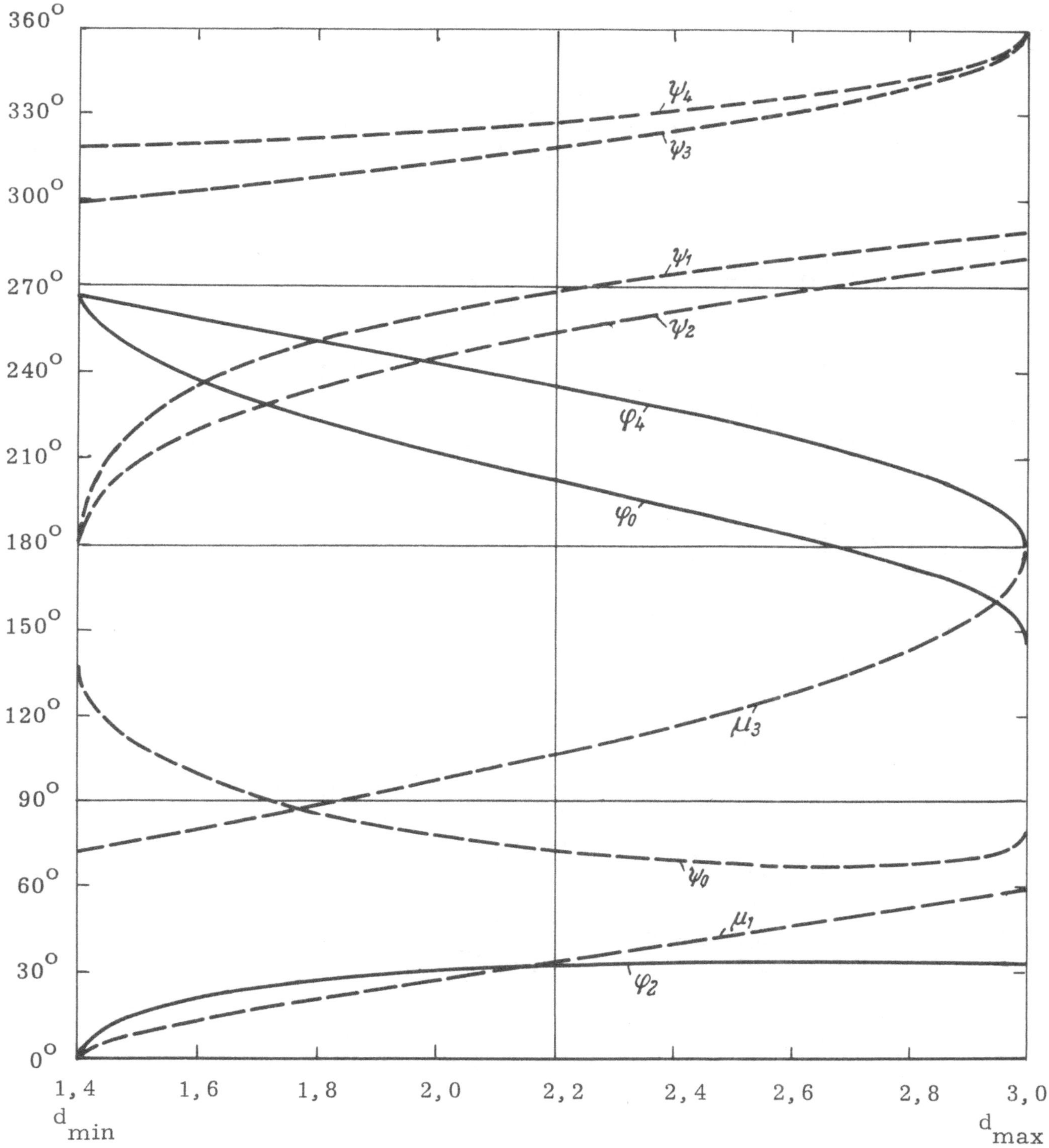

a = 1,0

b = 2,2 c = 1,8

KS - T

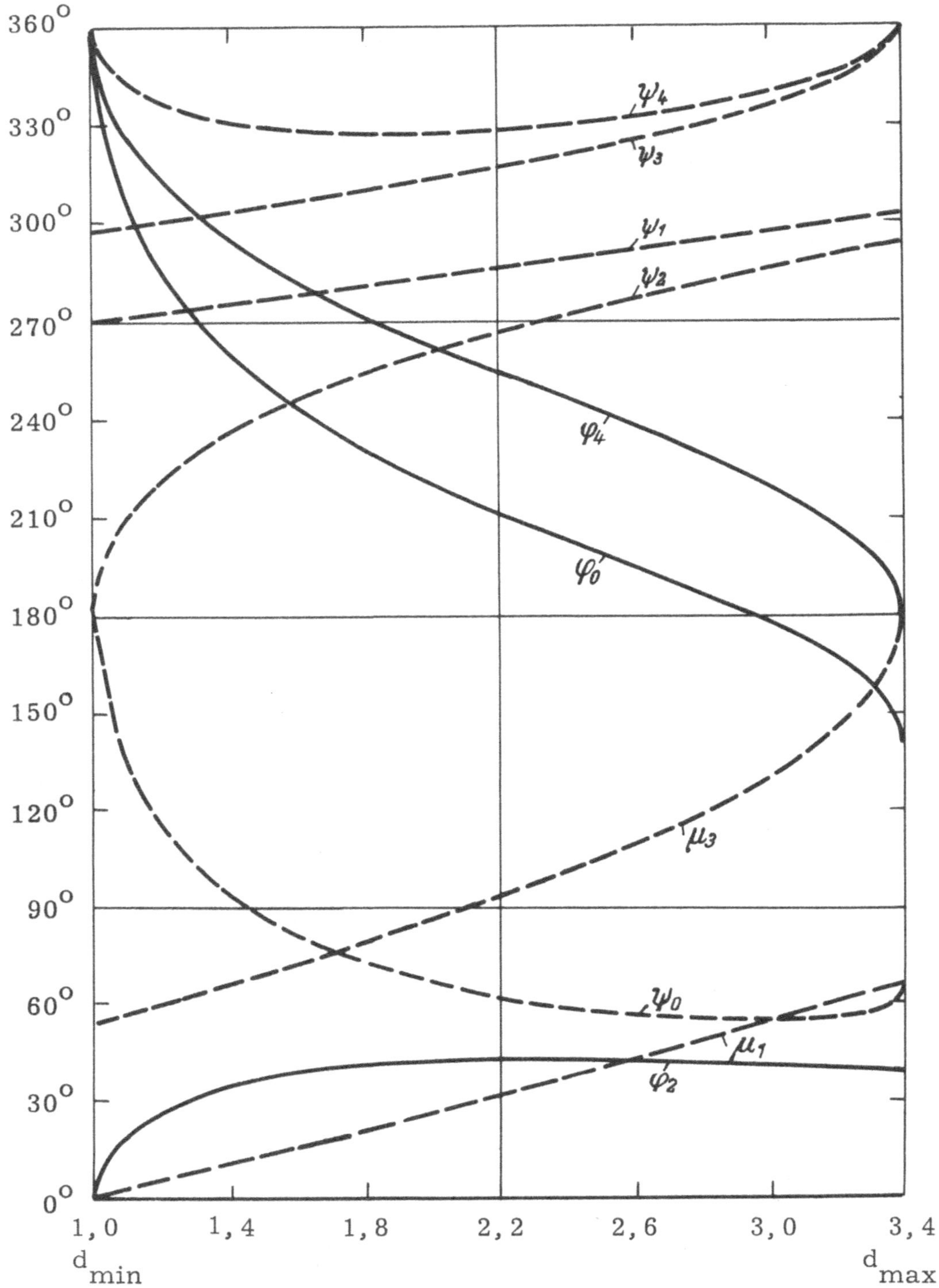

a = 1,0

b = 2,2 c = 2,2

K S - T

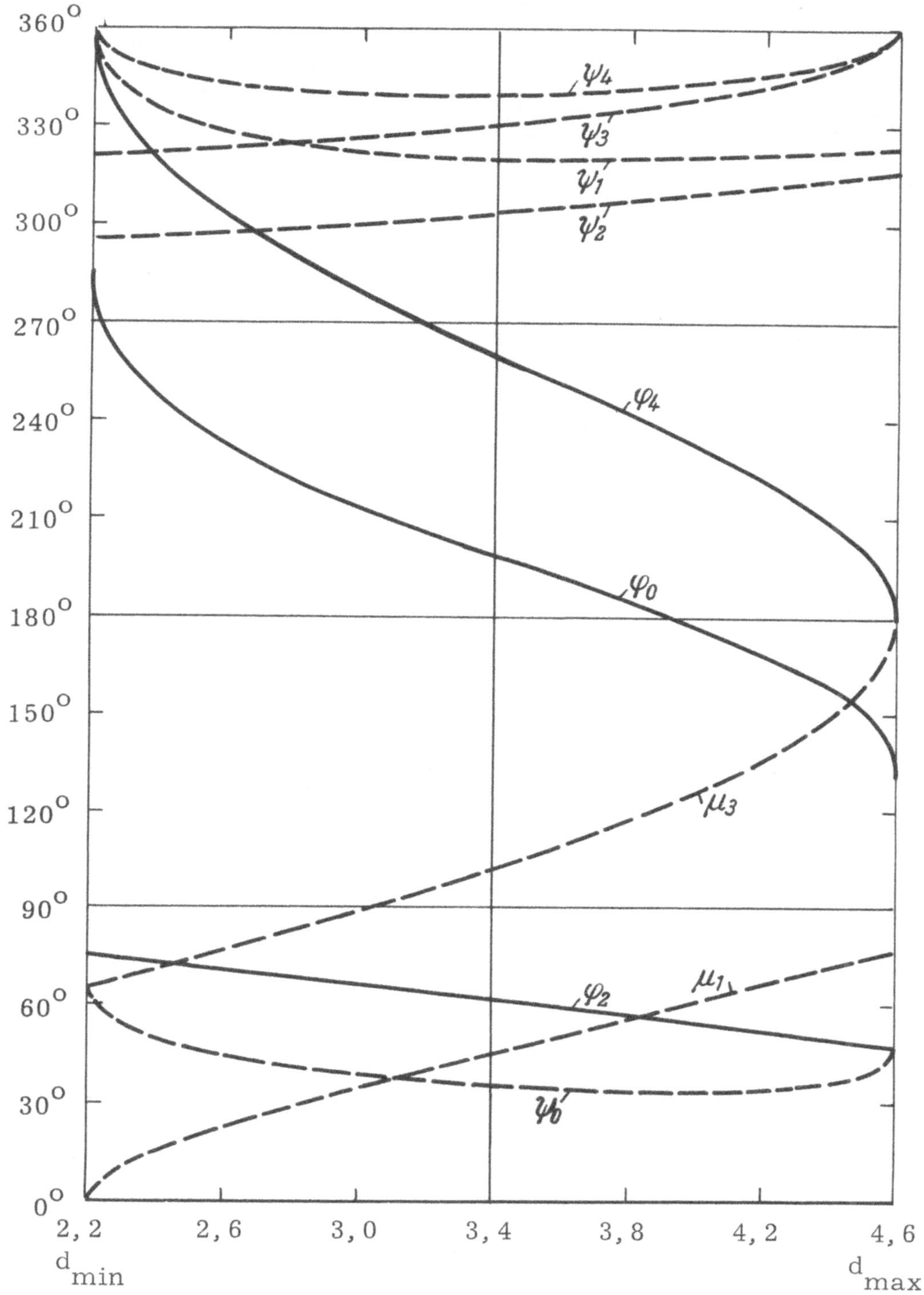

a = 1,0

b = 2,2 c = 3,4

K S - T

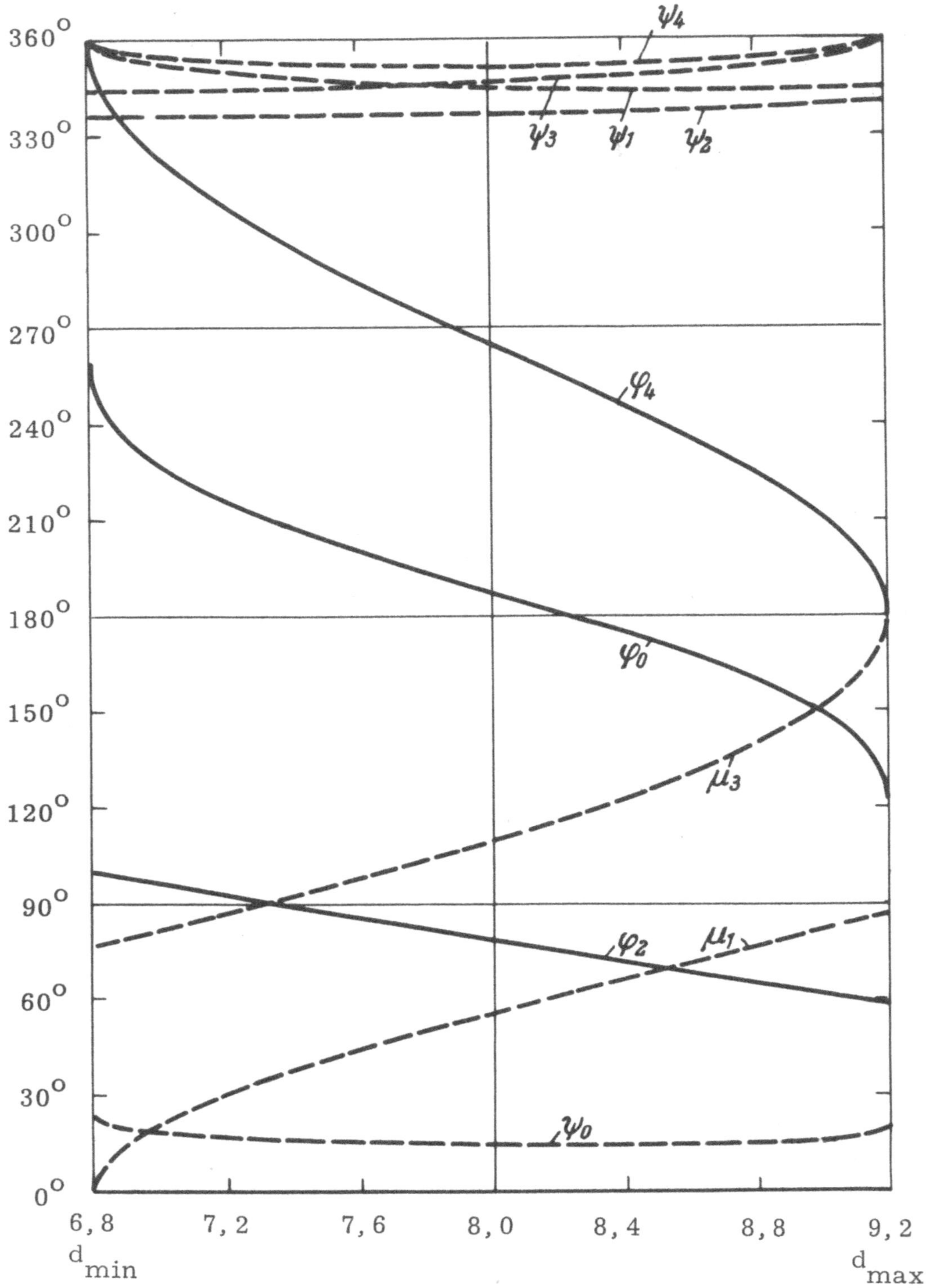

a = 1,0

b = 2,2 c = 8,0

K S- T

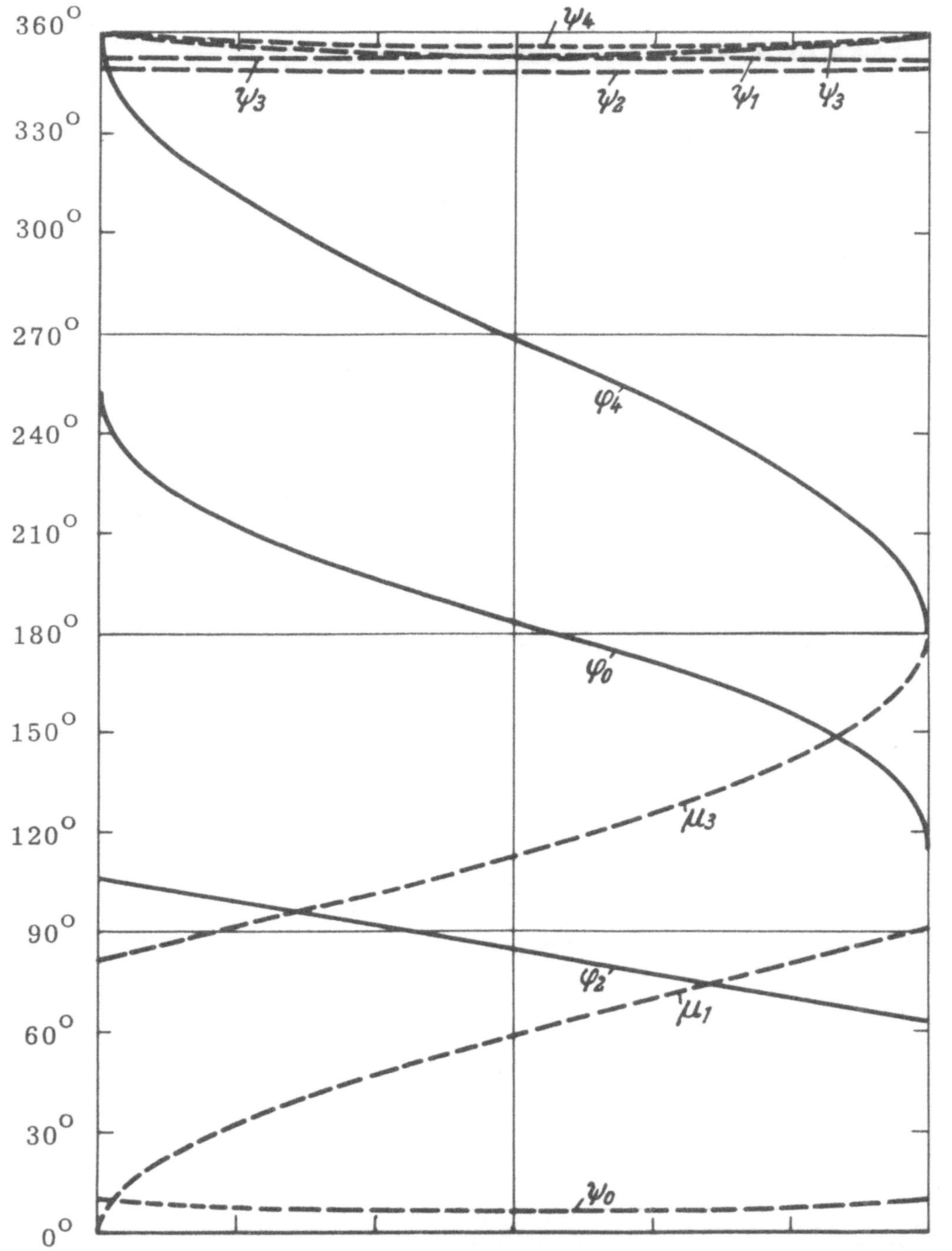

a = 1,0

b = 2,2 c = 16,0

K S - T

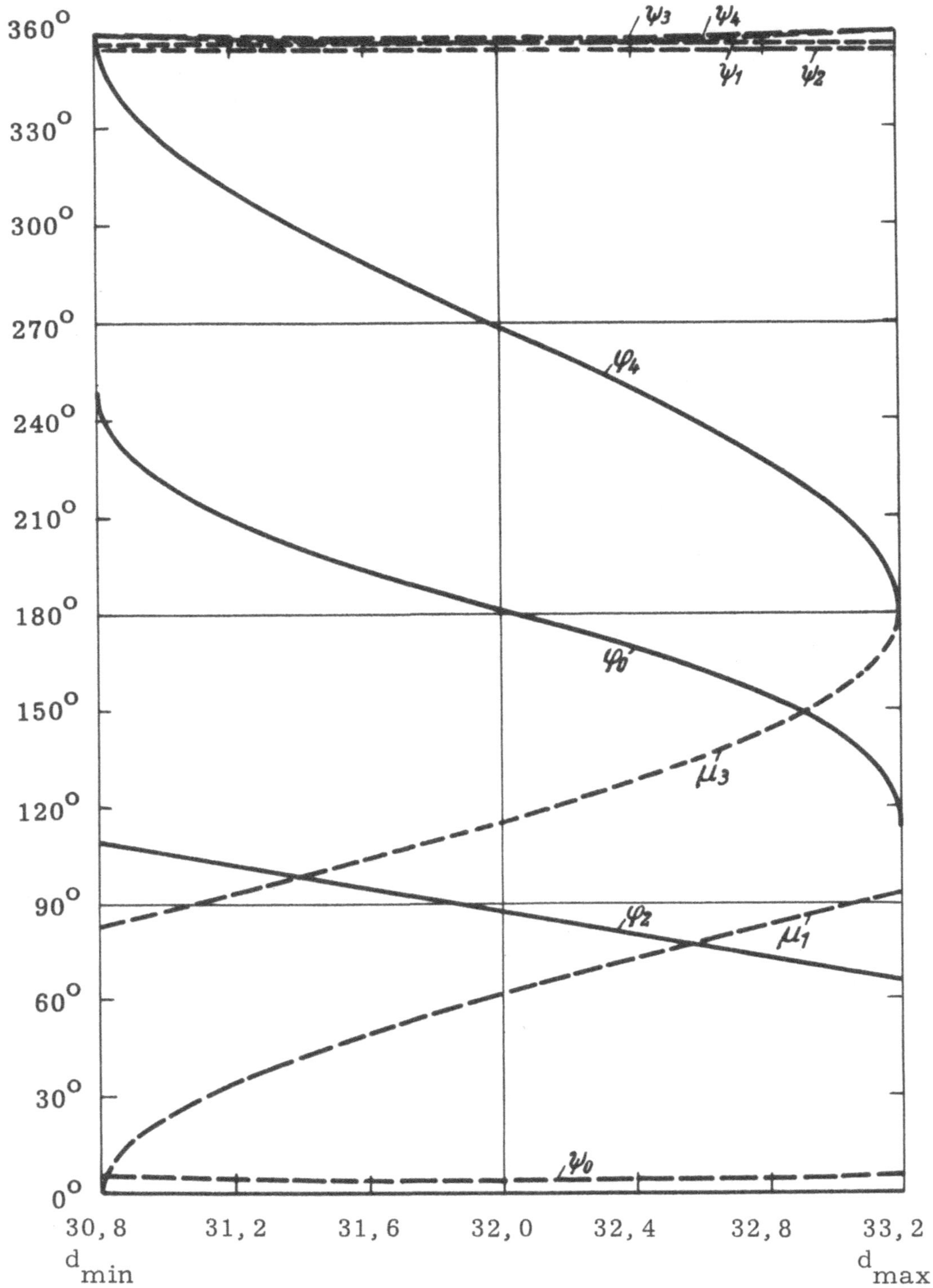

a = 1,0

b = 2,2 c = 32,0

K S - T

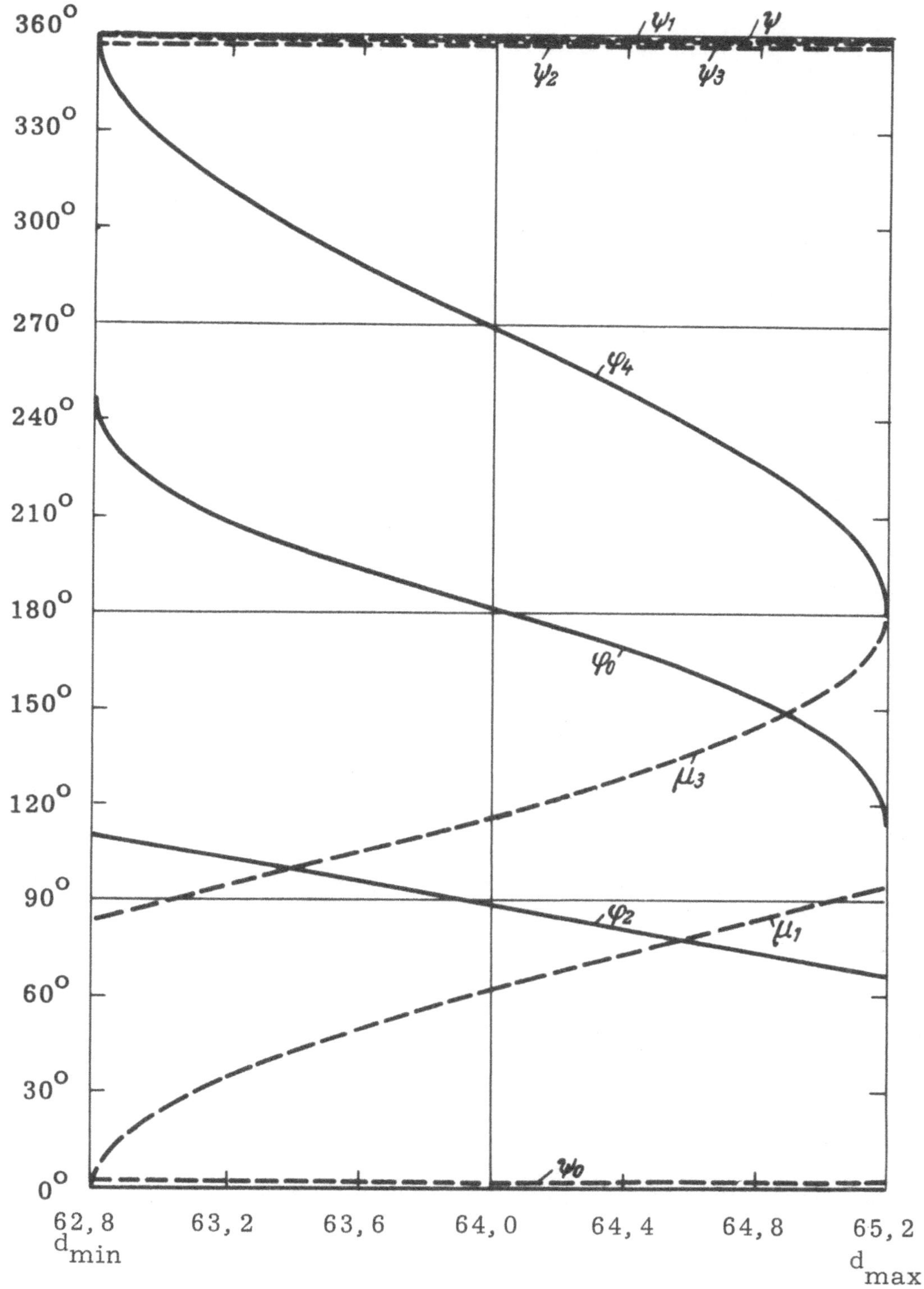

a = 1,0

b = 2,2 c = 64,0

K S-T

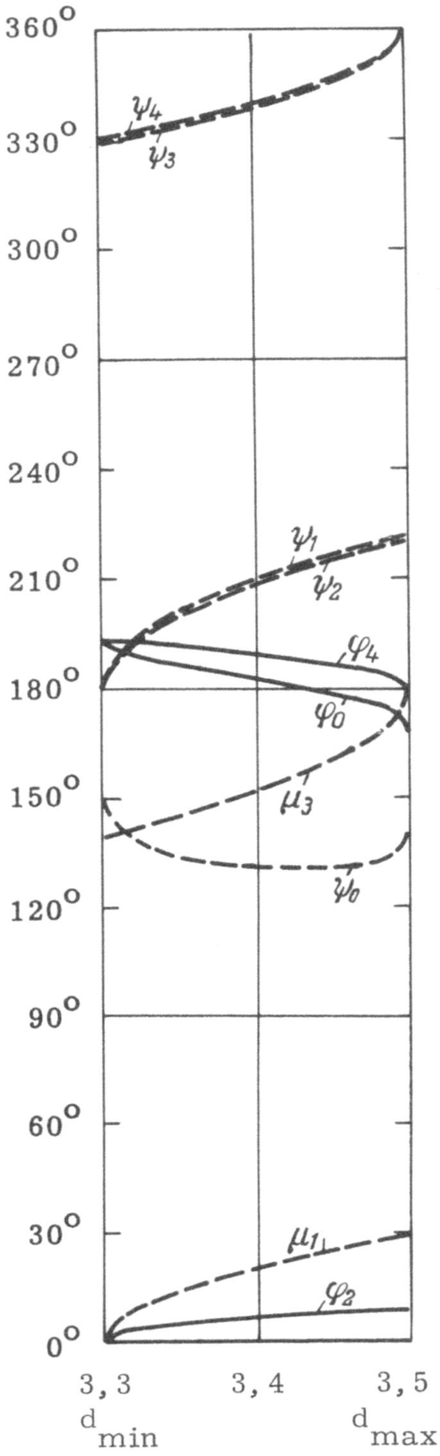

a = 1,0

b = 3,4 c = 1,1

KS - T

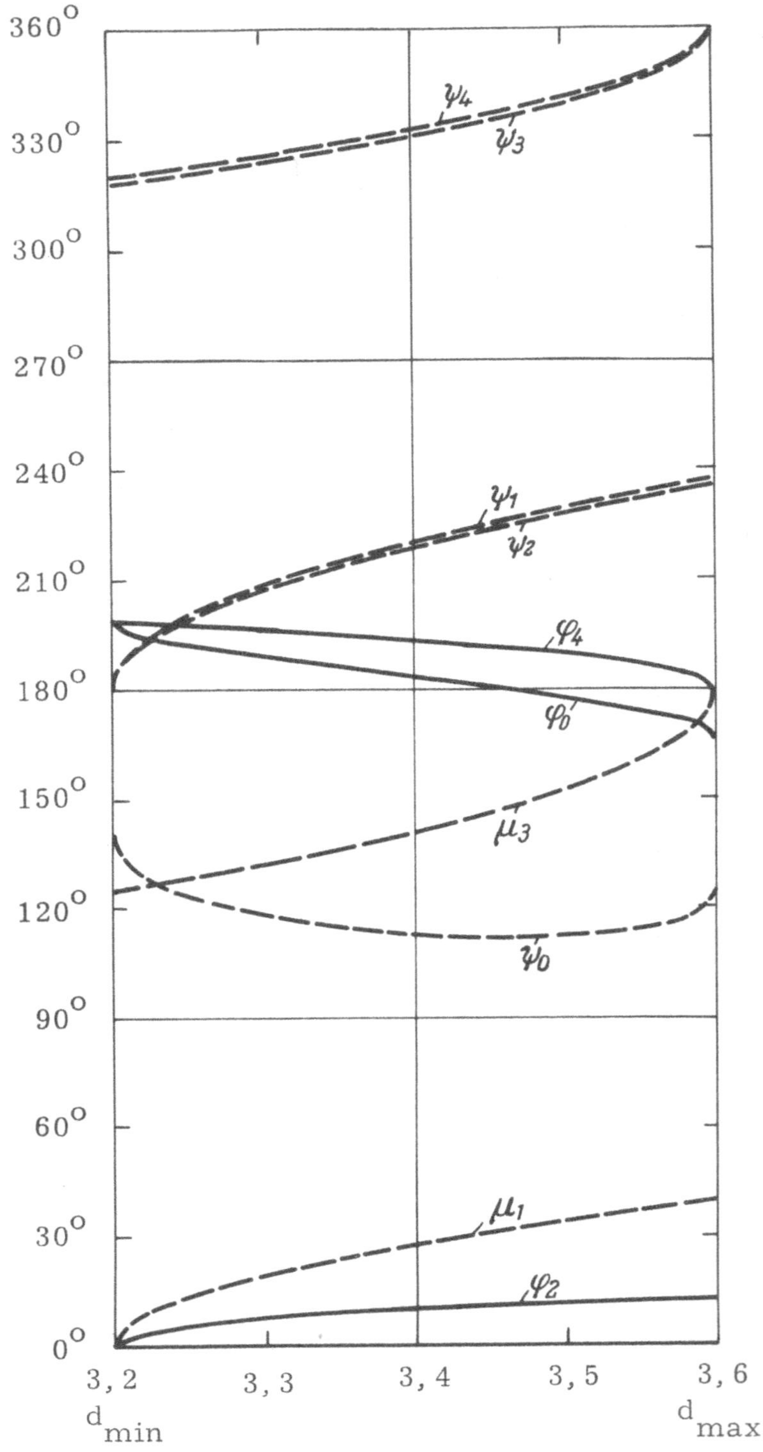

a = 1,0

b = 3,4 c = 1,2

KS - T

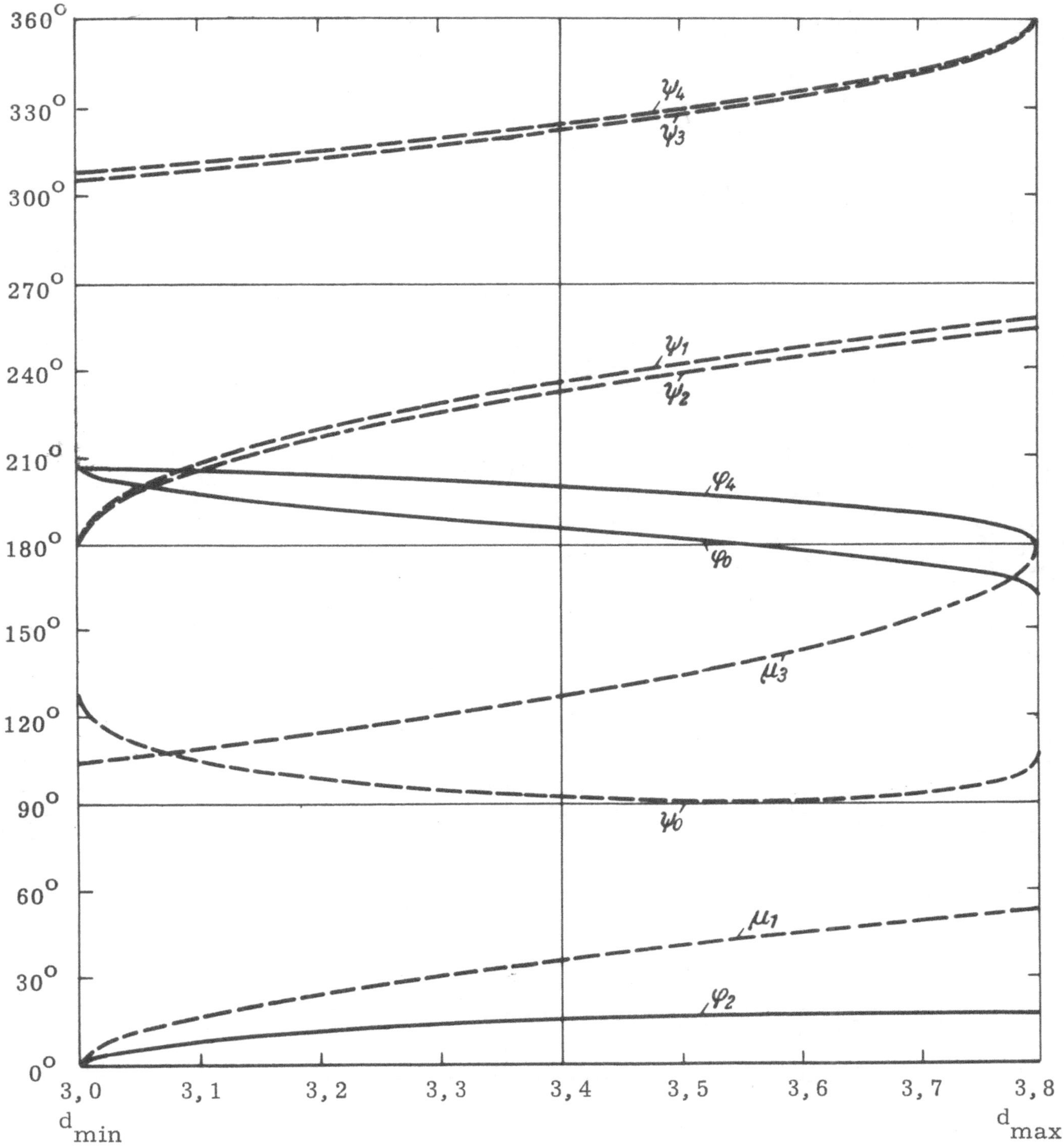

a = 1,0

b = 3,4 c = 1,4

K S - T

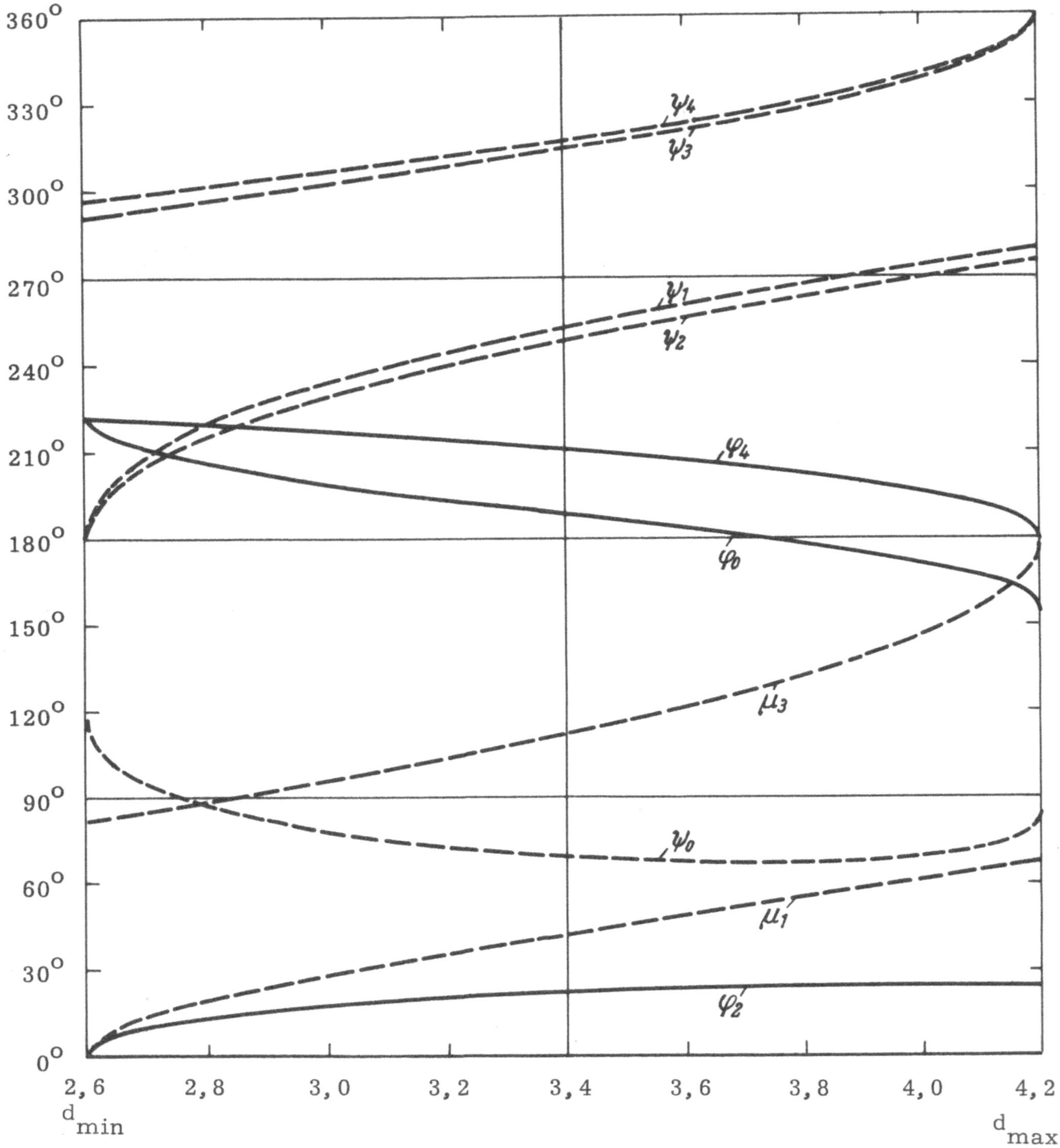

a = 1,0

b = 3,4 c = 1,8

KS - T

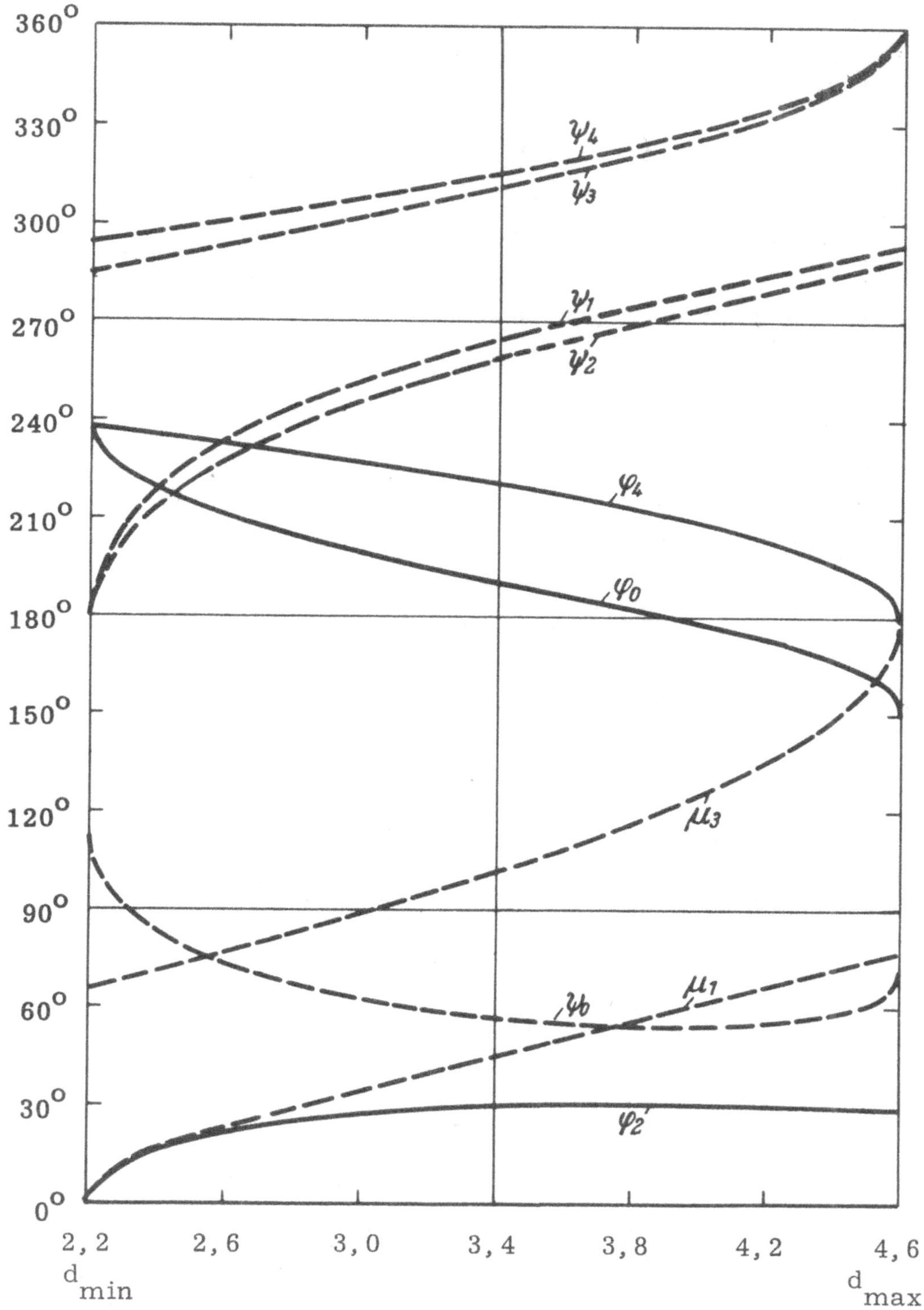

a = 1,0

b = 3,4 c = 2,2

KS - T

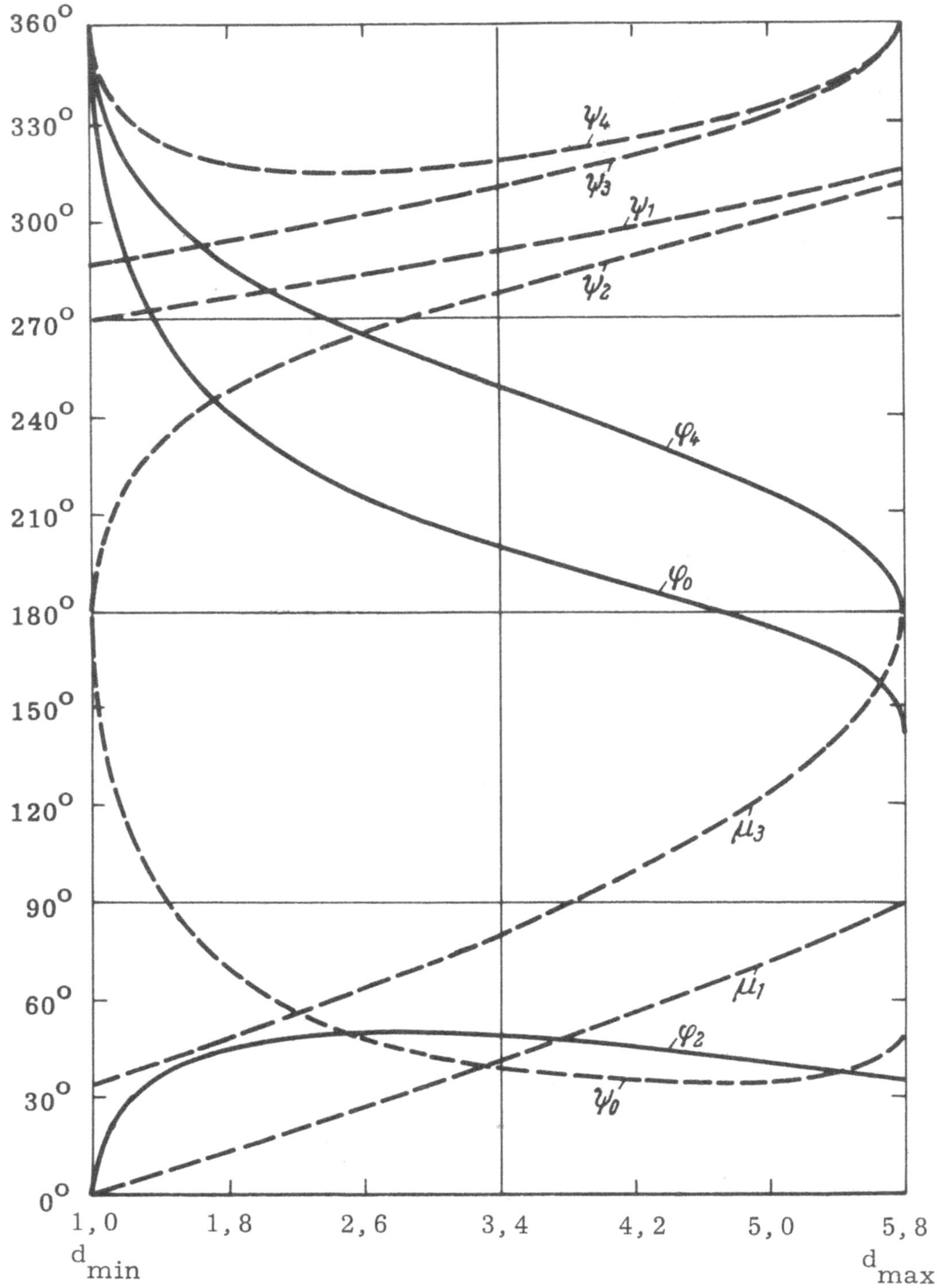

a = 1, 0

b = 3, 4 c = 3, 4

K S - T

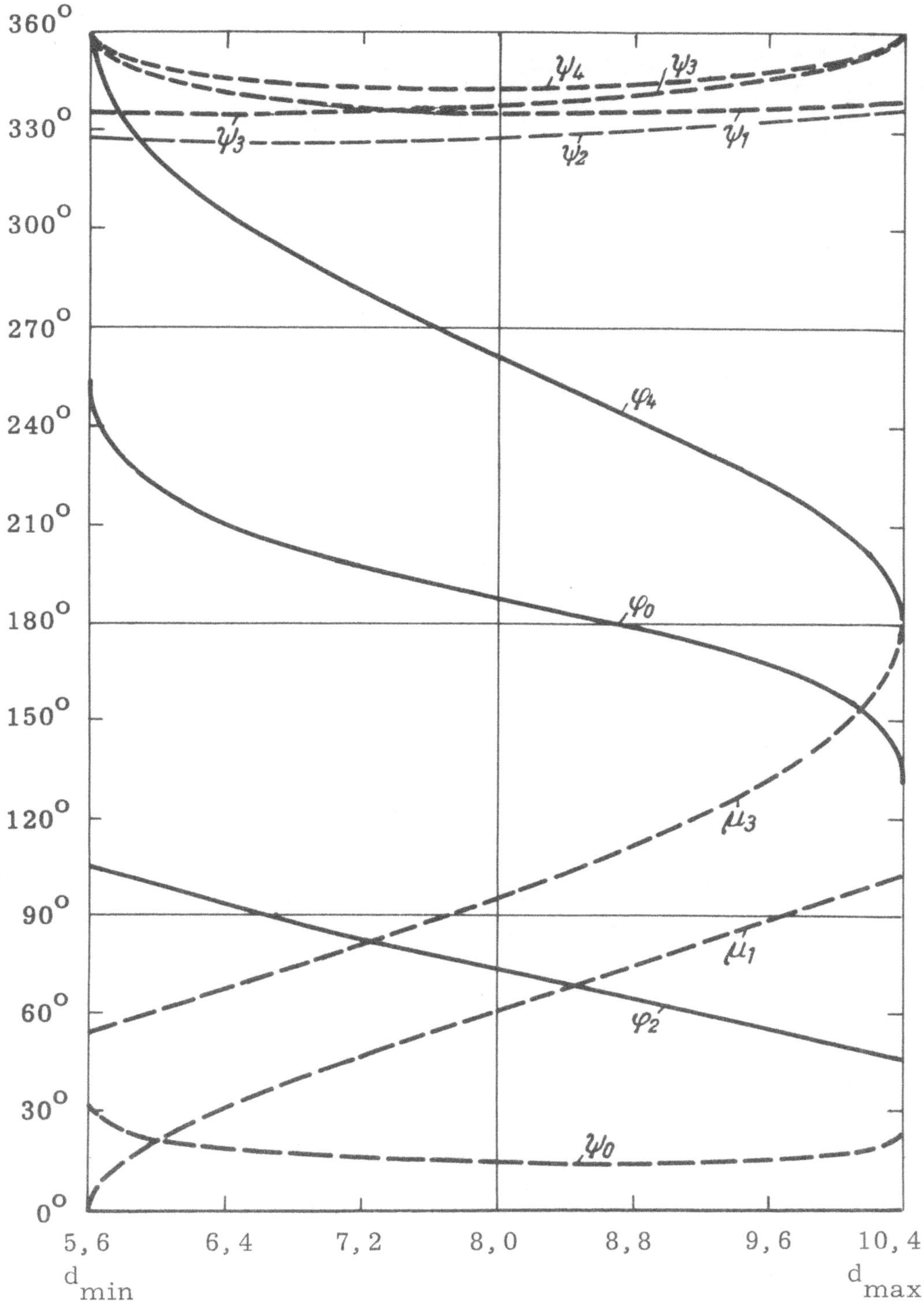

a = 1,0

b = 3,4 c = 8,0

K S - T

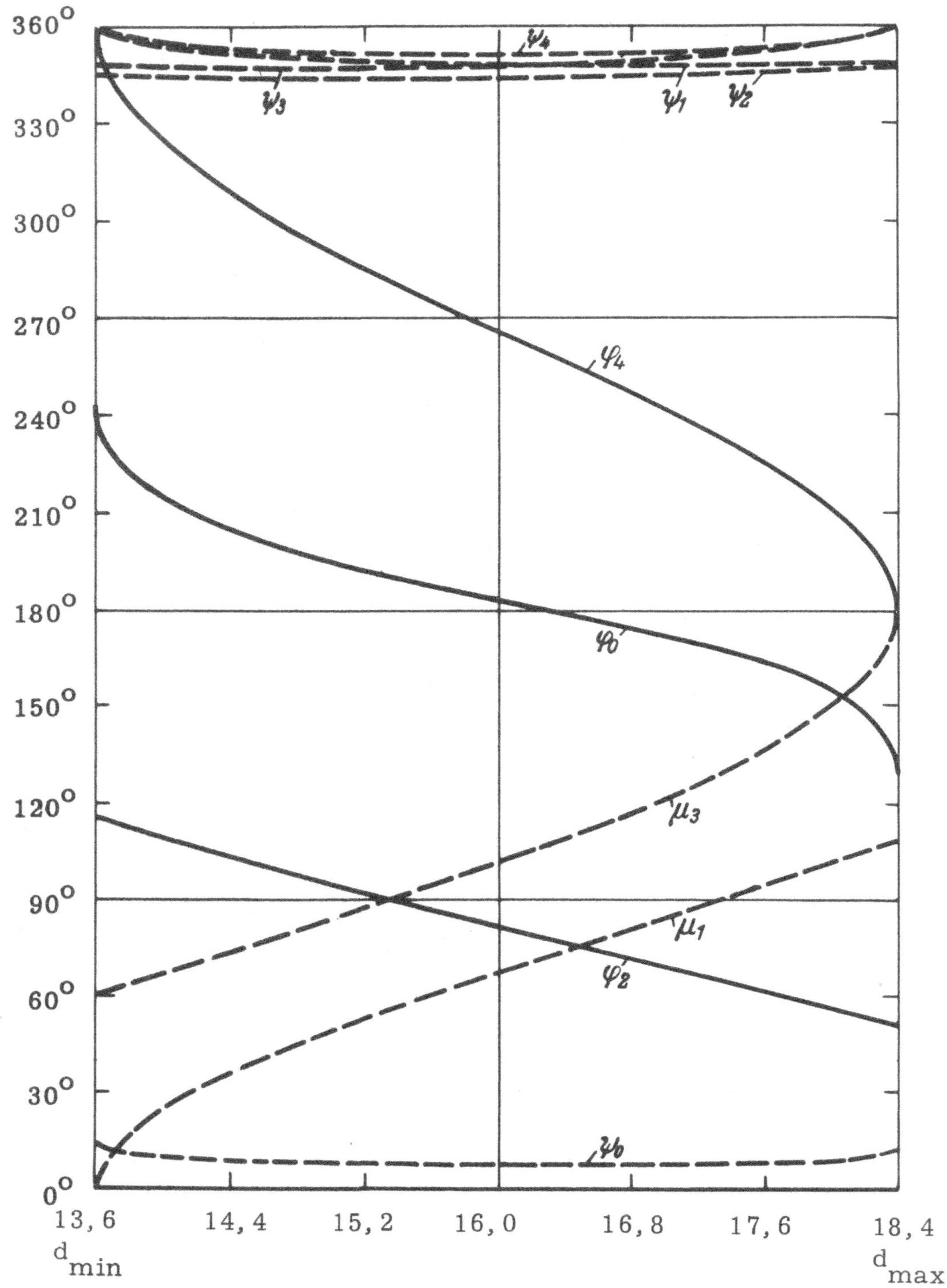

a = 1,0

b = 3,4 c = 16,0

K S - T

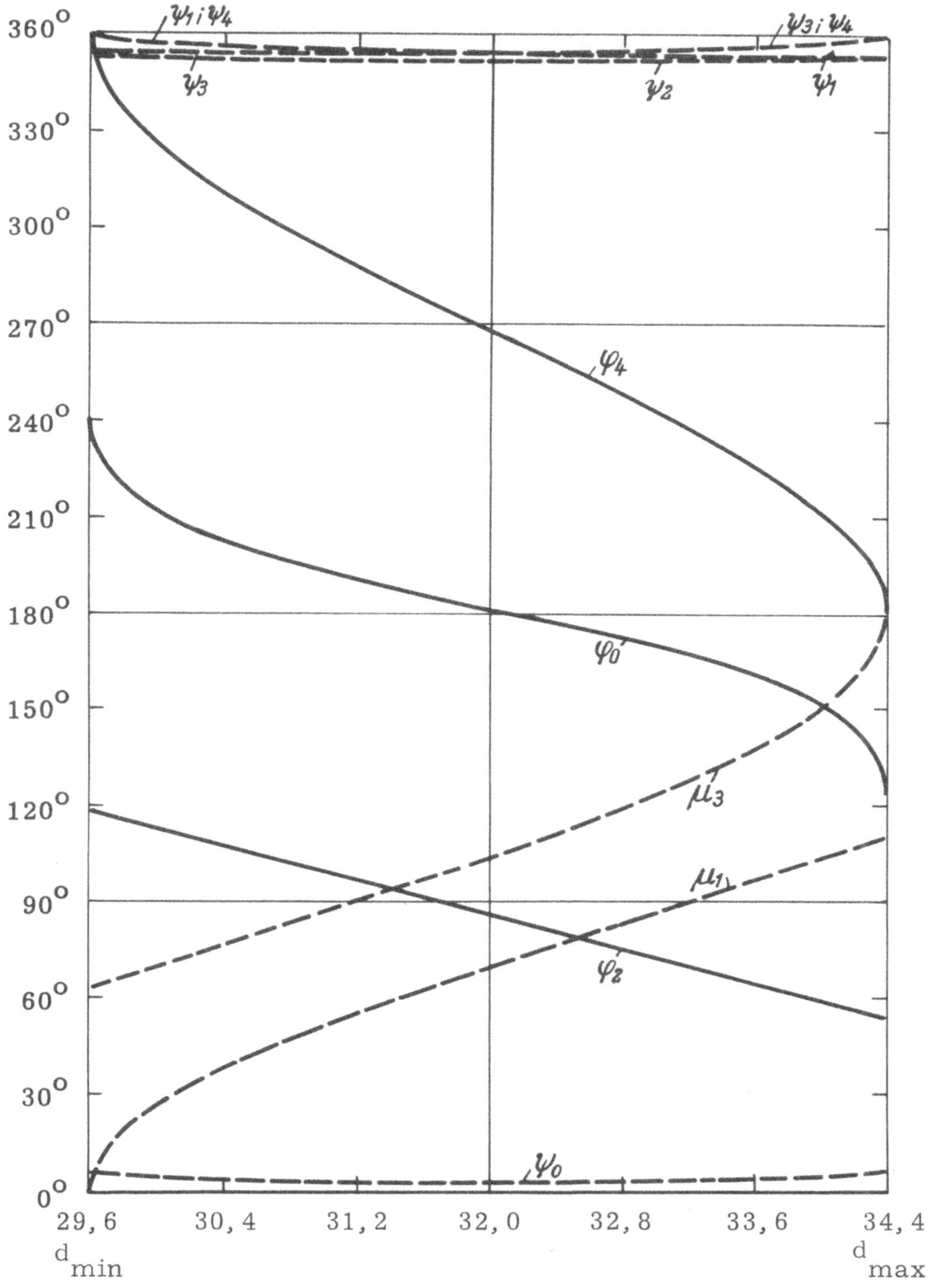

a = 1,0

b = 3,4 c = 32,0

K S - T

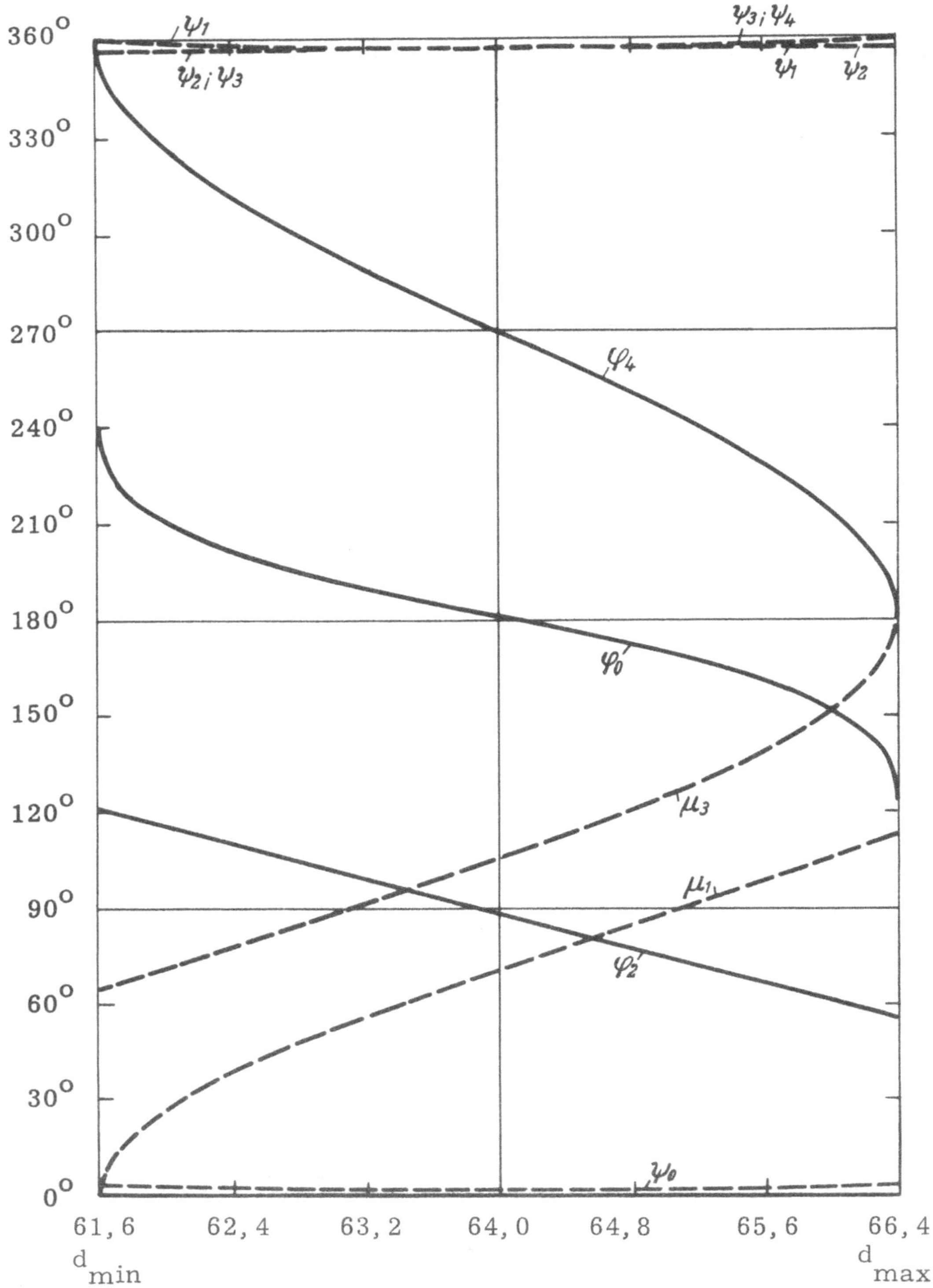

a = 1,0

b = 3,4 c = 64,0

K S - T

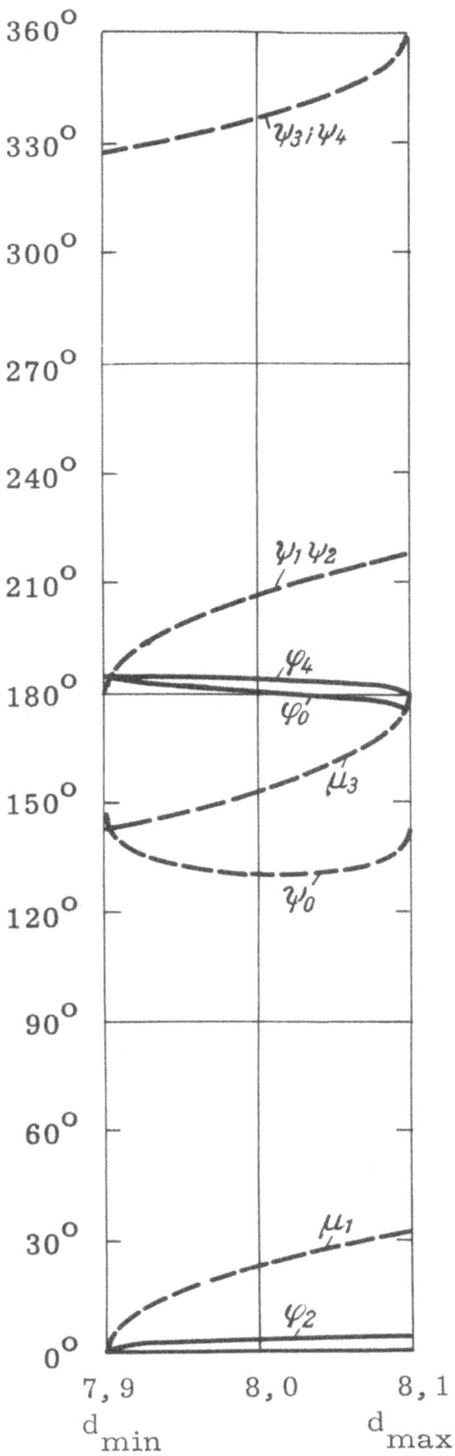

a = 1,0

b = 8,0 c = 1,1

KS - T

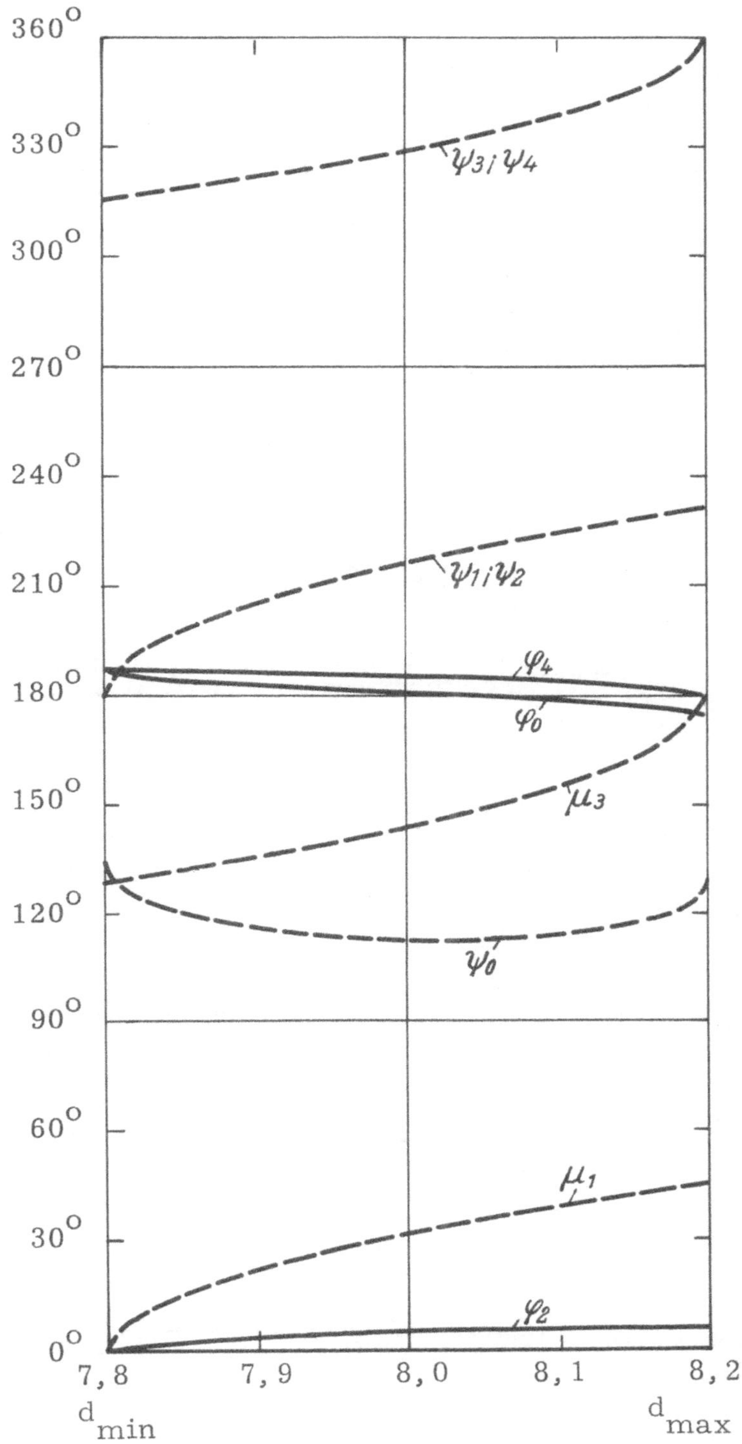

a = 1,0

b = 8,0 c = 1,2

KS - T

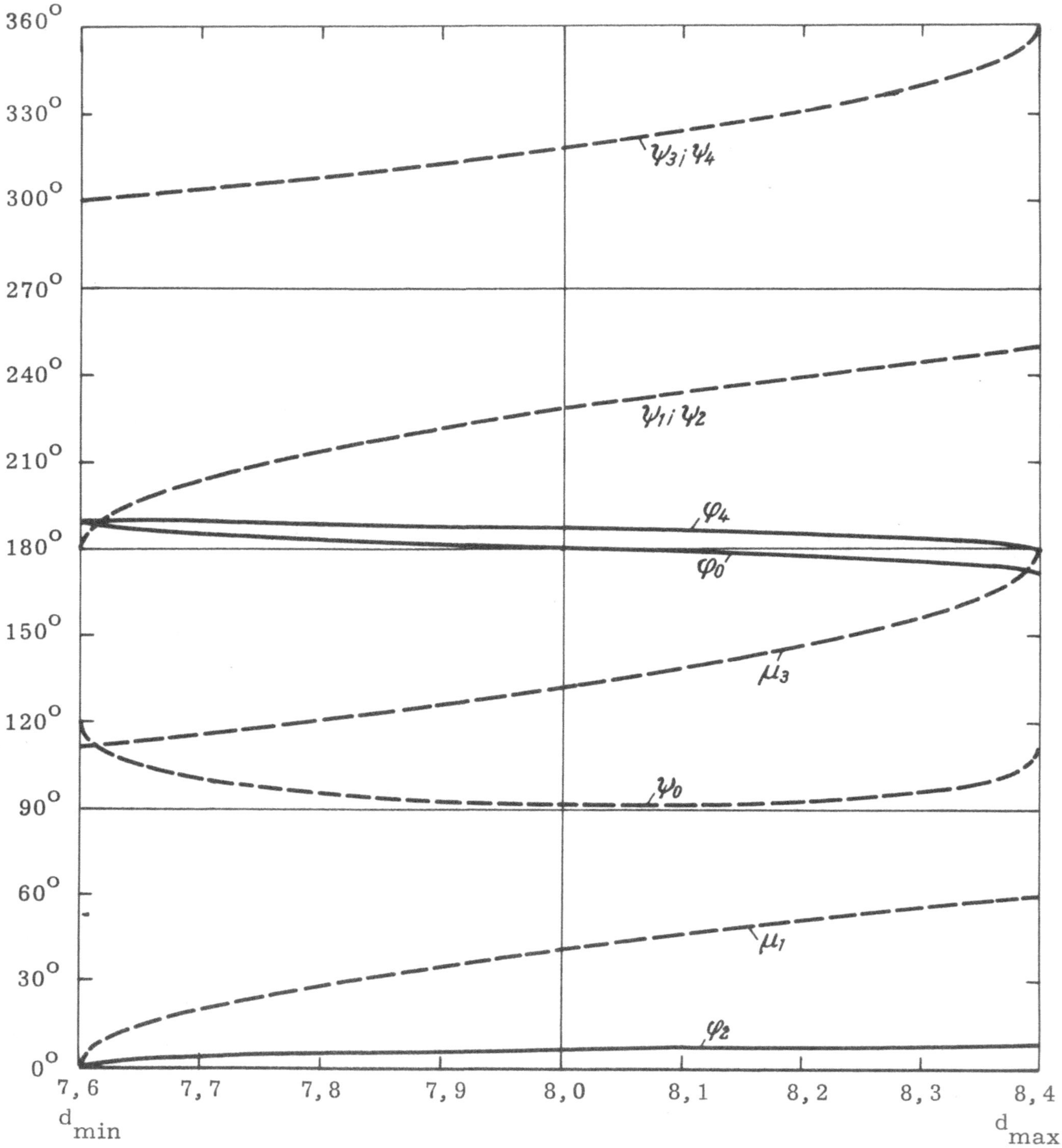

a = 1,0

b = 8,0 c = 1,4

KS - T

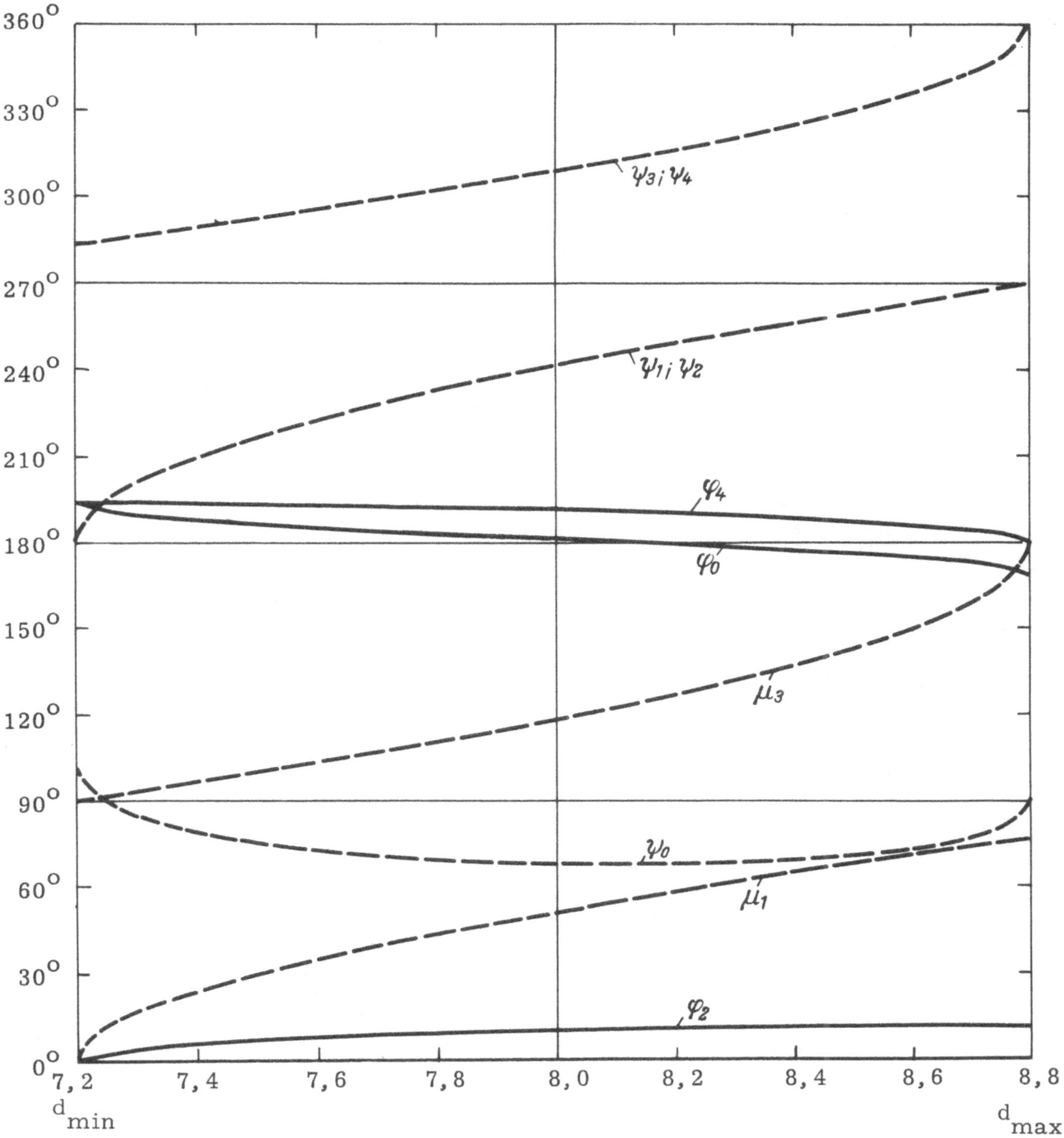

a = 1,0

b = 8,0 c = 1,8

KS - T

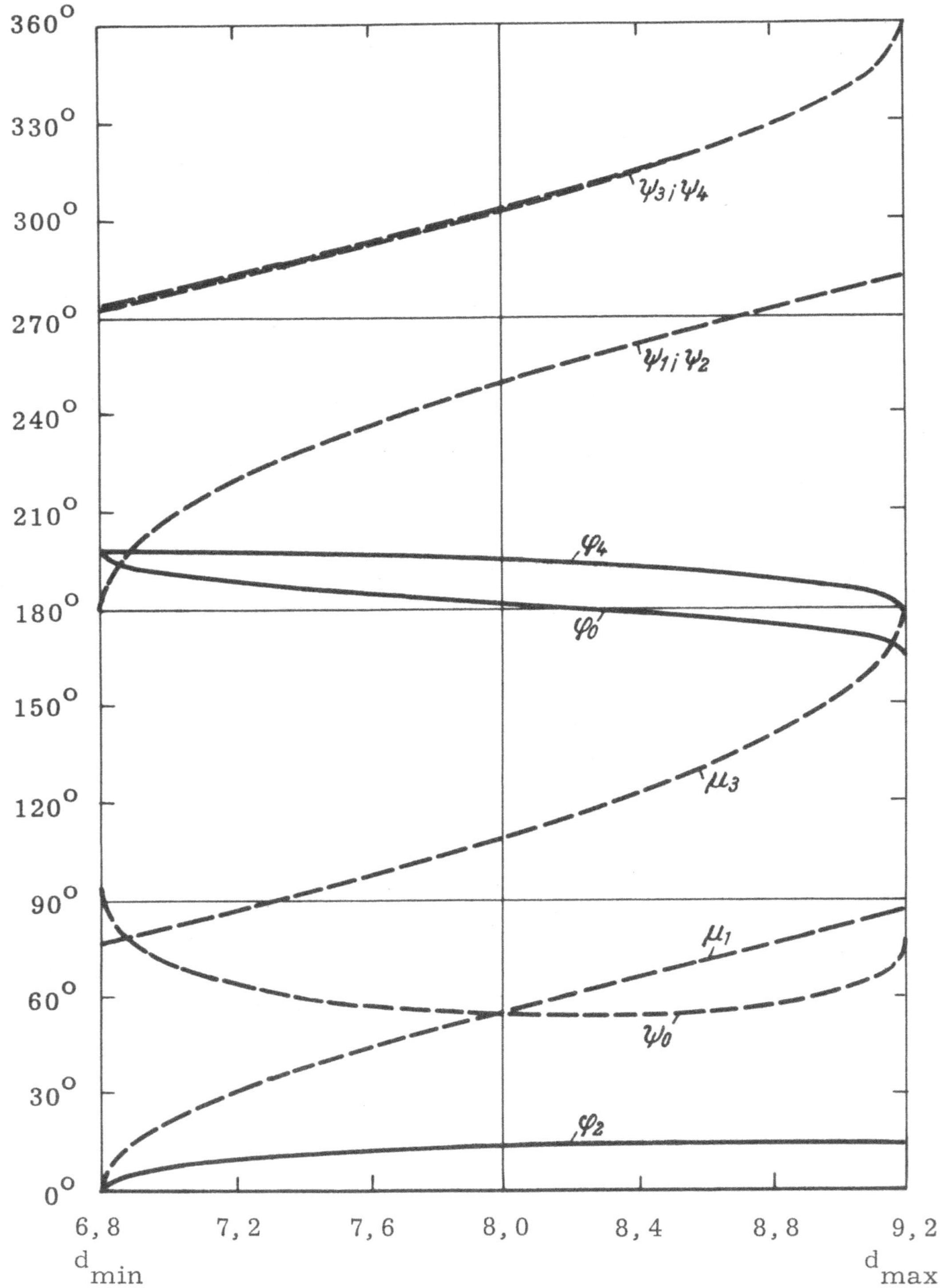

a = 1,0

b = 8,0 c = 2,2

KS - T

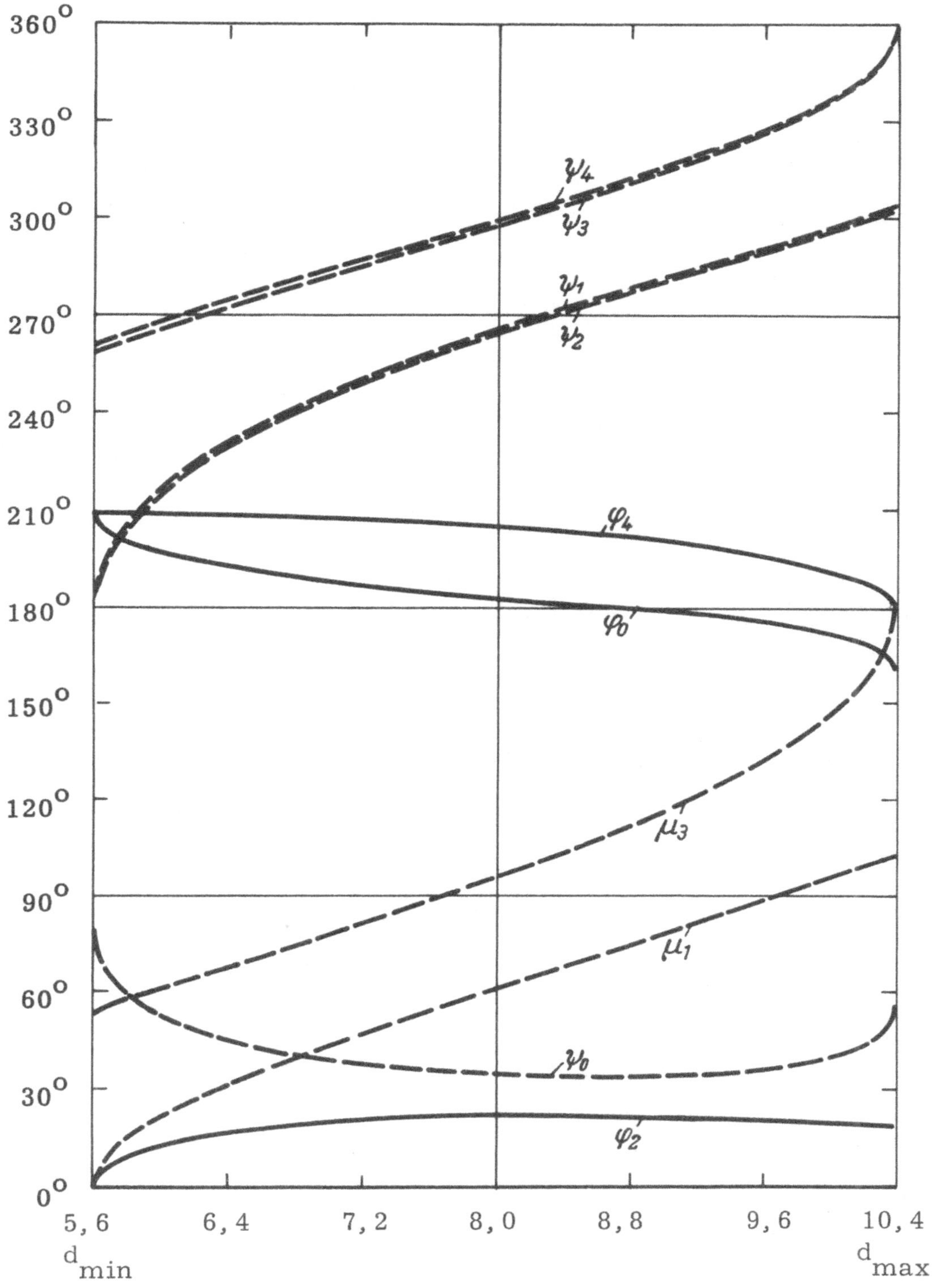

a = 1,0

b = 8,0 c = 3,4

K S - T

Additional material from *Getriebe-Atlas für verstellbare Schwing-Dreh-Bewegungen*
ISBN 978-3-663-00587-2 (978-3-663-00587-2_OSFO1),
is available at http://extras.springer.com

EXTRA MATERIALS extras.springer.com

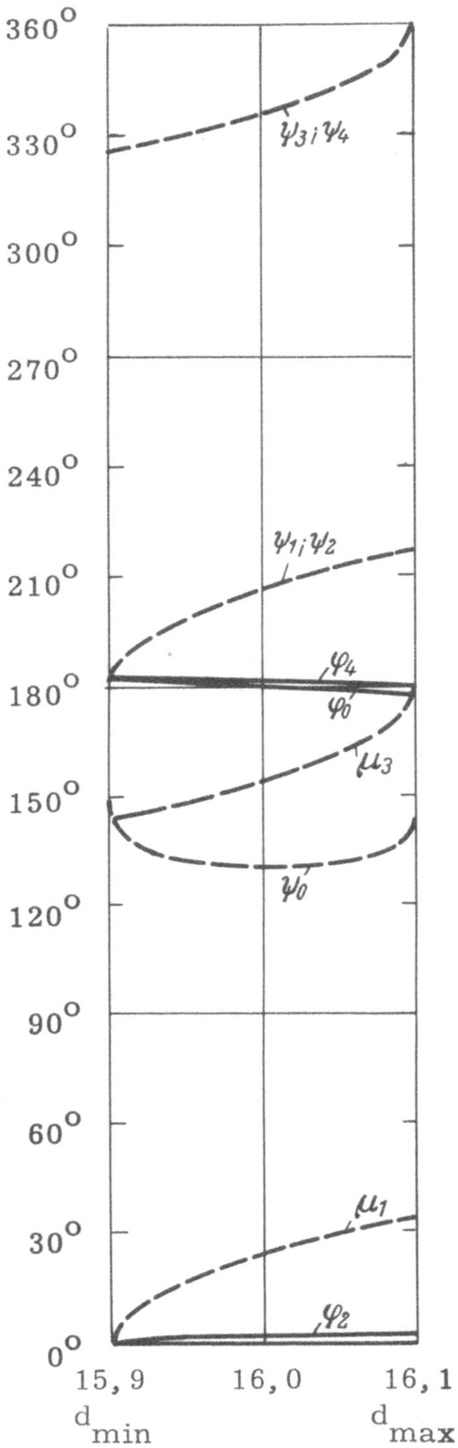

a = 1,0

b = 16,0 c = 1,1

K S - T

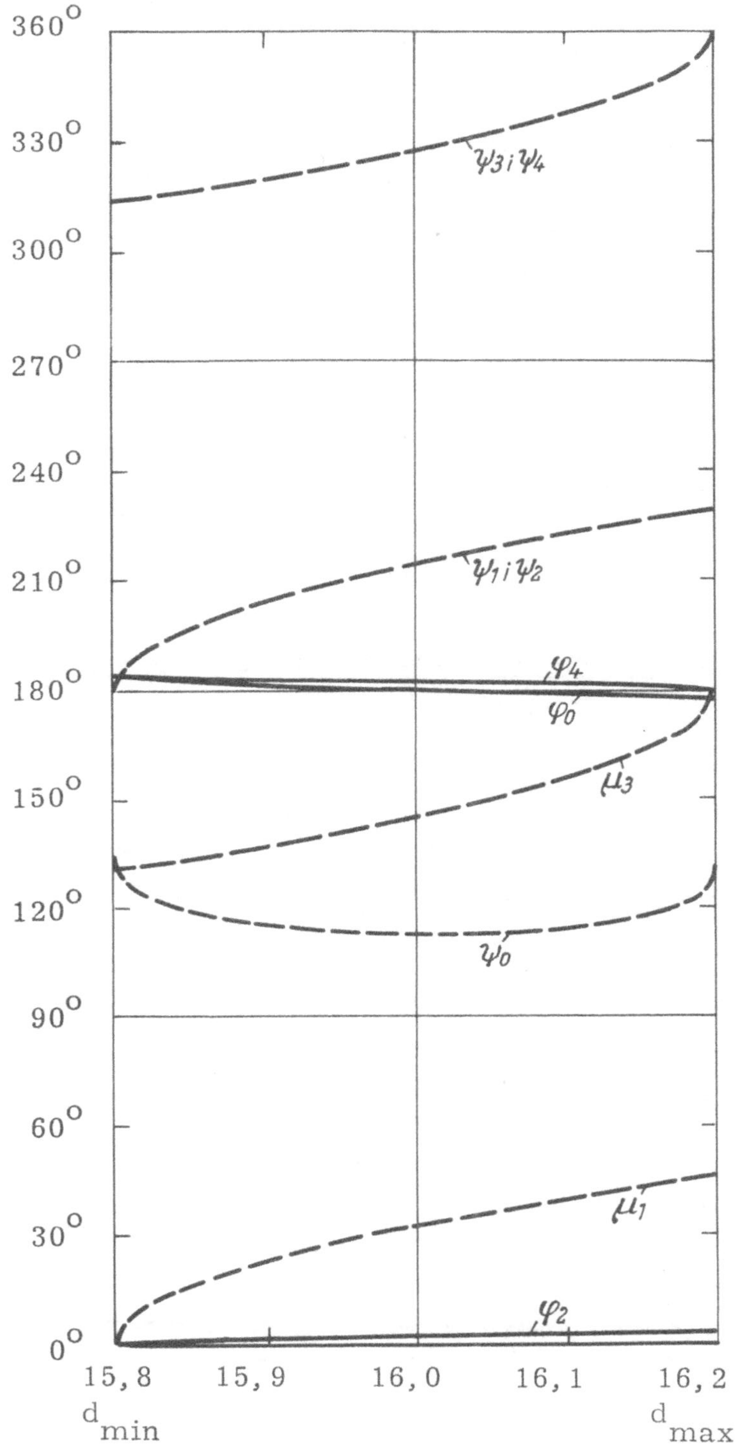

a = 1,0

b = 16,0 c = 1,2

K S - T

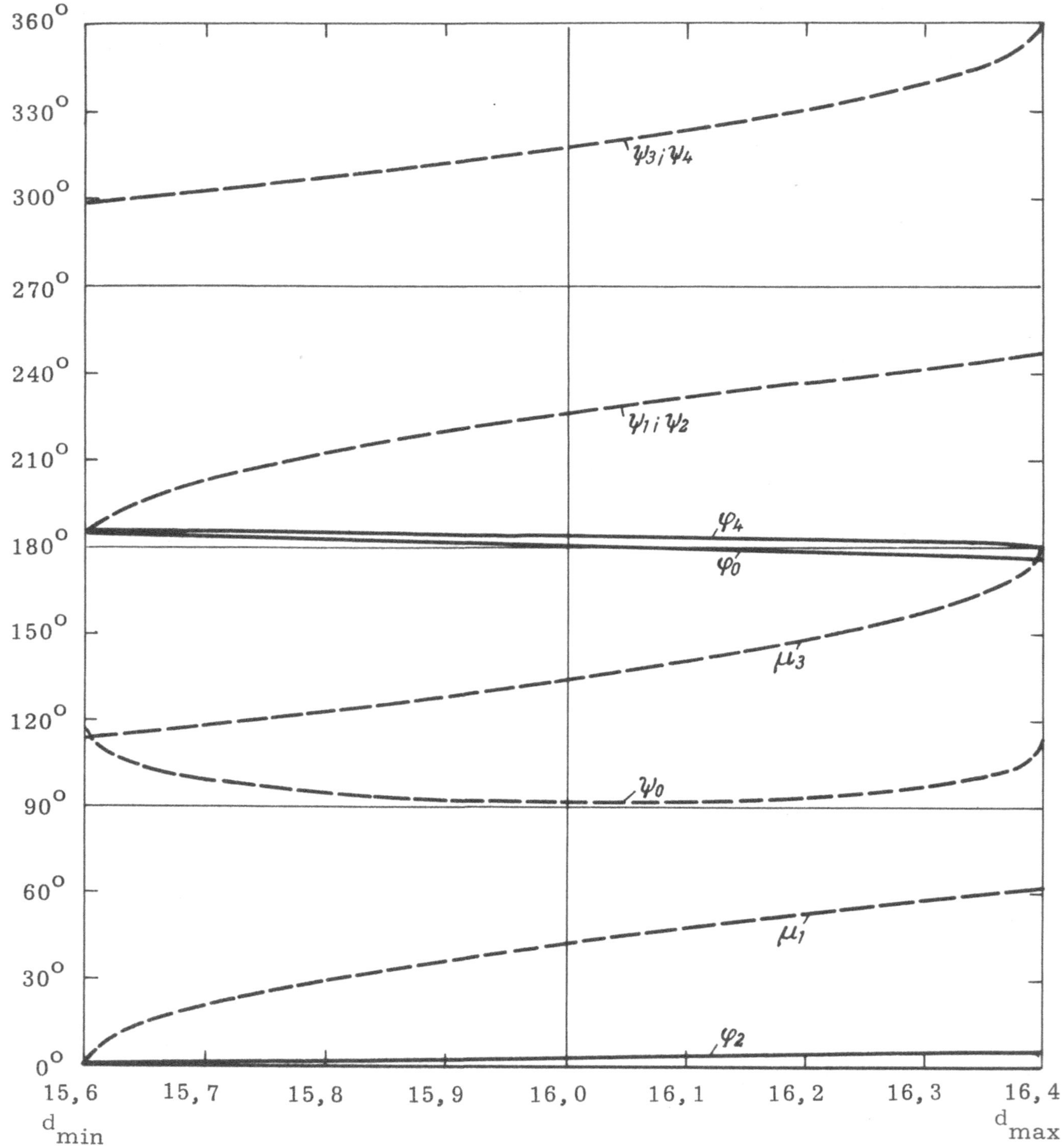

a = 1,0

b = 16,0 c = 1,4

K S - T

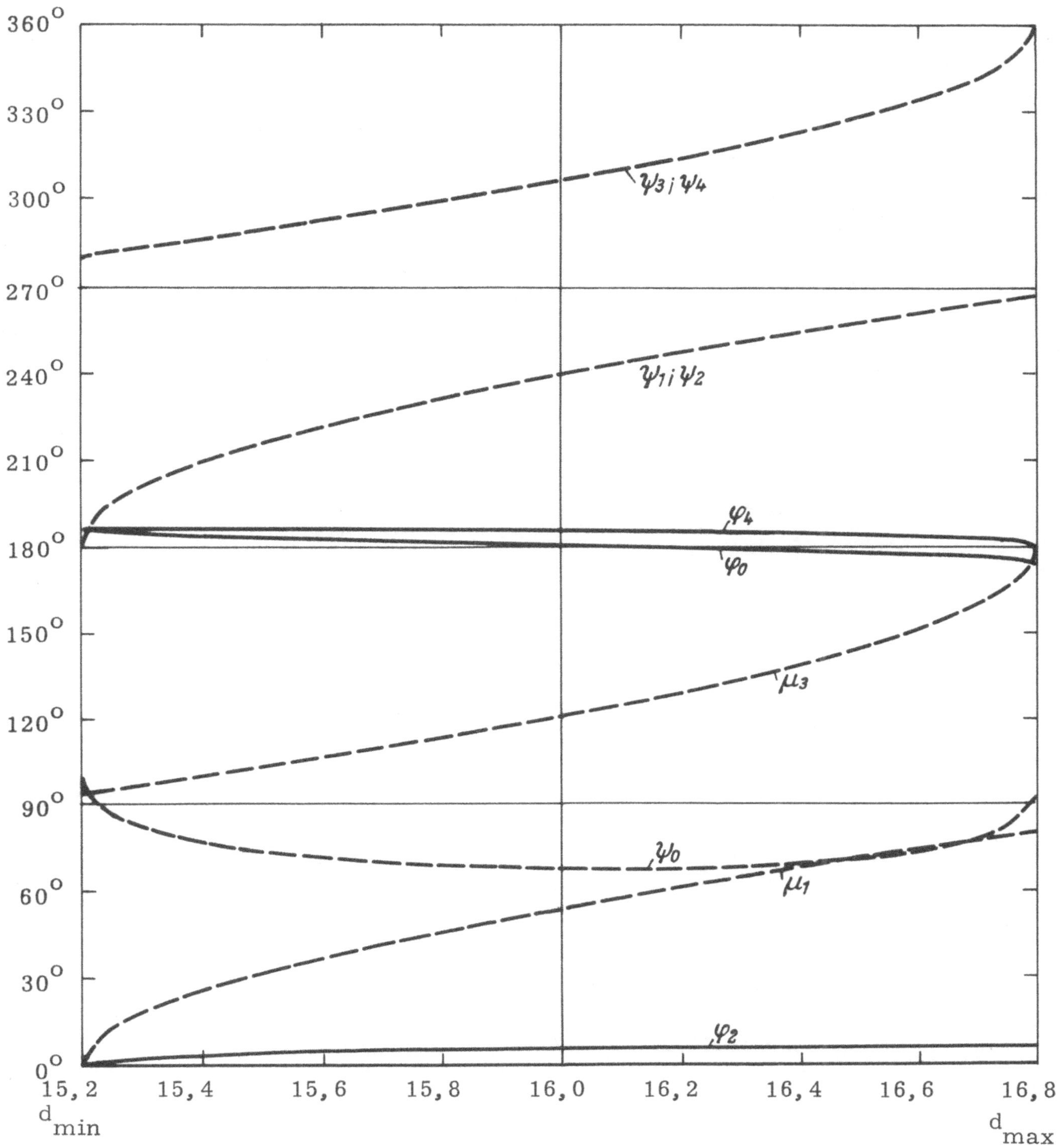

a = 1,0

b = 16,0 c = 1,8

K S - T

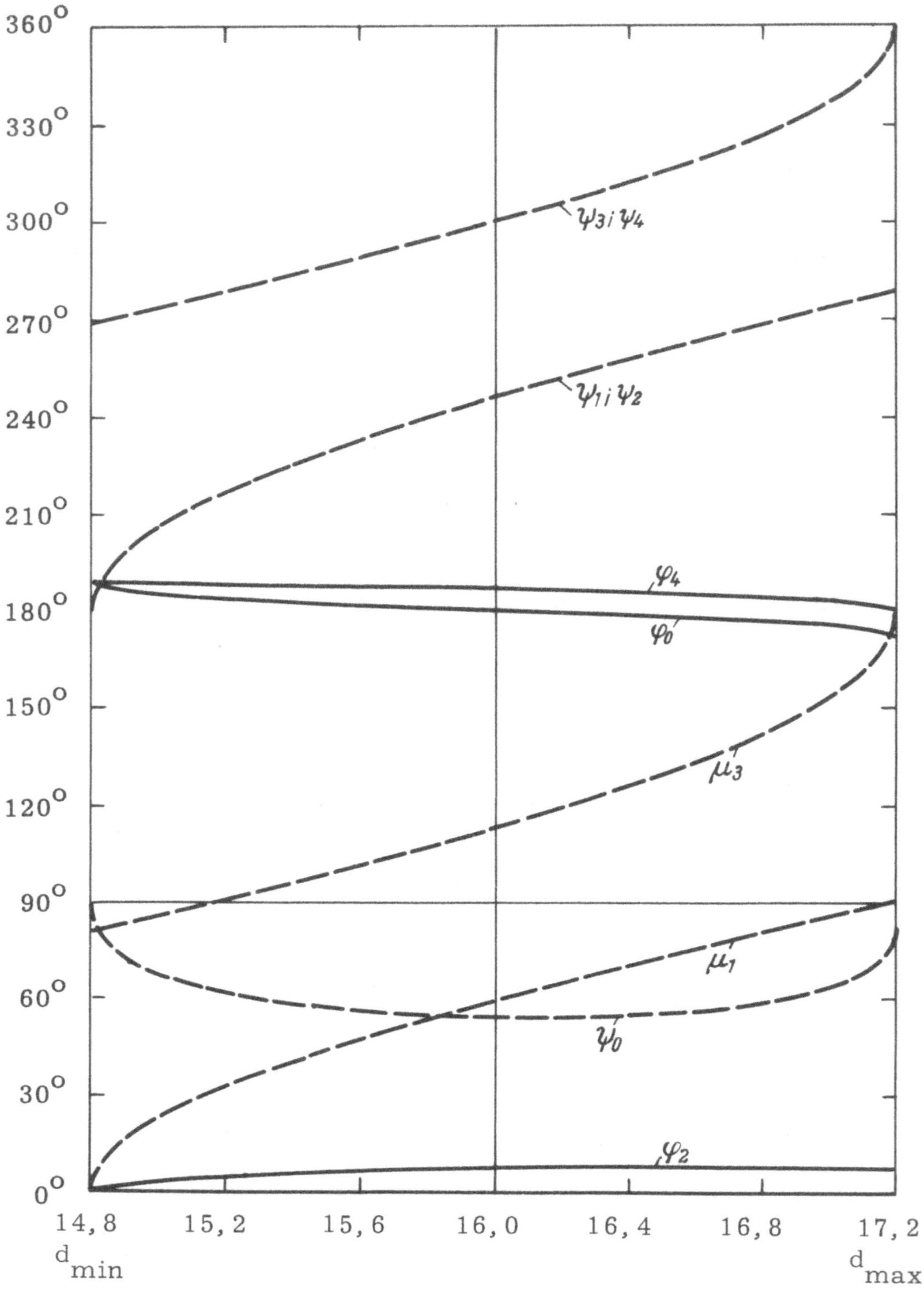

a = 1,0

b = 16,0 c = 2,2

KS - T

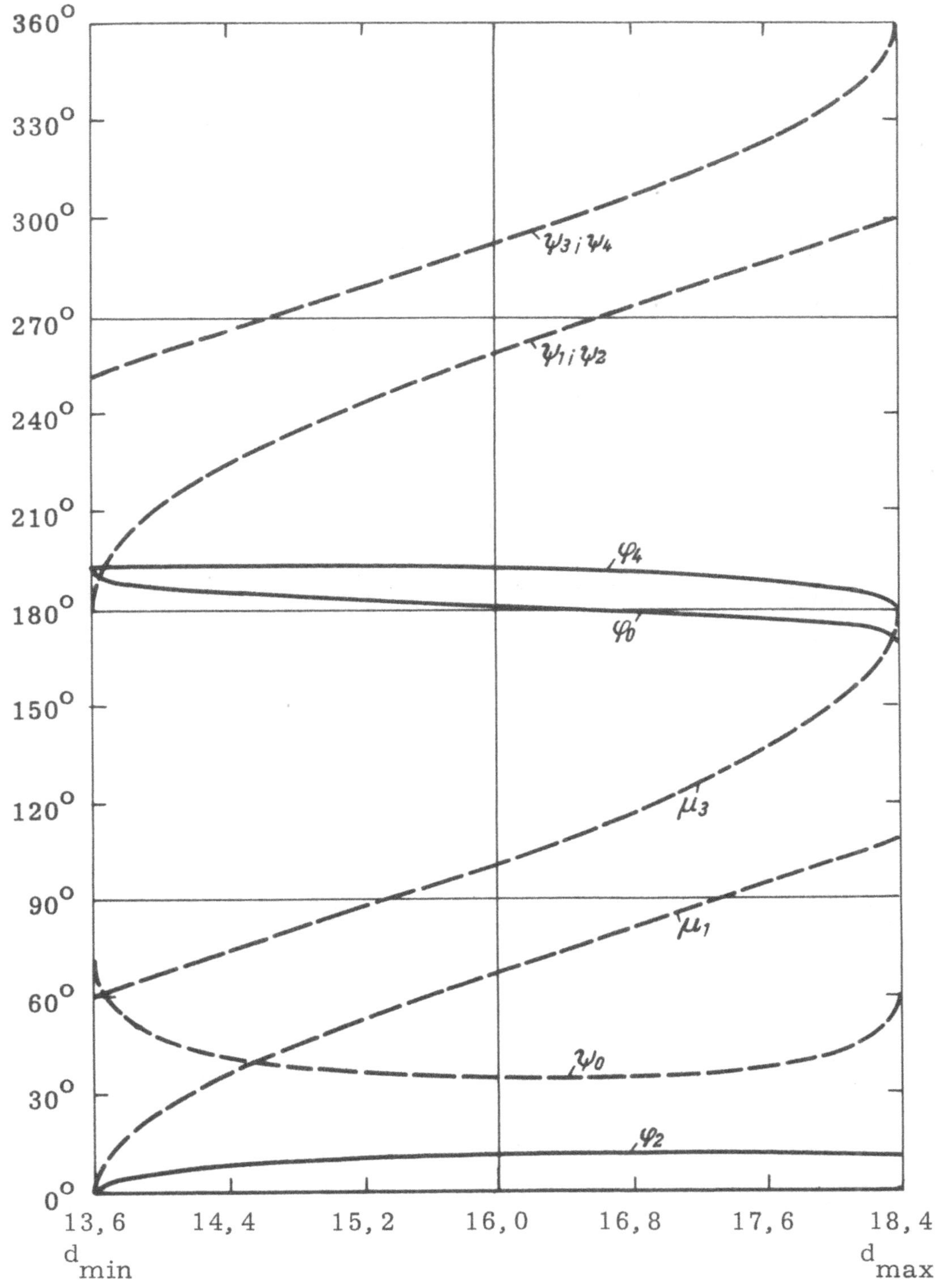

a = 1,0

b = 16,0 c = 3,4

KS - T

Additional material from *Getriebe-Atlas für verstellbare Schwing-Dreh-Bewegungen*
ISBN 978-3-663-00587-2 (978-3-663-00587-2_OSFO2),
is available at http://extras.springer.com

EXTRA
MATERIALS
extras.springer.com

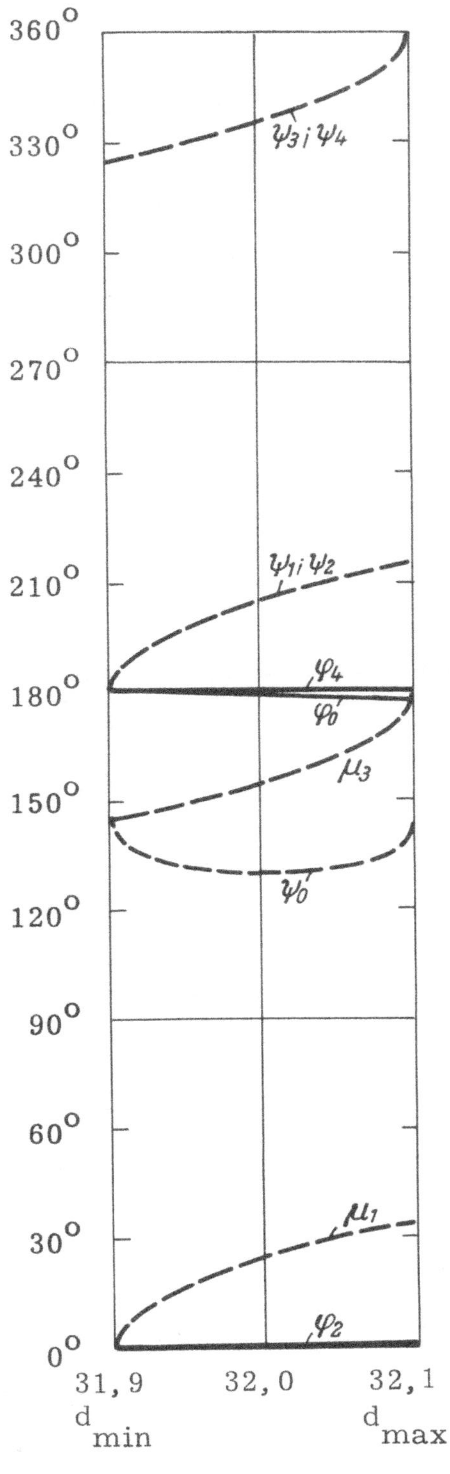

a = 1,0

b = 32,0 c = 1,1

K S - T

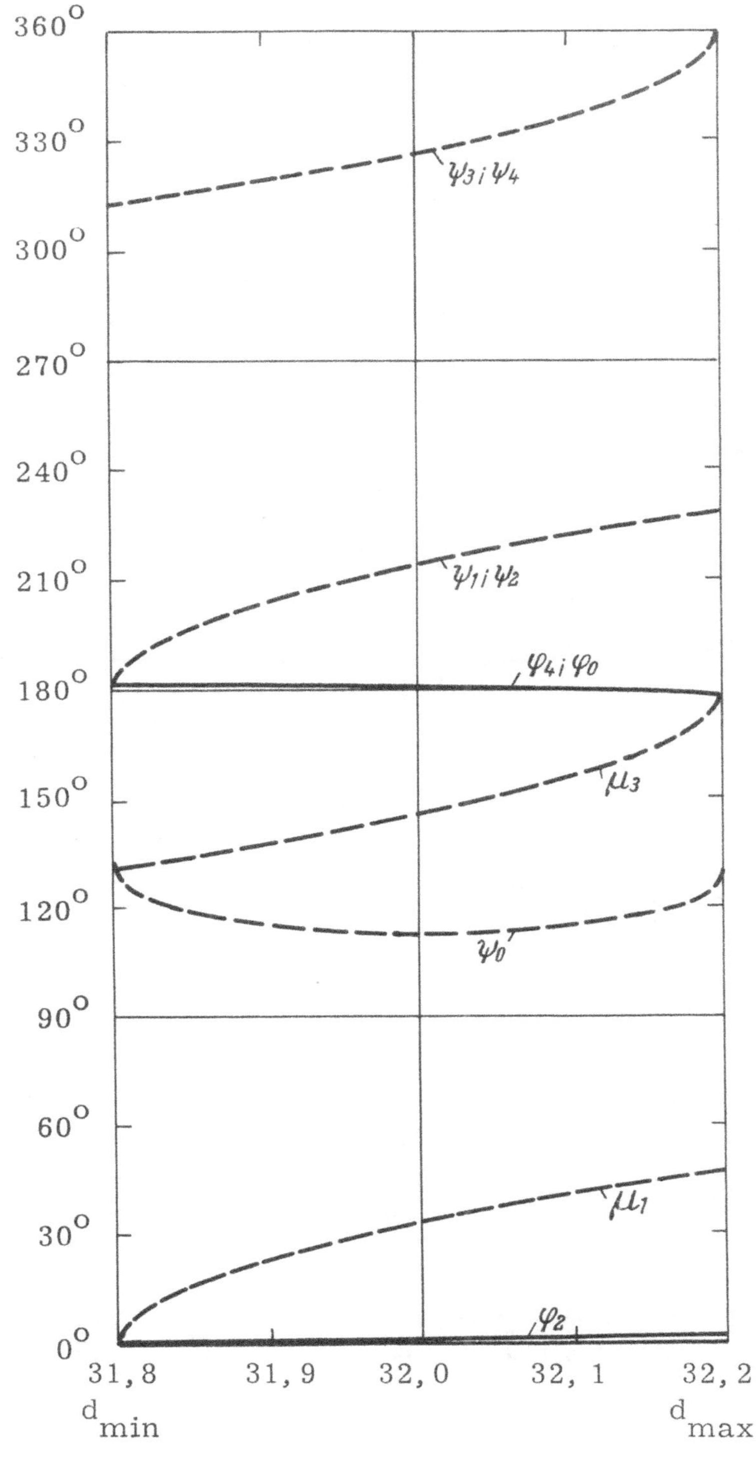

a = 1,0

b = 32,0 c = 1,2

K S - T

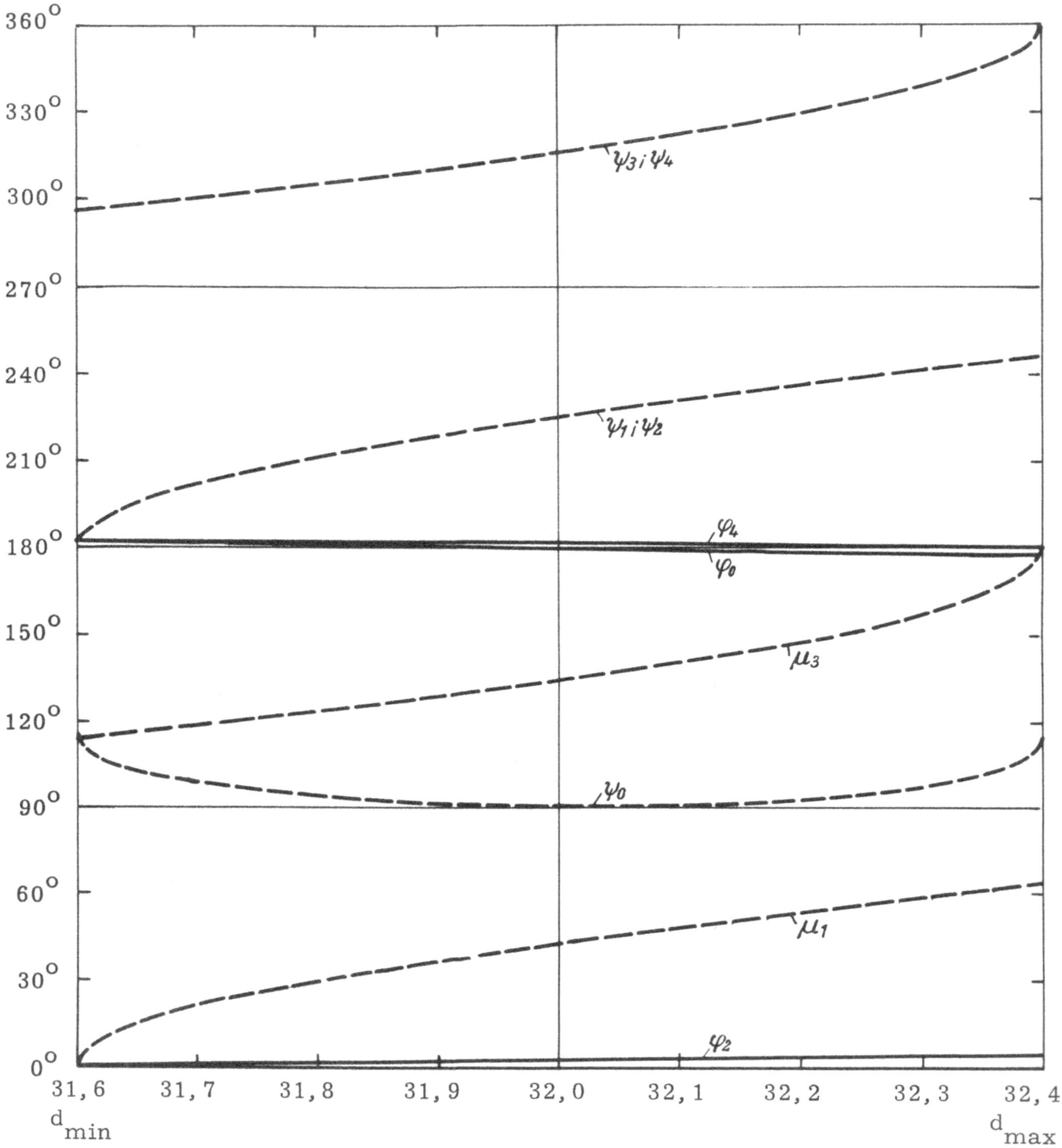

a = 1,0

b = 32,0 c = 1,4

KS - T

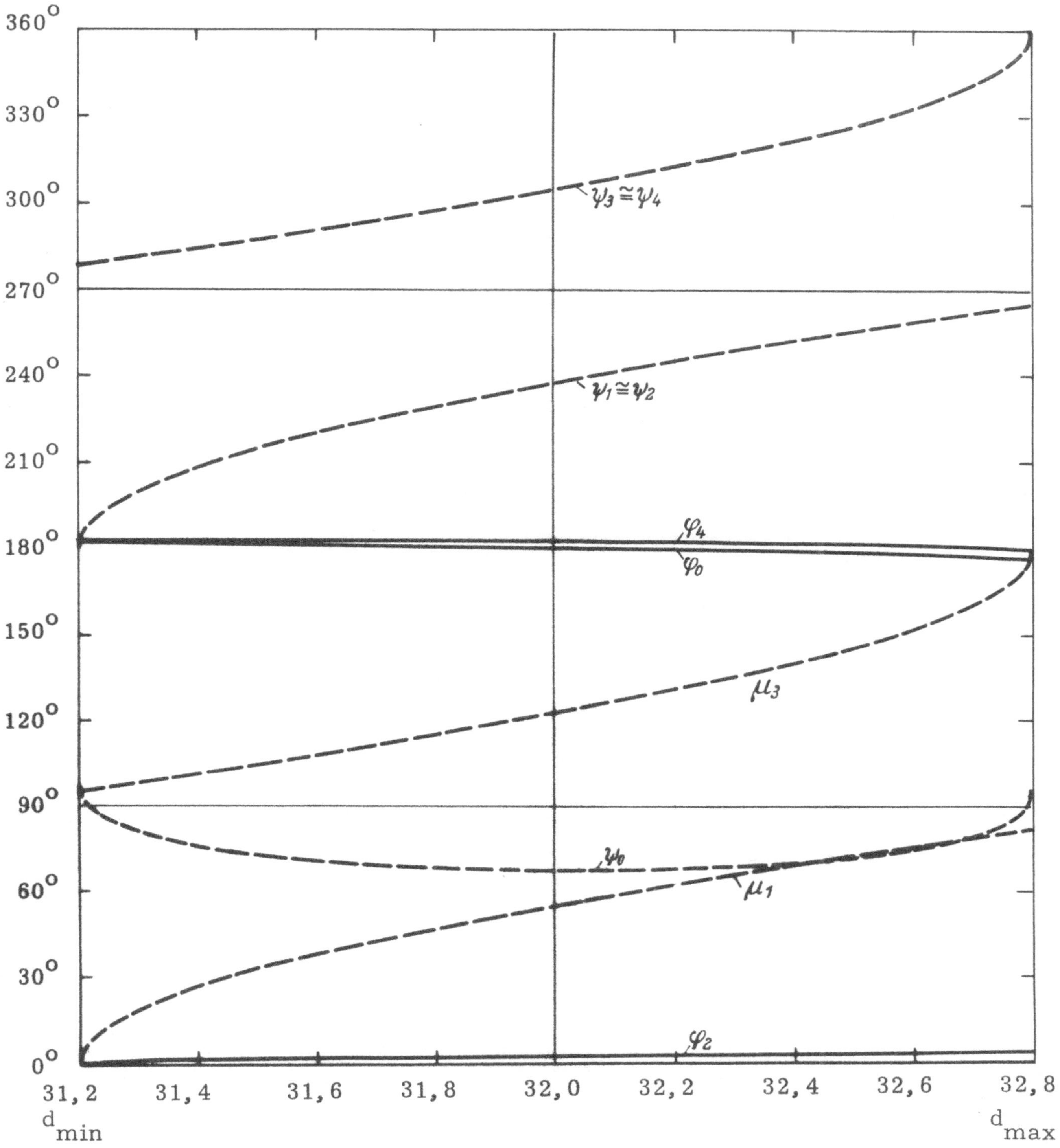

a = 1,0

b = 32,0 c = 1,8

KS - T

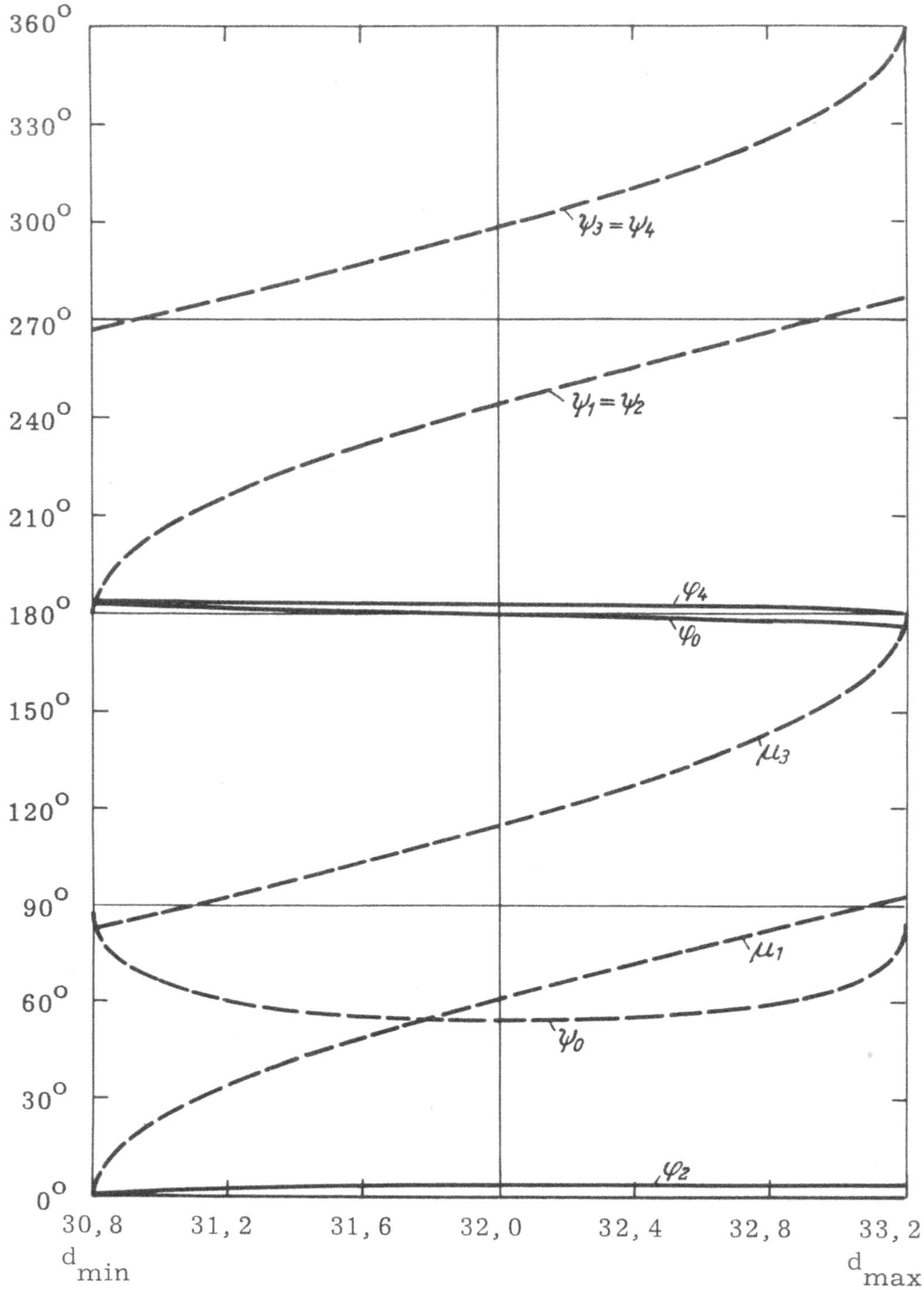

a = 1,0

b = 32,0 c = 2,2

KS - T

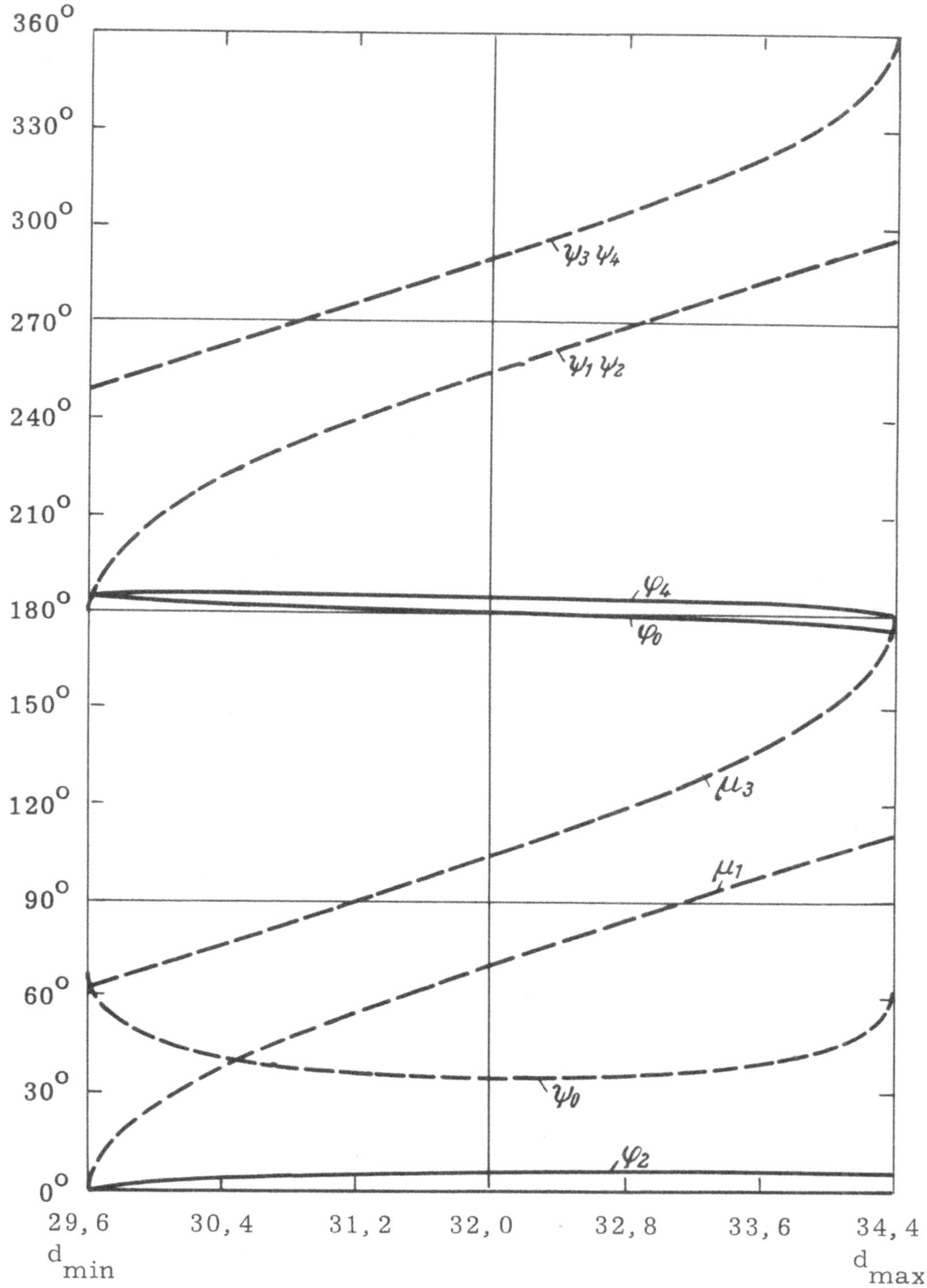

a = 1,0

b = 32,0 c = 3,4

K S - T

Additional material from *Getriebe-Atlas für verstellbare Schwing-Dreh-Bewegungen*
ISBN 978-3-663-00587-2 (978-3-663-00587-2_OSFO3),
is available at http://extras.springer.com

EXTRA
MATERIALS
extras.springer.com

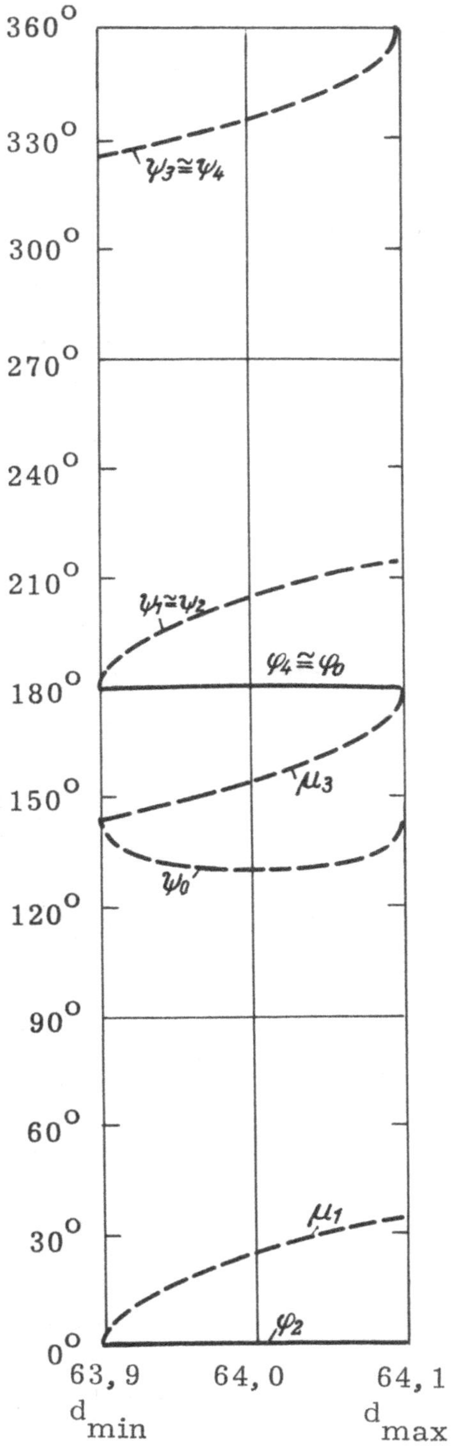

a = 1,0

b = 64,0 c = 1,1

KS - T

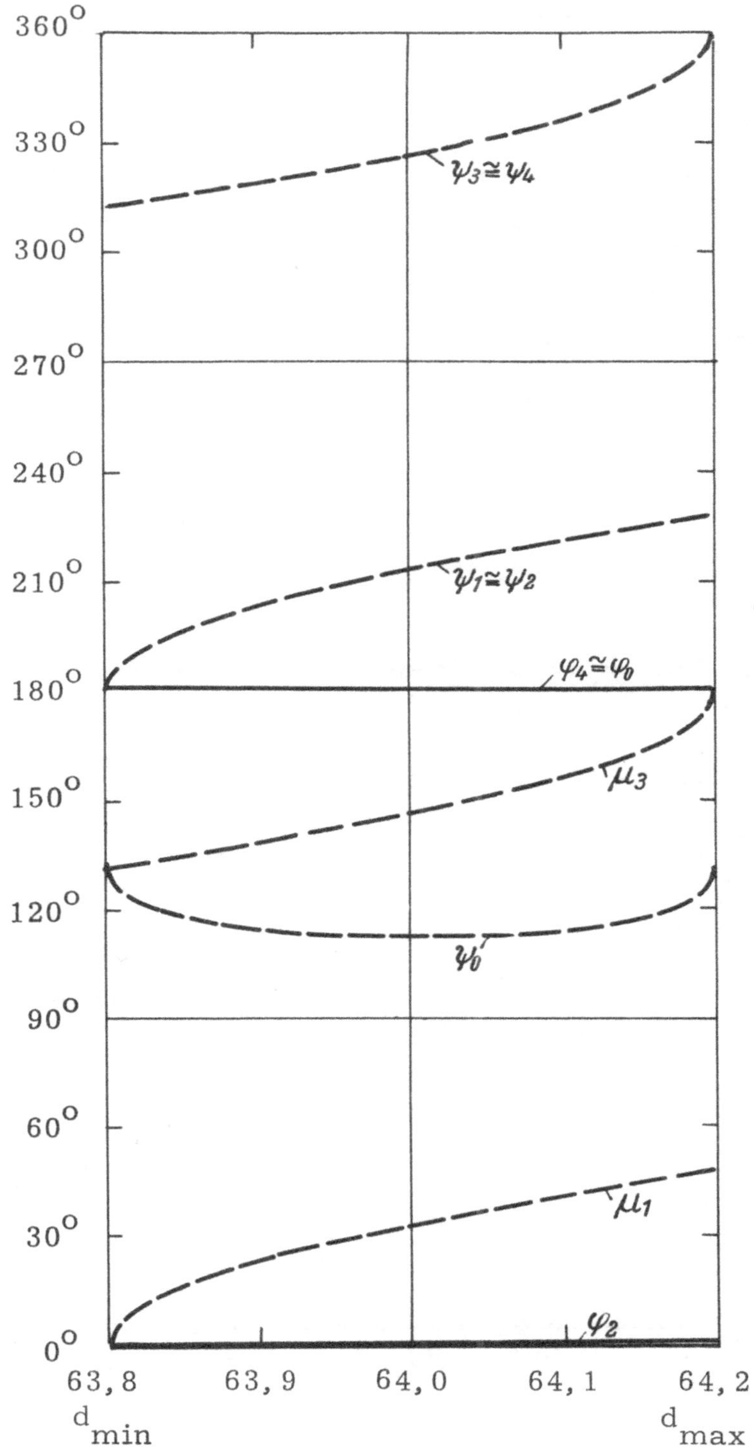

a = 1,0

b = 64,0 c = 1,2

KS - T

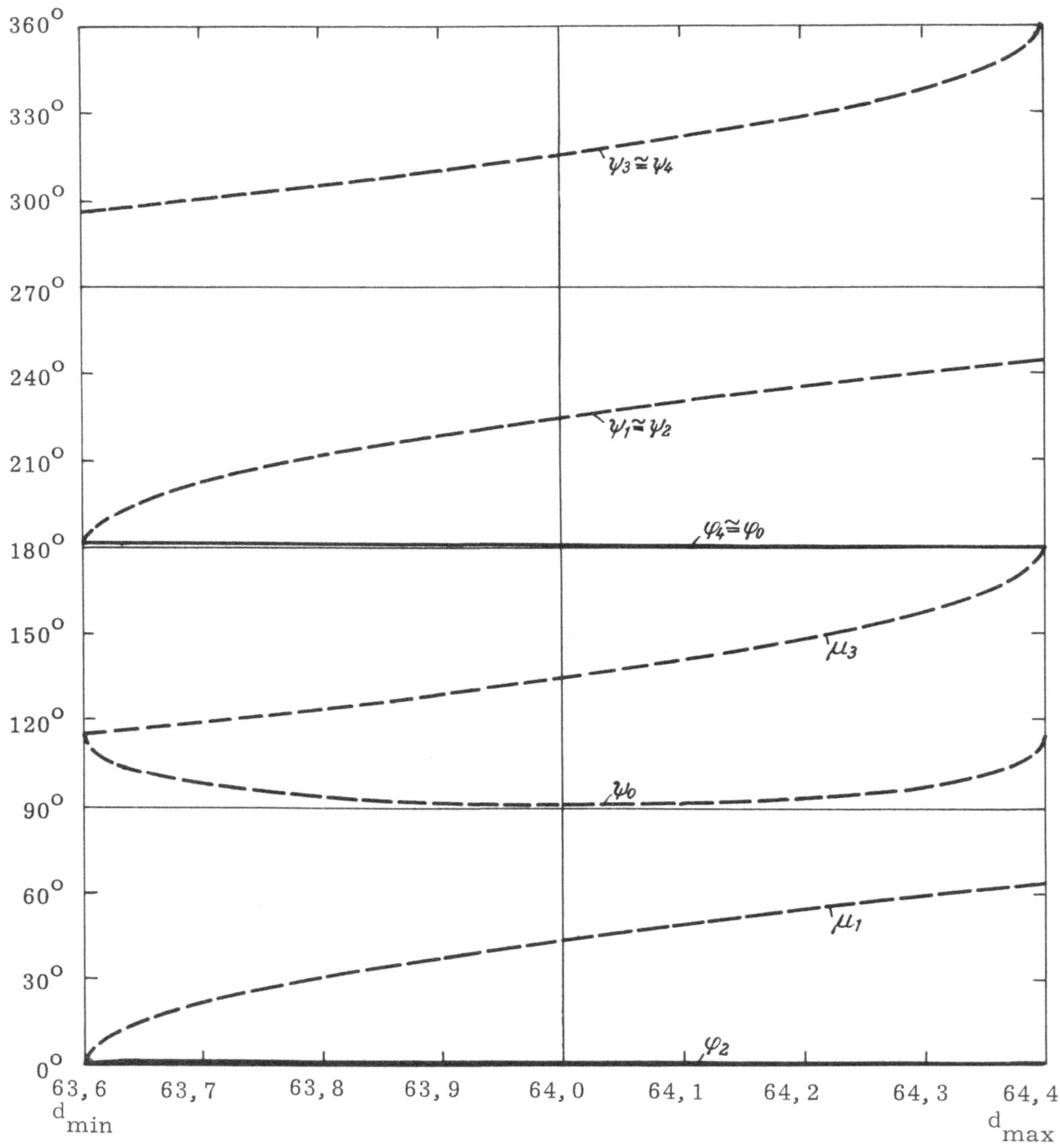

a = 1,0

b = 64,0 c = 1,4

KS - T

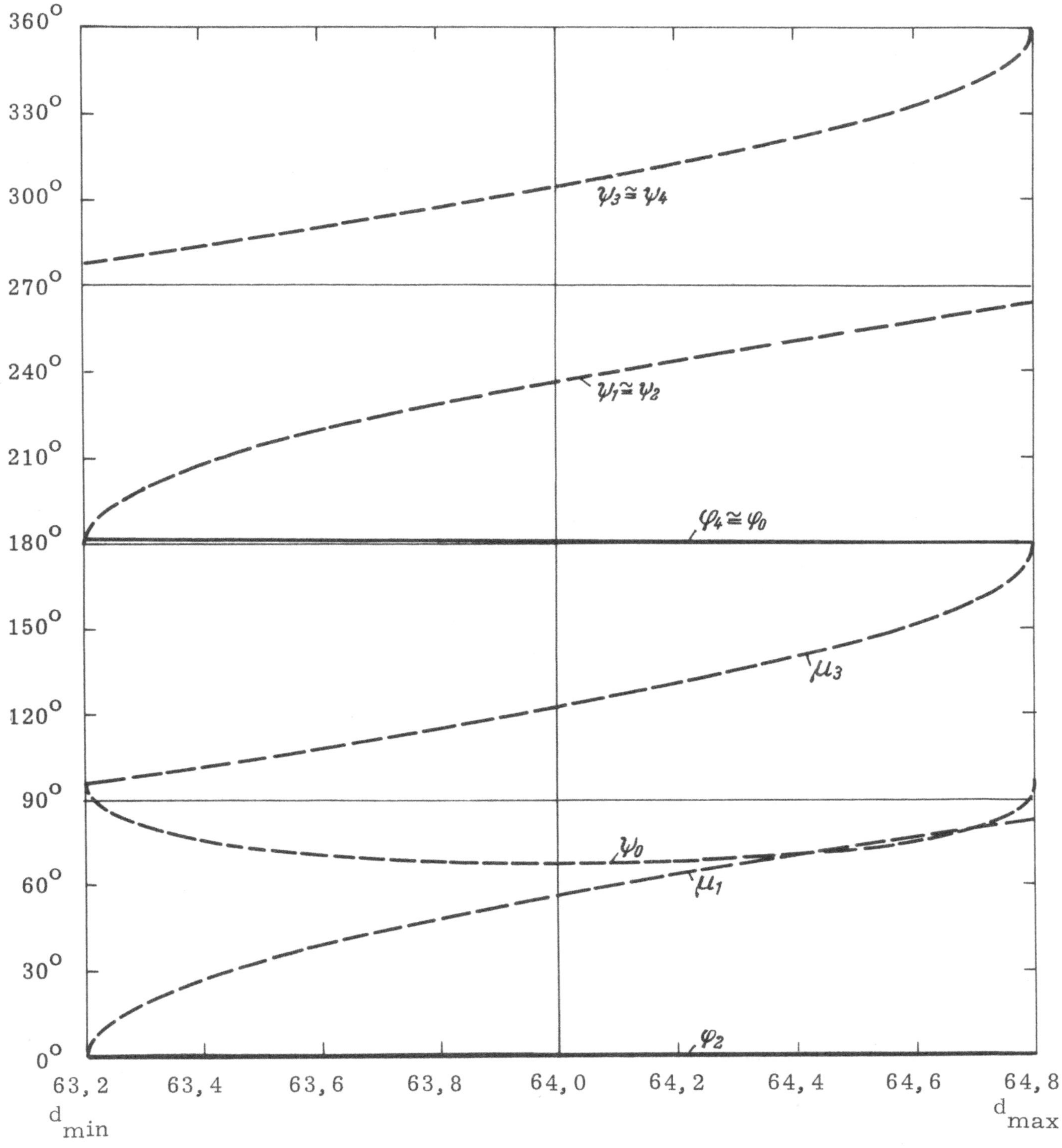

a = 1,0

b = 64,0 c = 1,8

KS - T

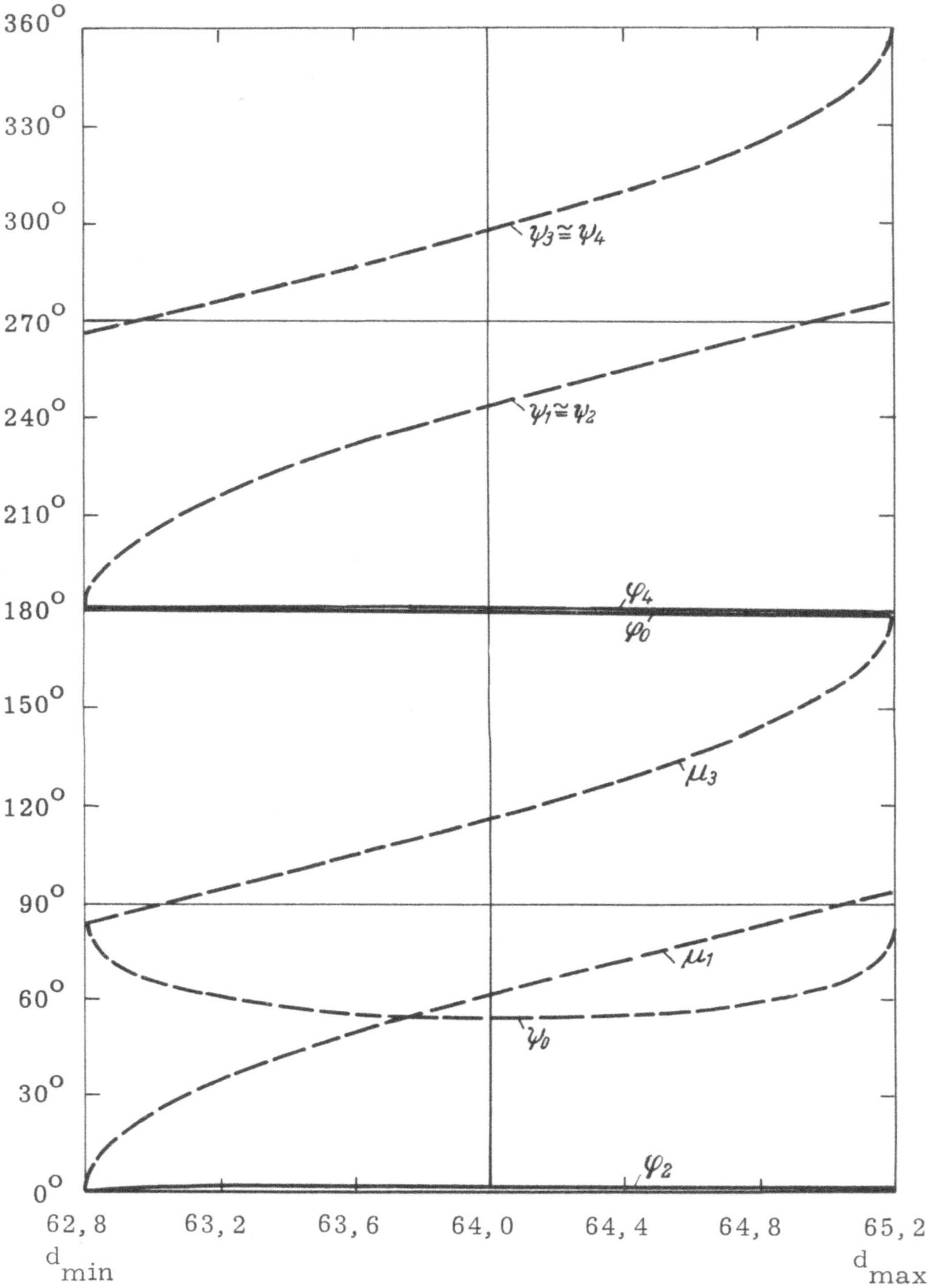

a = 1,0

b = 64,0 c = 2,2

K S - T

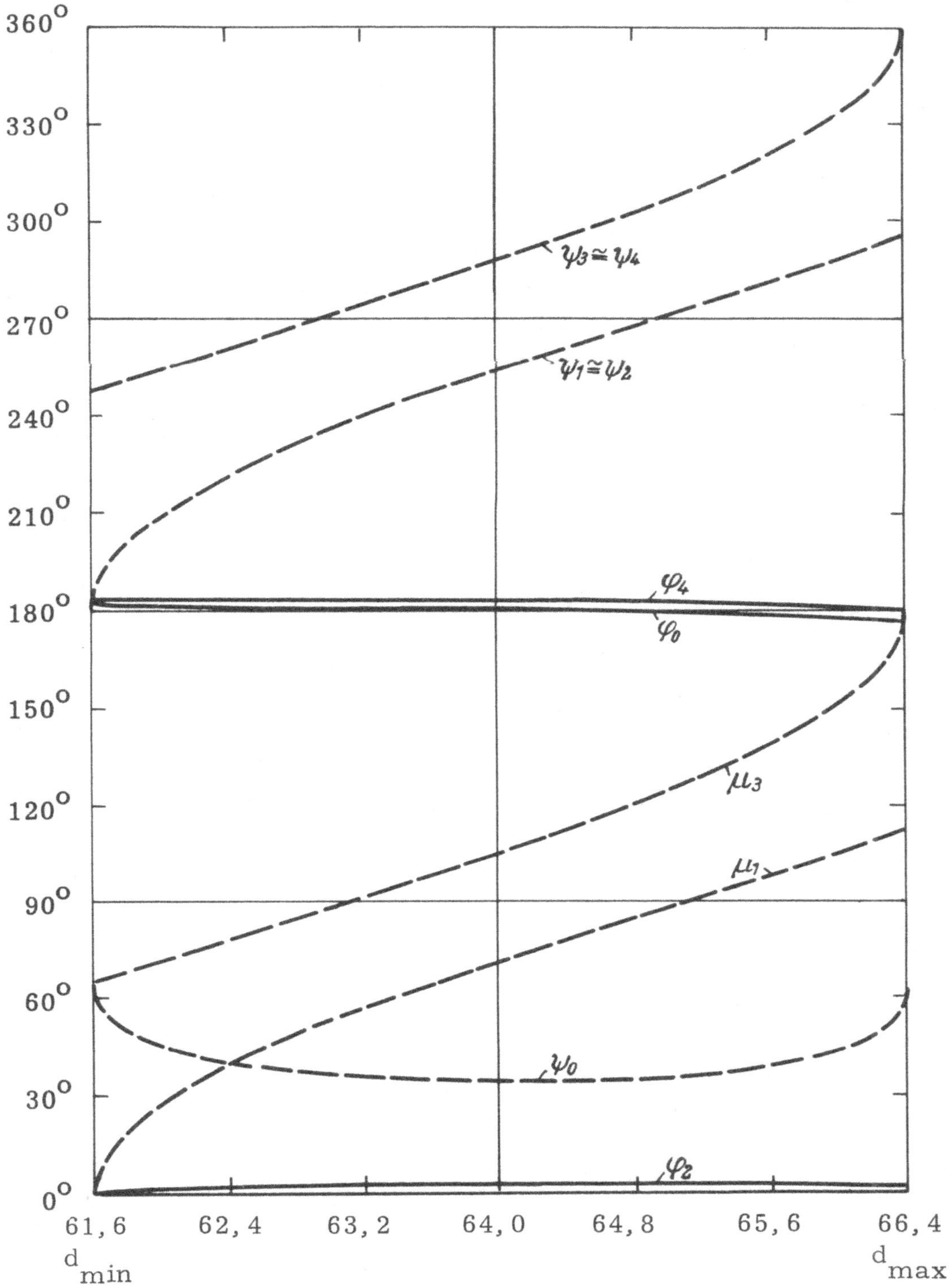

a = 1,0

b = 64,0 c = 3,4

K S - T

Additional material from *Getriebe-Atlas für verstellbare Schwing-Dreh-Bewegungen*
ISBN 978-3-663-00587-2 (978-3-663-00587-2_OSFO4),
is available at http://extras.springer.com

EXTRA
MATERIALS
extras.springer.com

DS-T-Tafeln

Tabelle 8: Übersicht über Kurventafeln DS-T (Doppelschwingen-Totlagen) für durch Gestellängen-Änderung verstellbare Kurbelschwingen

Koppel b = 1,0; Schwinghebel a und c; Gestell d.

a	c	d_{min}	d_{max}	a	c	d_{min}	d_{max}
1,1	1,1	1,0	1,2	1,8	1,8	1,0	2,6
1,1	1,2	1,1	1,3	1,8	2,2	1,4	3,0
1,1	1,4	1,3	1,5	1,8	2,6	1,8	3,4
1,1	1,8	1,7	1,9	1,8	3,4	2,6	4,2
1,1	2,2	2,1	2,3	1,8	8,0	7,2	8,8
1,1	2,6	2,5	2,7	1,8	16,0	15,2	16,8
1,1	3,4	3,3	3,5	1,8	32,0	31,2	32,8
1,1	8,0	7,9	8,1	1,8	64,0	63,2	64,8
1,1	16,0	15,9	16,1	2,2	2,2	1,0	3,4
1,1	32,0	31,9	32,1	2,2	2,6	1,4	3,8
1,1	64,0	63,9	64,1	2,2	3,4	2,2	4,6
1,2	1,2	1,0	1,4	2,2	8,0	6,8	9,2
1,2	1,4	1,2	1,6	2,2	16,0	14,8	17,2
1,2	1,8	1,6	2,0	2,2	32,0	30,8	33,2
1,2	2,2	2,0	2,4	2,2	64,0	62,8	65,2
1,2	2,6	2,4	2,8	3,4	3,4	1,0	5,8
1,2	3,4	3,2	3,6	3,4	8,0	5,6	10,4
1,2	8,0	7,8	8,2	3,4	16,0	13,6	18,4
1,2	16,0	15,8	16,2	3,4	32,0	29,6	34,4
1,2	32,0	31,8	32,2	3,4	64,0	61,6	66,4
1,2	64,0	63,8	64,2	8,0	8,0	1,0	15,0
1,4	1,4	1,0	1,8	8,0	16,0	9,0	23,0
1,4	1,8	1,4	2,2	8,0	32,0	25,0	39,0
1,4	2,2	1,8	2,6	8,0	64,0	57,0	71,0
1,4	2,6	2,2	3,0	16,0	16,0	1,0	31,0
1,4	3,4	3,0	3,8	16,0	32,0	17,0	47,0
1,4	8,0	7,6	8,4	16,0	64,0	49,0	79,0
1,4	16,0	15,6	16,4	32,0	32,0	1,0	63,0
1,4	32,0	31,6	32,4	32,0	64,0	33,0	95,0
1,4	64,0	63,6	64,4	64,0	64,0	1,0	127,0

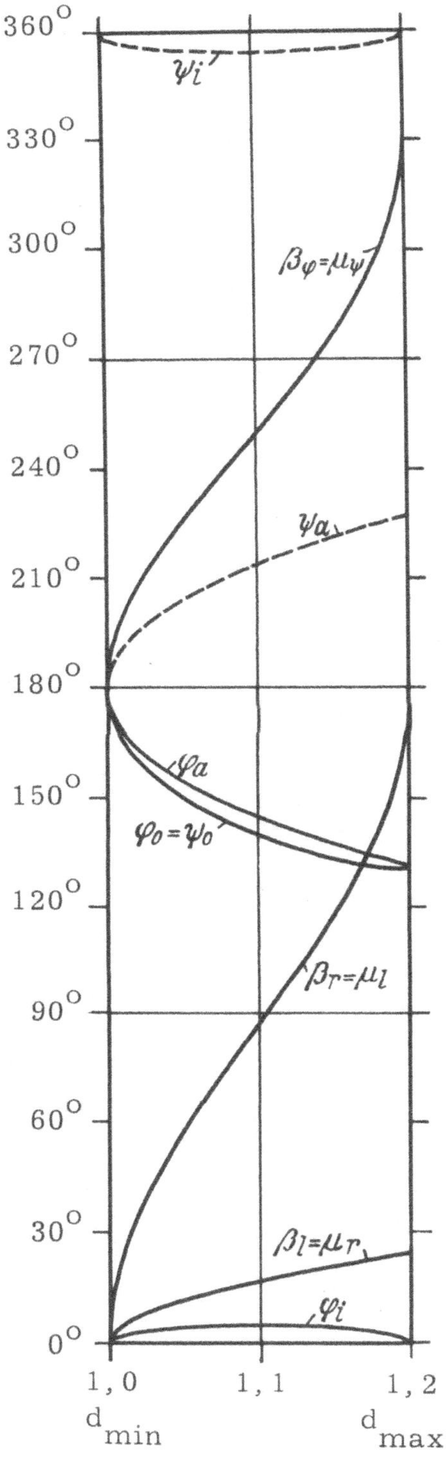

b = 1,0

a = 1,1 c = 1,1

DS - T

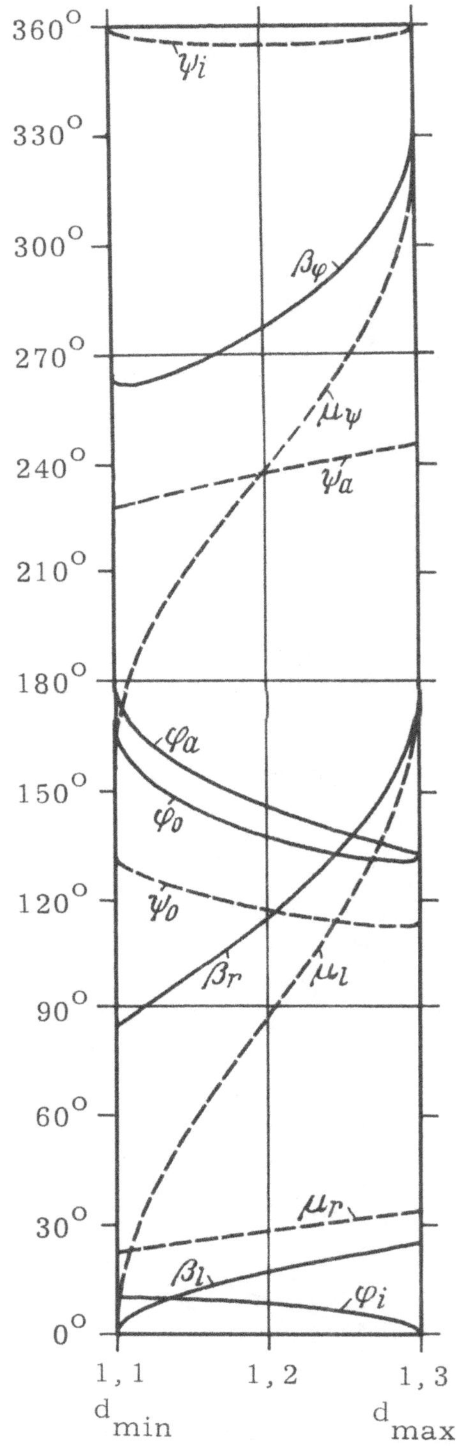

b = 1,0

a = 1,1 c = 1,2

DS - T

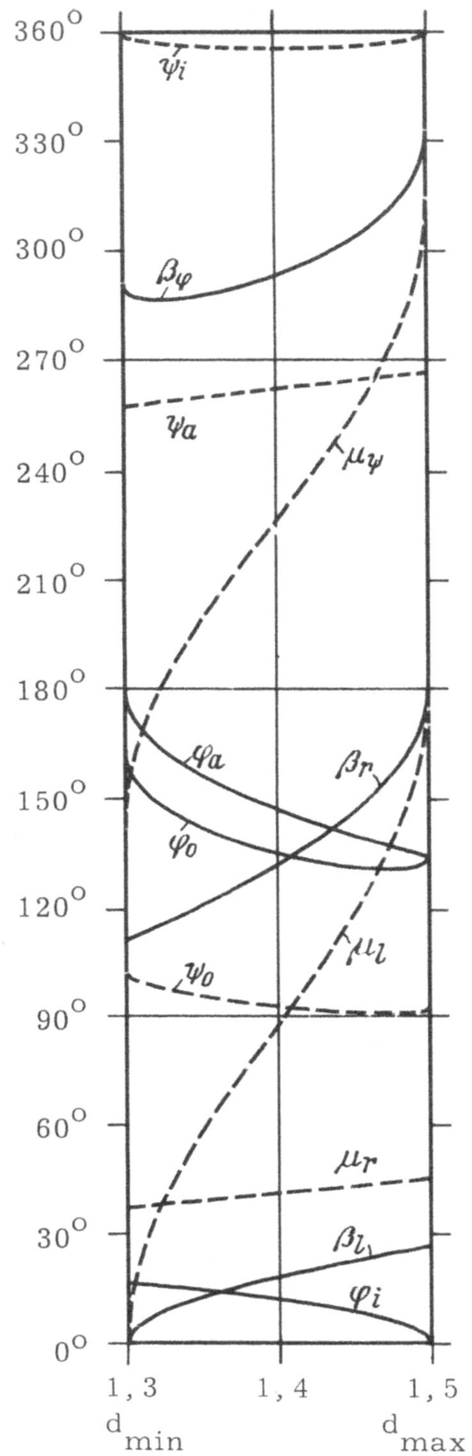

b = 1,0

a = 1,1 c = 1,4

DS - T

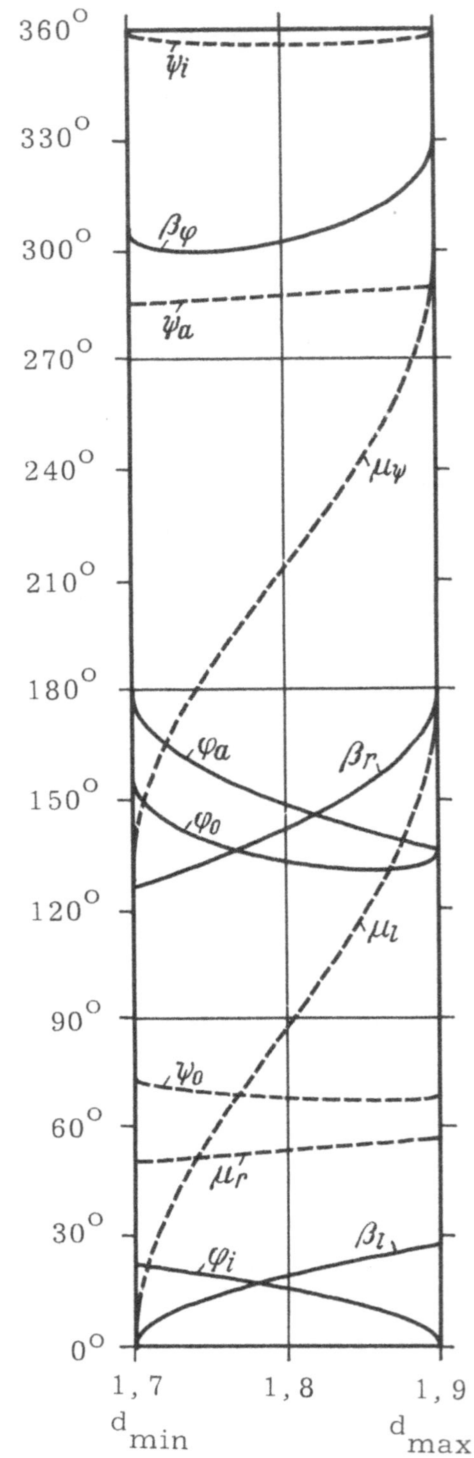

b = 1,0

a = 1,1 c = 1,8

DS - T

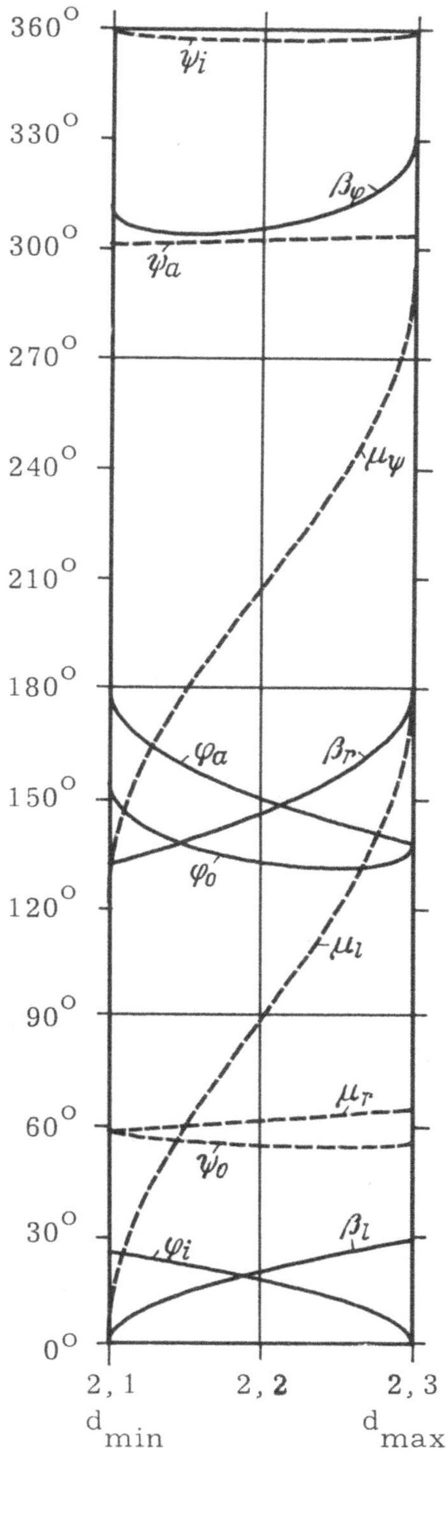

b = 1,0

a = 1,1 c = 2,2

DS - T

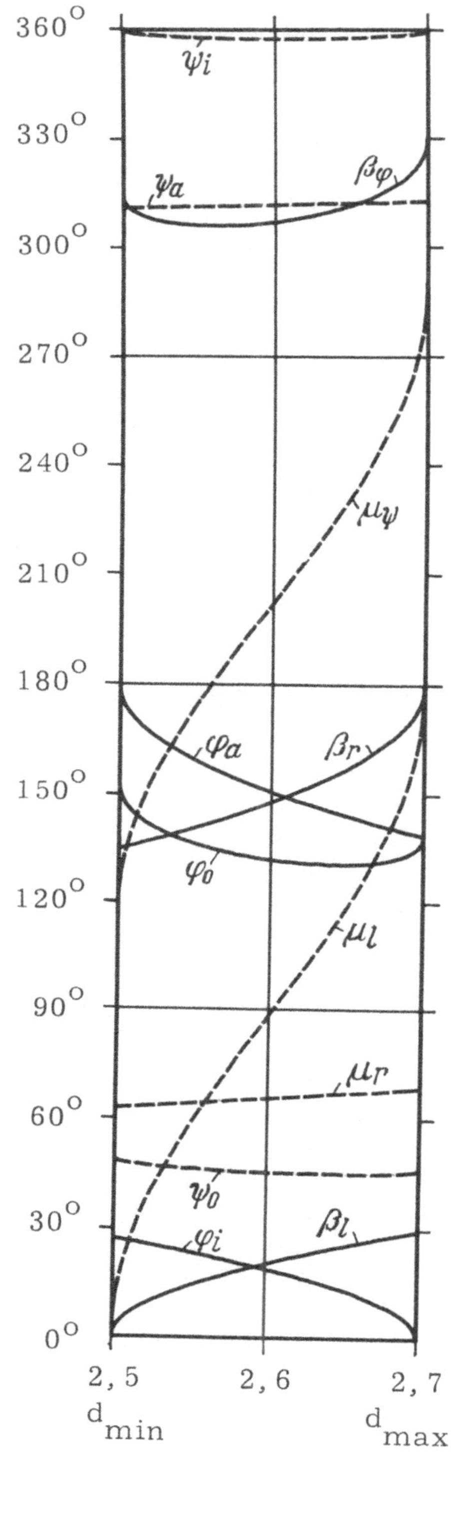

b = 1,0

a = 1,1 c = 2,6

DS - T

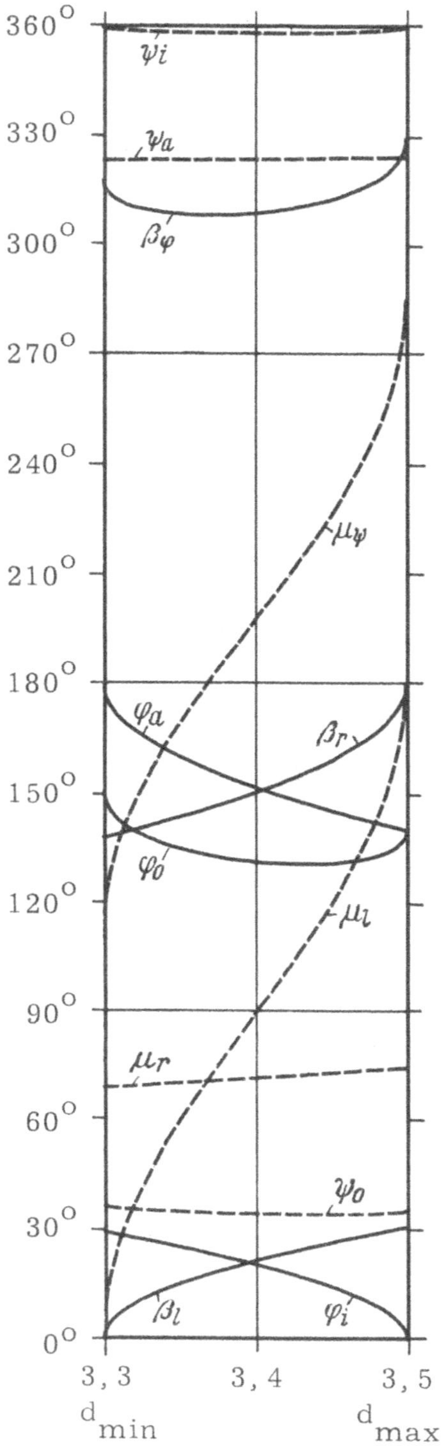

b = 1,0

a = 1,1 c = 3,4

DS - T

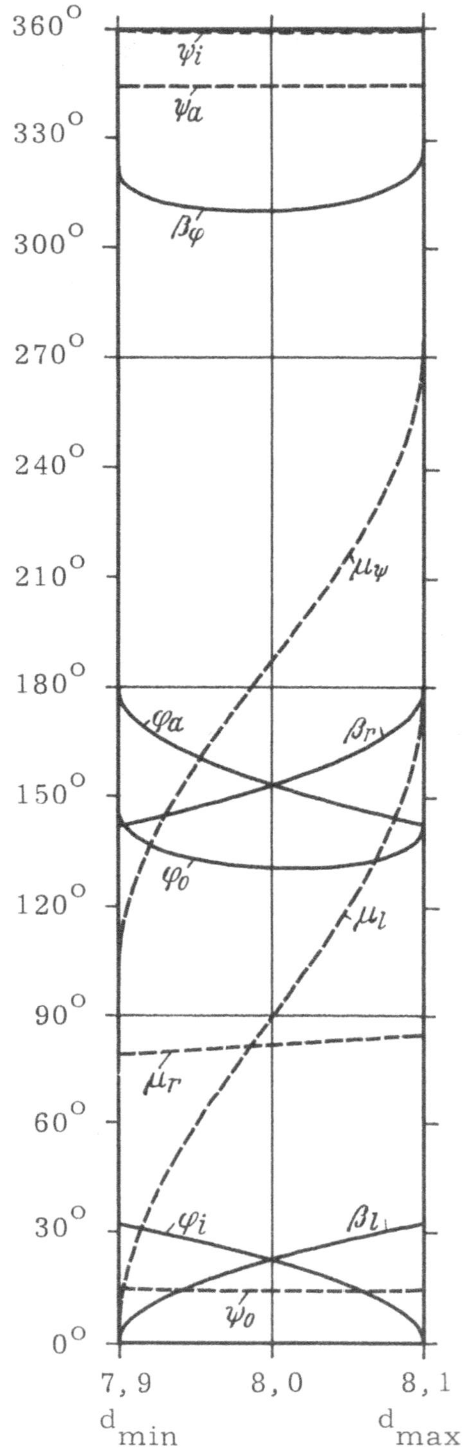

b = 1,0

a = 1,1 c = 8,0

DS - T

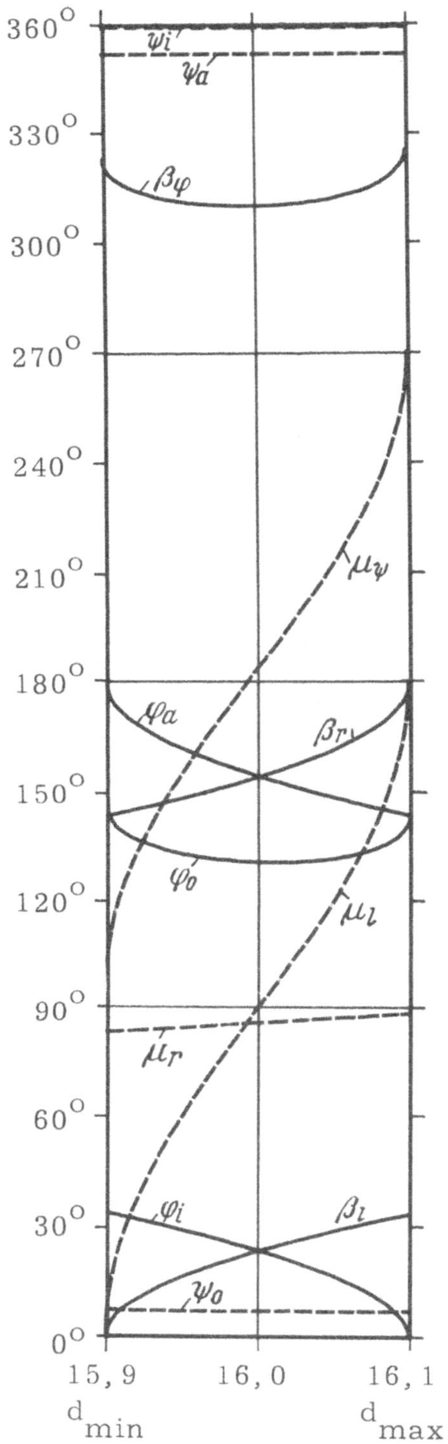

b = 1,0

a = 1,1 c = 16,0

DS - T

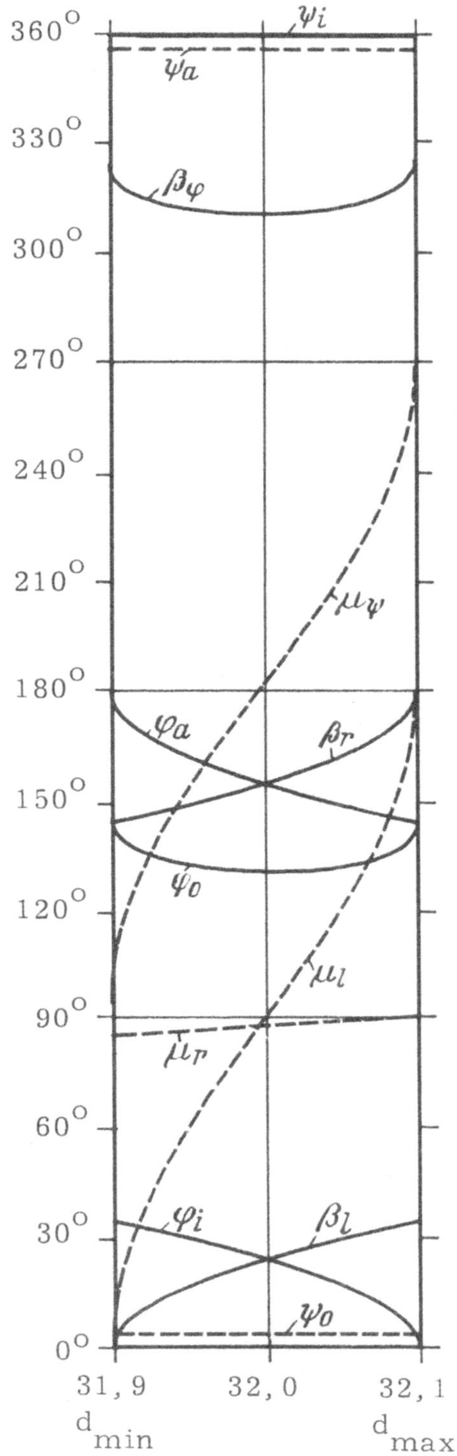

b = 1,0

a = 1,1 c = 32,0

DS - T

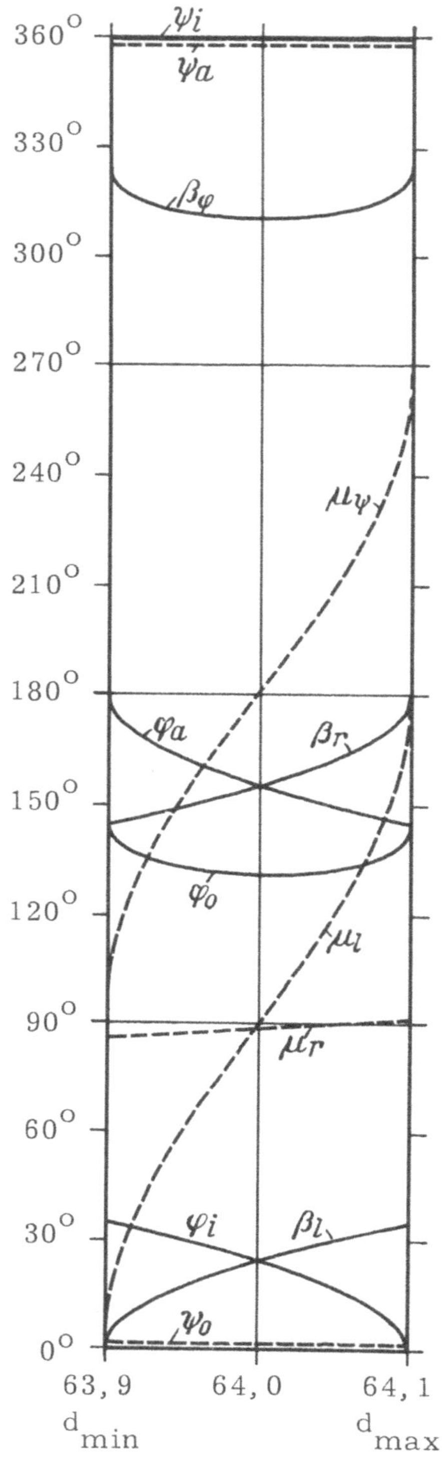

b = 1,0

a = 1,1 c = 64,0

DS - T

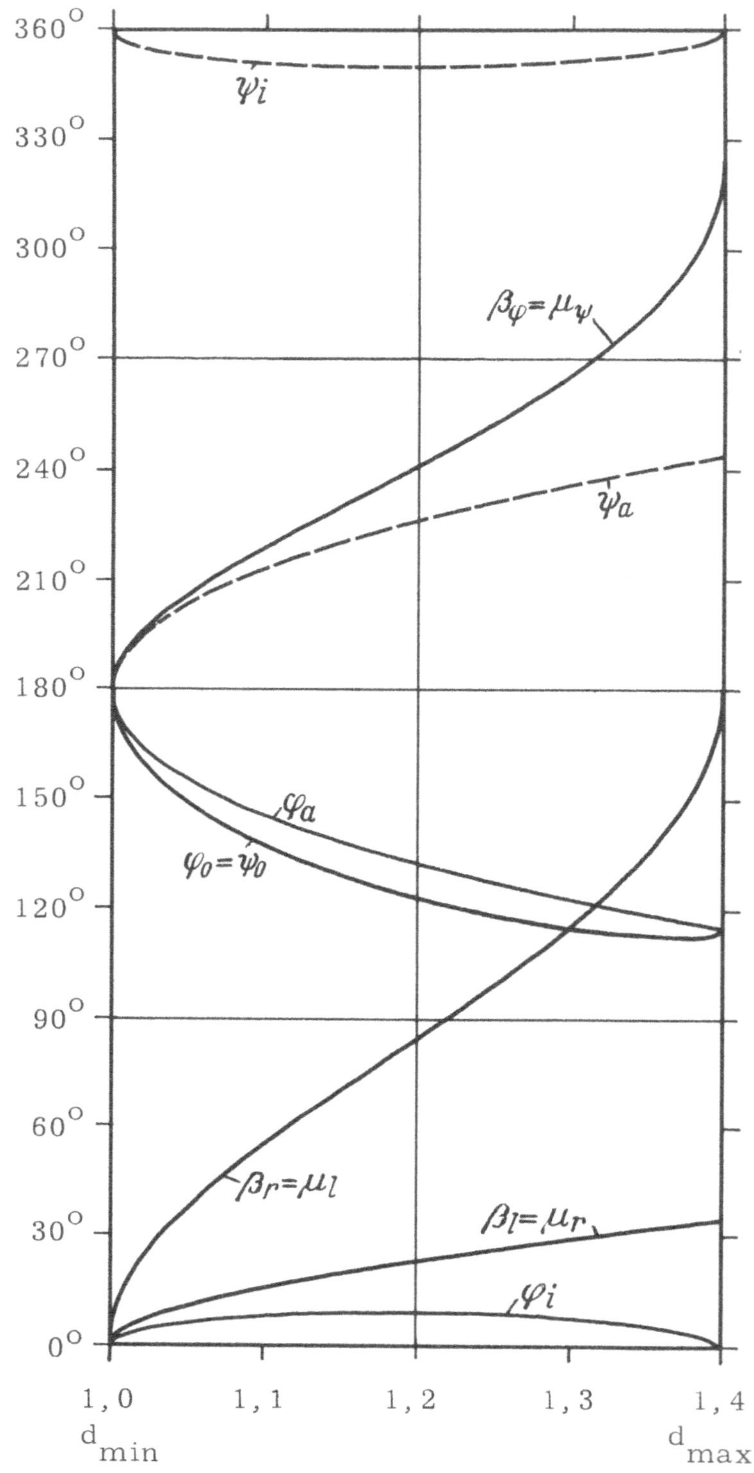

b = 1,0

a = 1,2 c = 1,2

DS - T

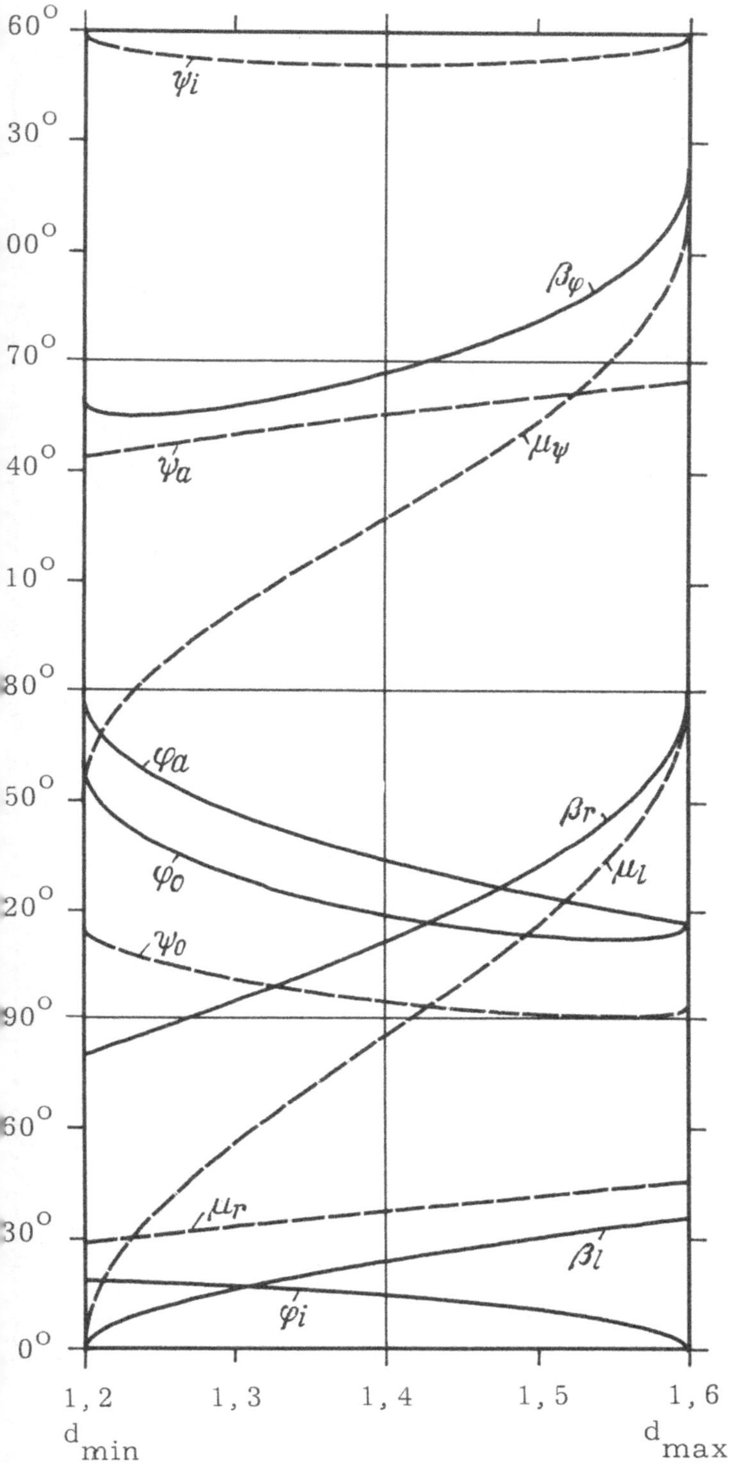

b = 1,0

a = 1,2 c = 1,4

DS - T

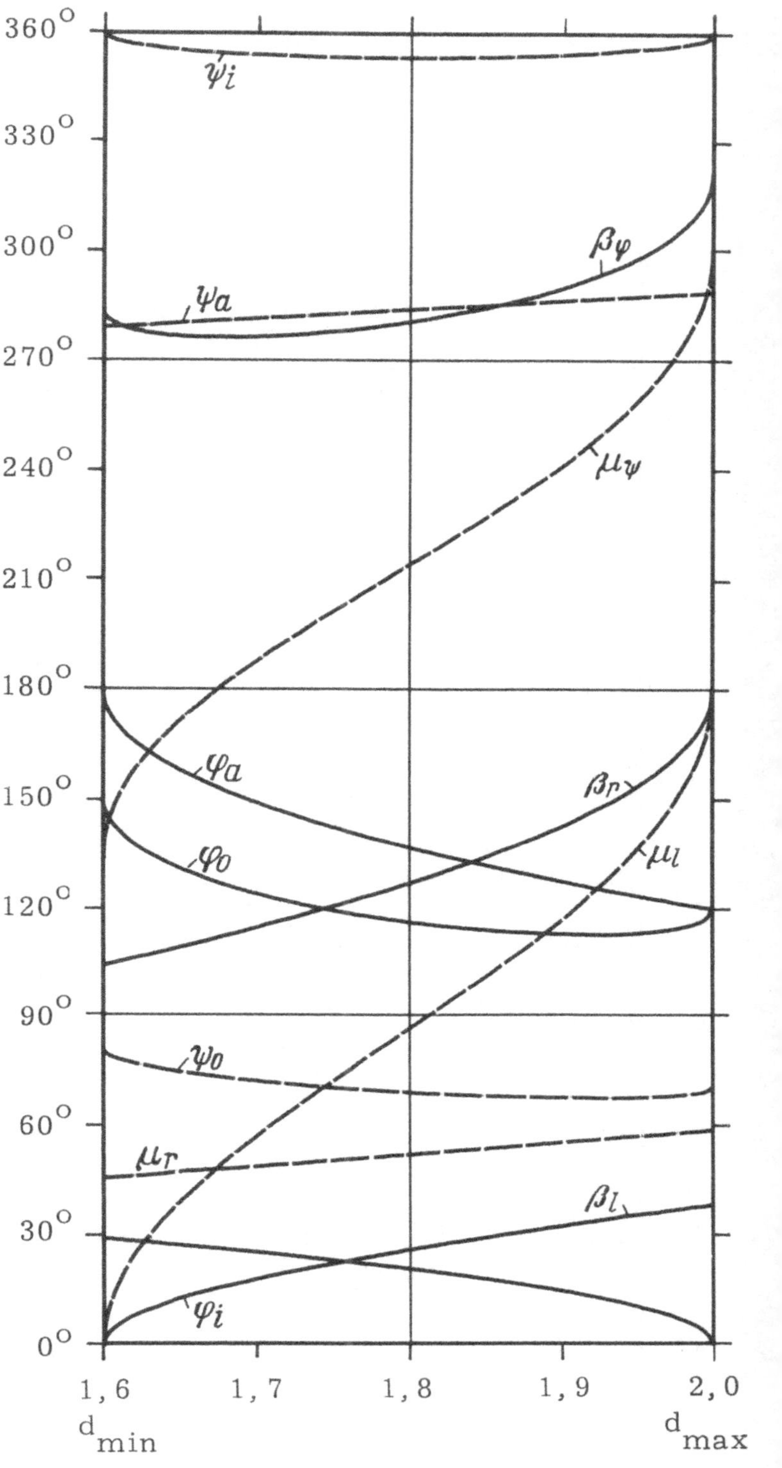

b = 1,0

a = 1,2 c = 1,8

DS - T

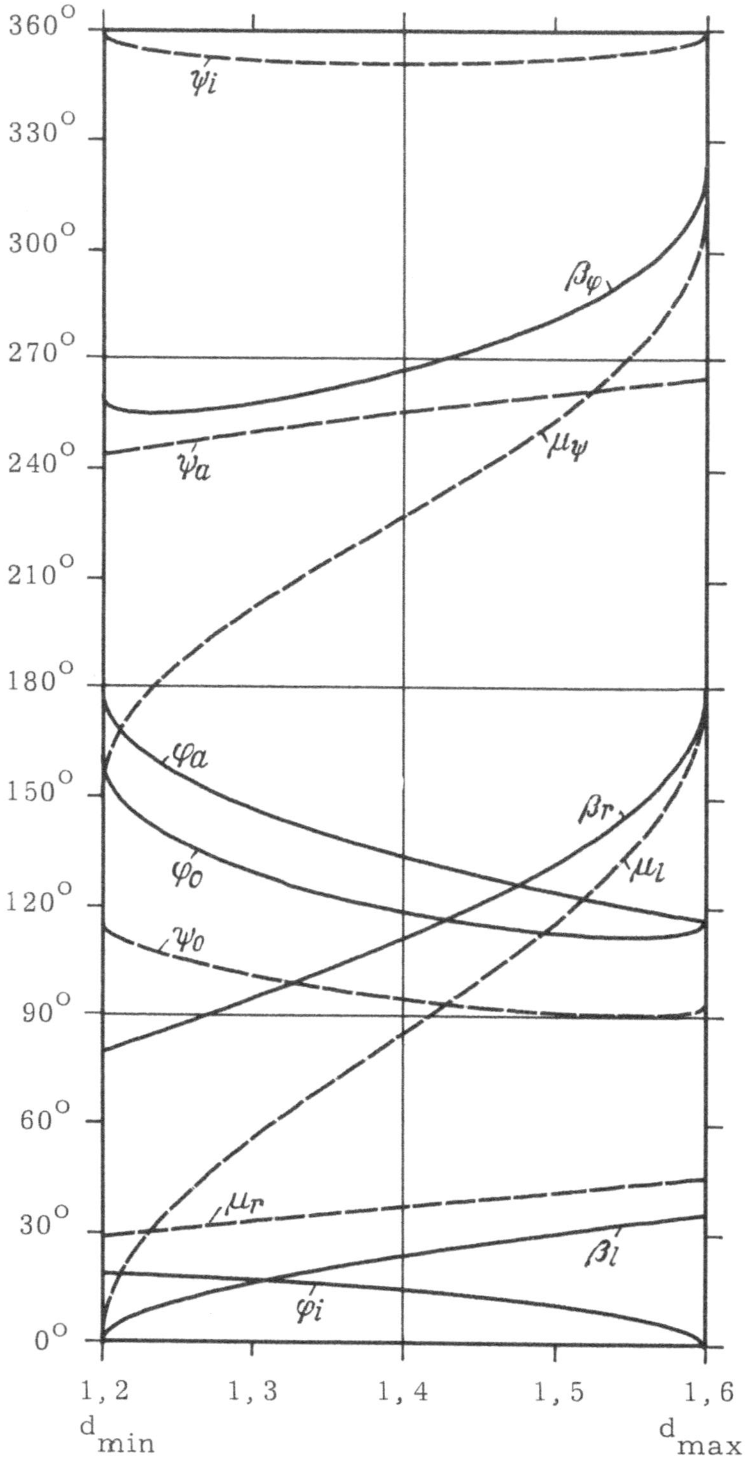

b = 1,0

a = 1,2 c = 2,2

DS - T

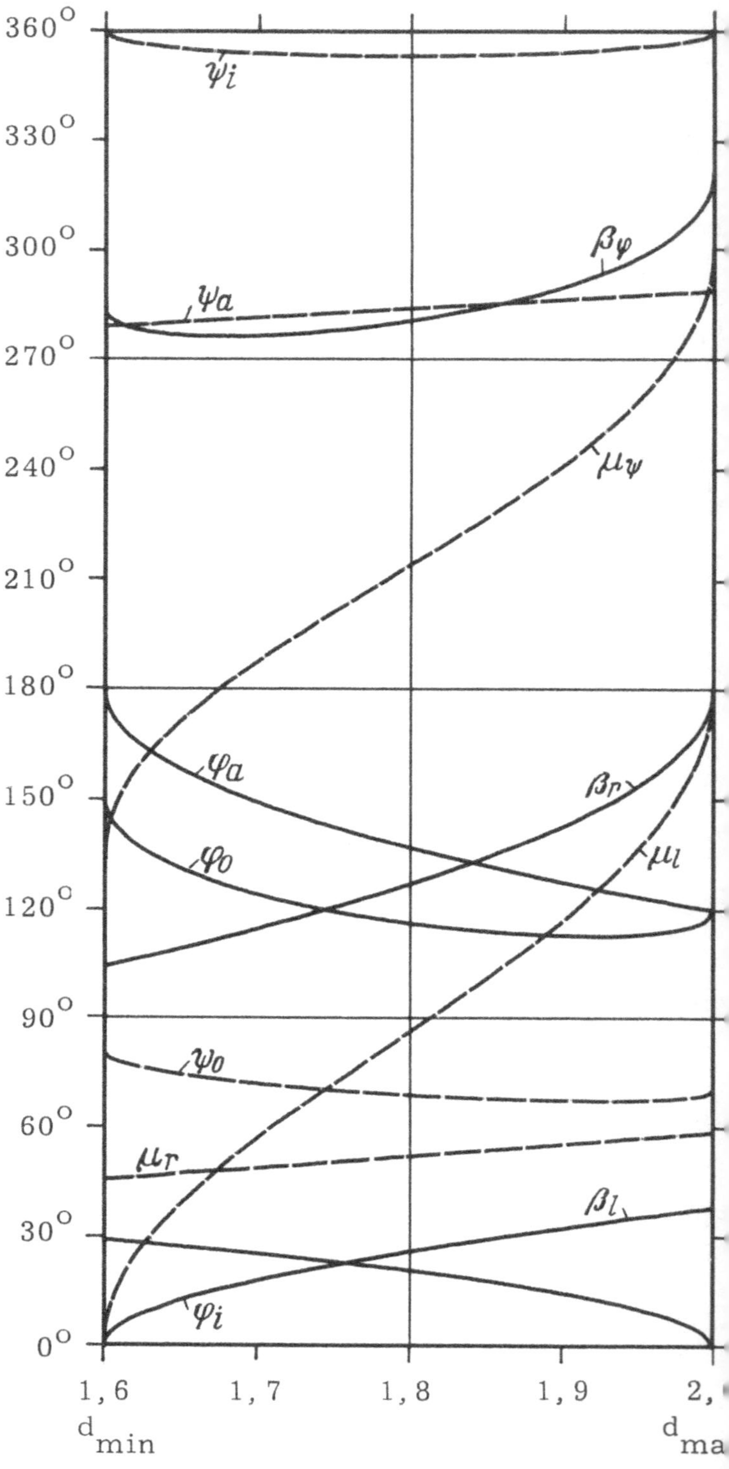

b = 1,0

a = 1,2 c = 2,6

DS - T

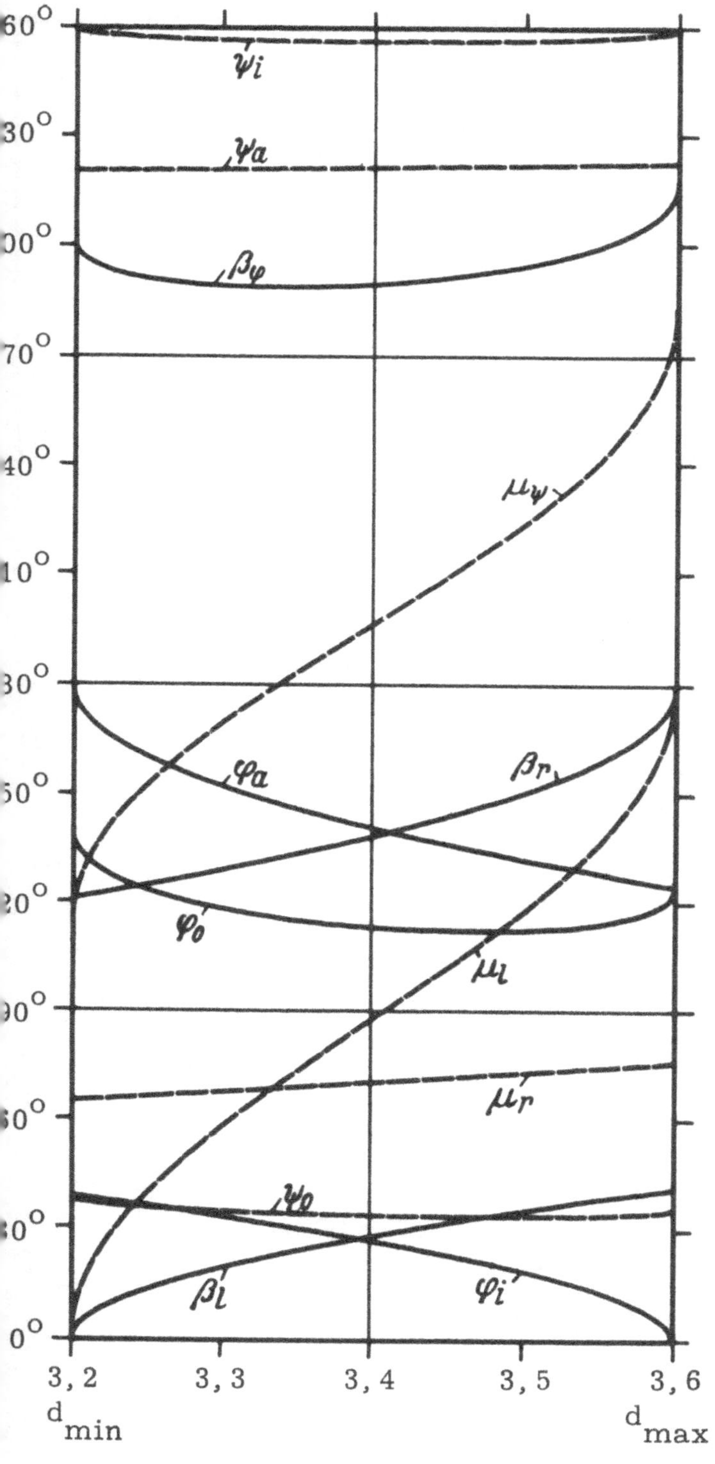

b = 1,0

a = 1,2 c = 3,4

DS - T

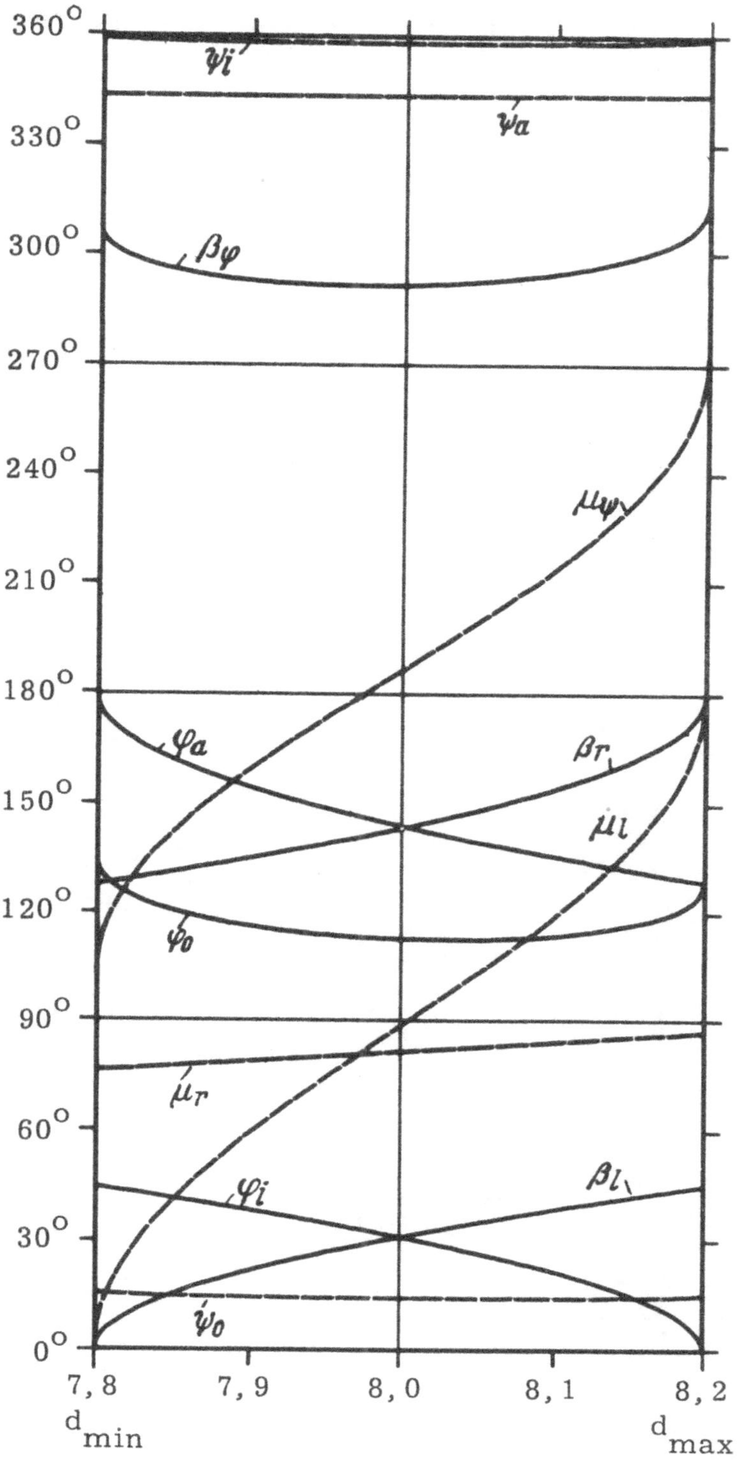

b = 1,0

a = 1,2 c = 8,0

DS - T

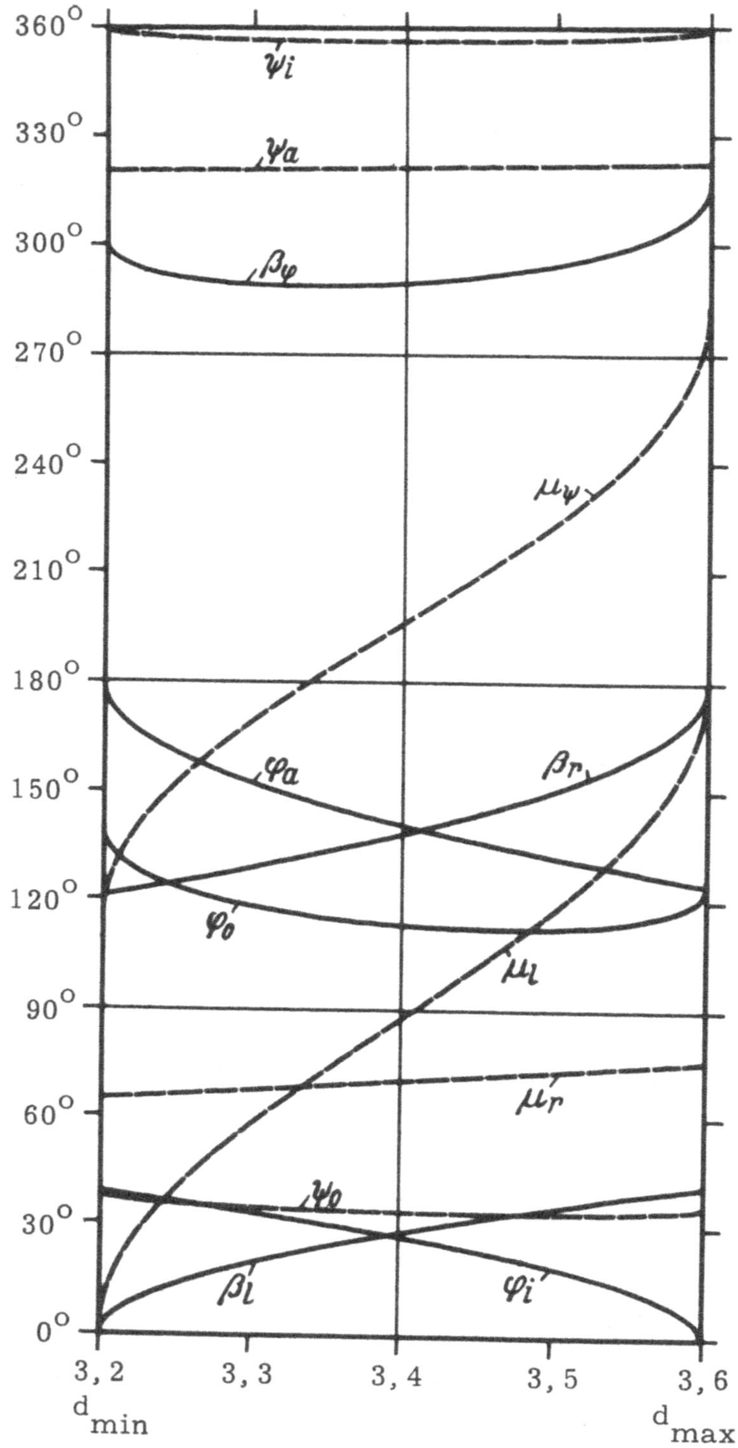

b = 1,0

a = 1,2 c = 16,0

DS - T

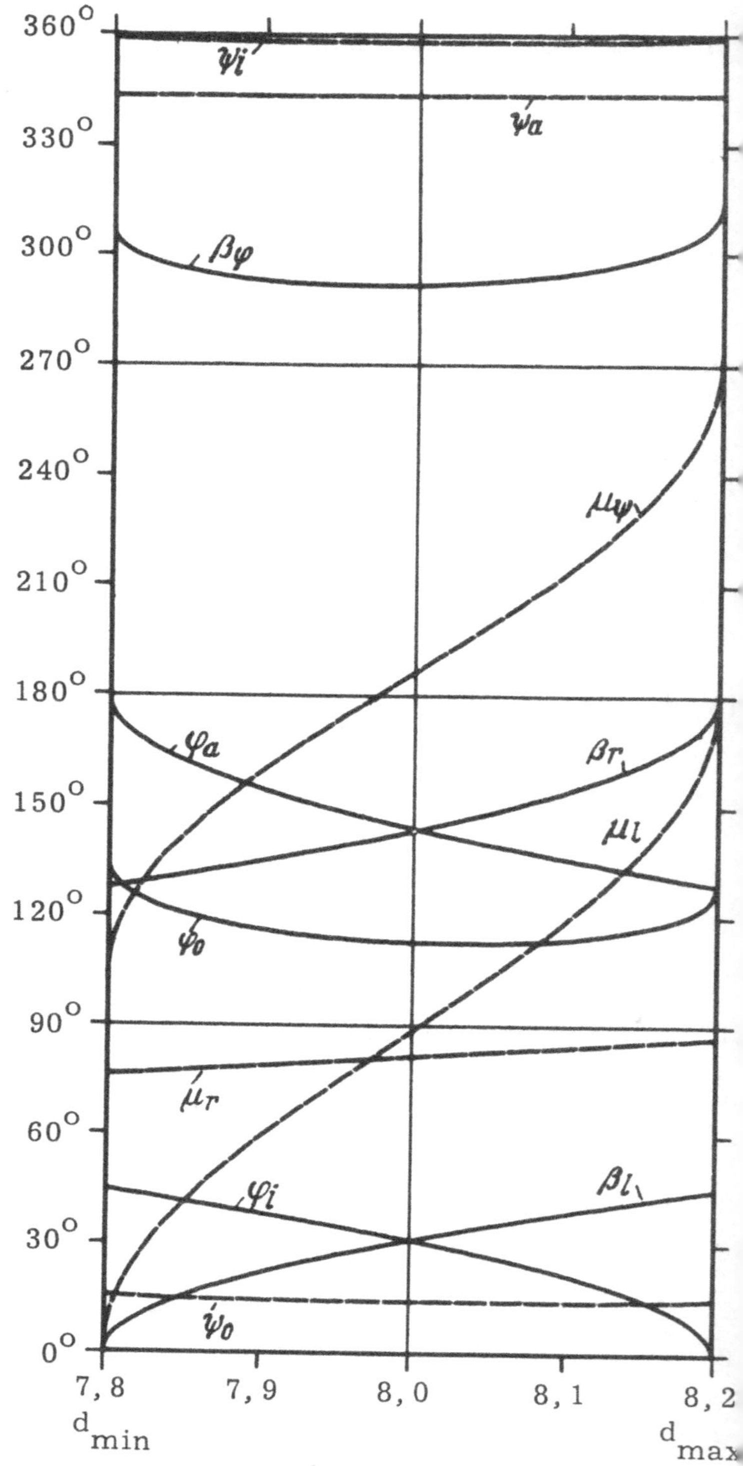

b = 1,0

a = 1,2 c = 32,0

DS - T

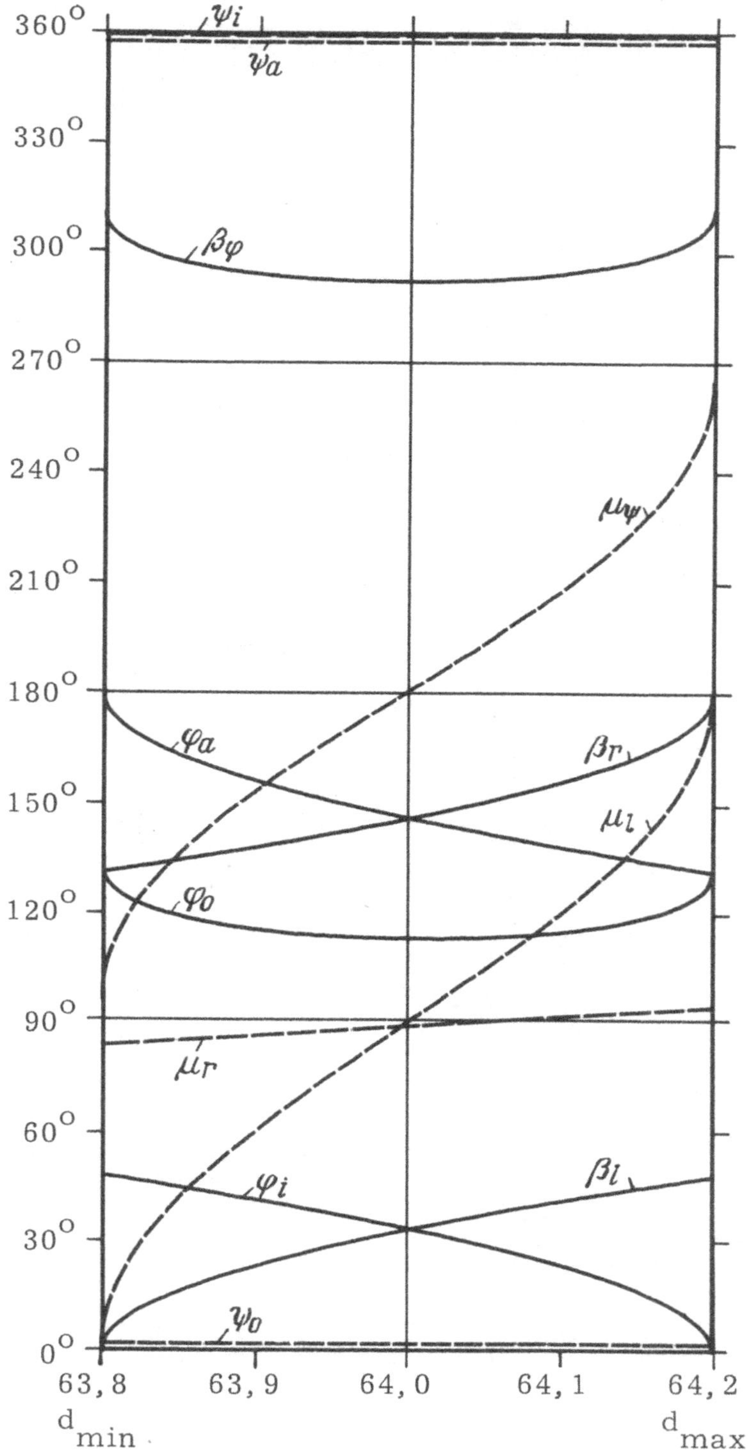

b = 1,0

a = 1,2 c = 64,0

DS - T

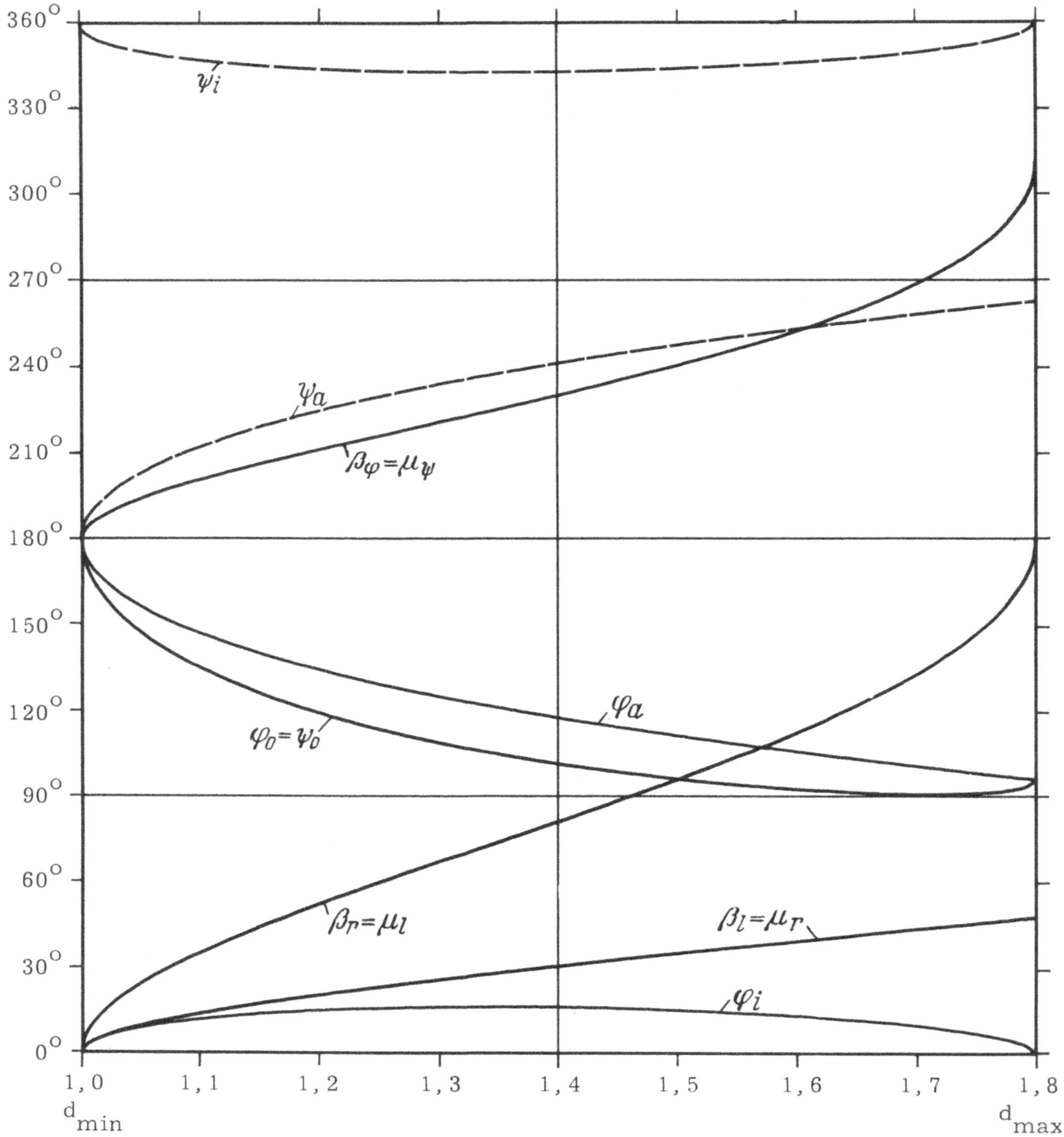

b = 1,0

a = 1,4 c = 1,4

DS - T

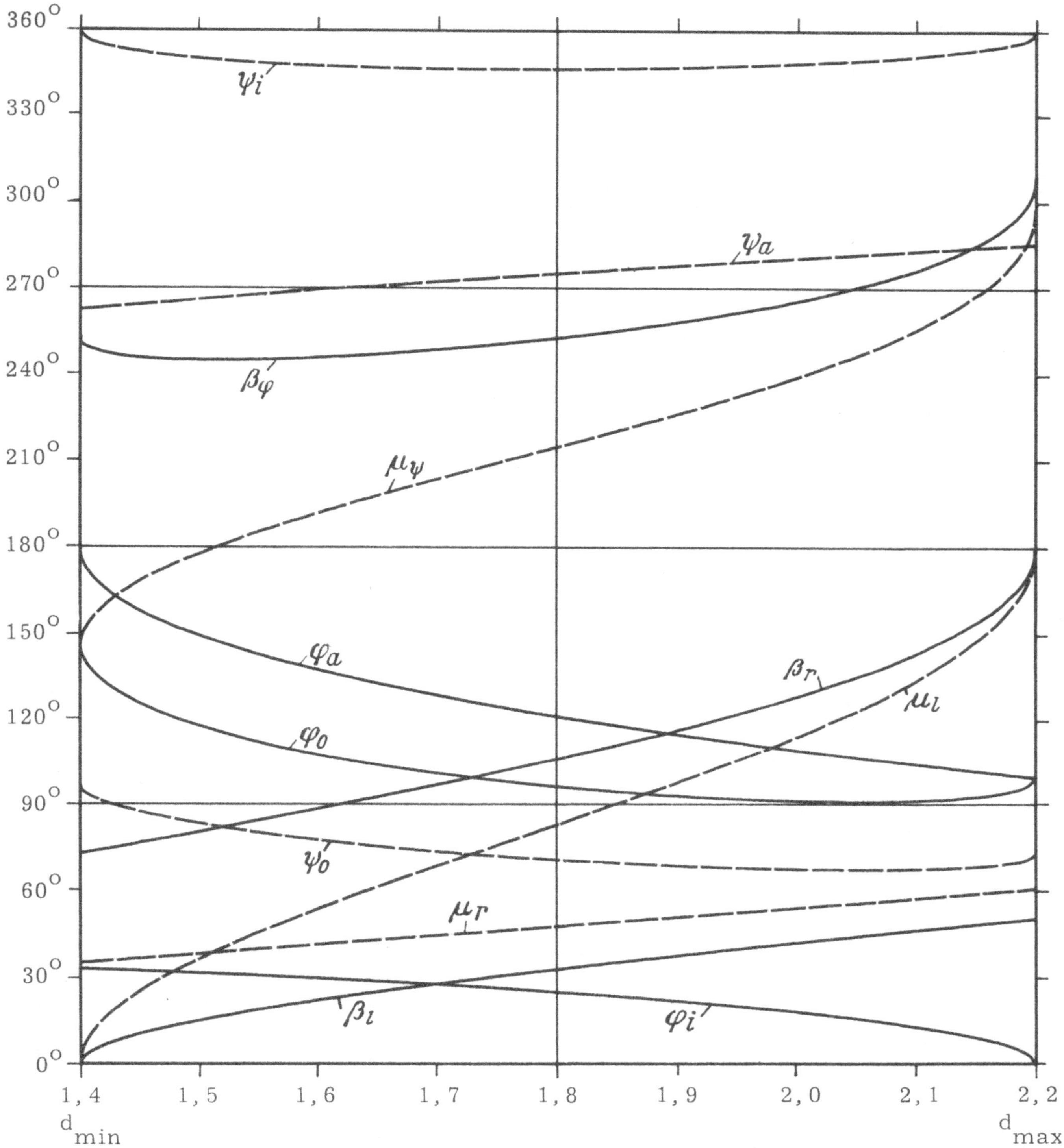

b = 1,0

a = 1,4 c = 1,8

DS - T

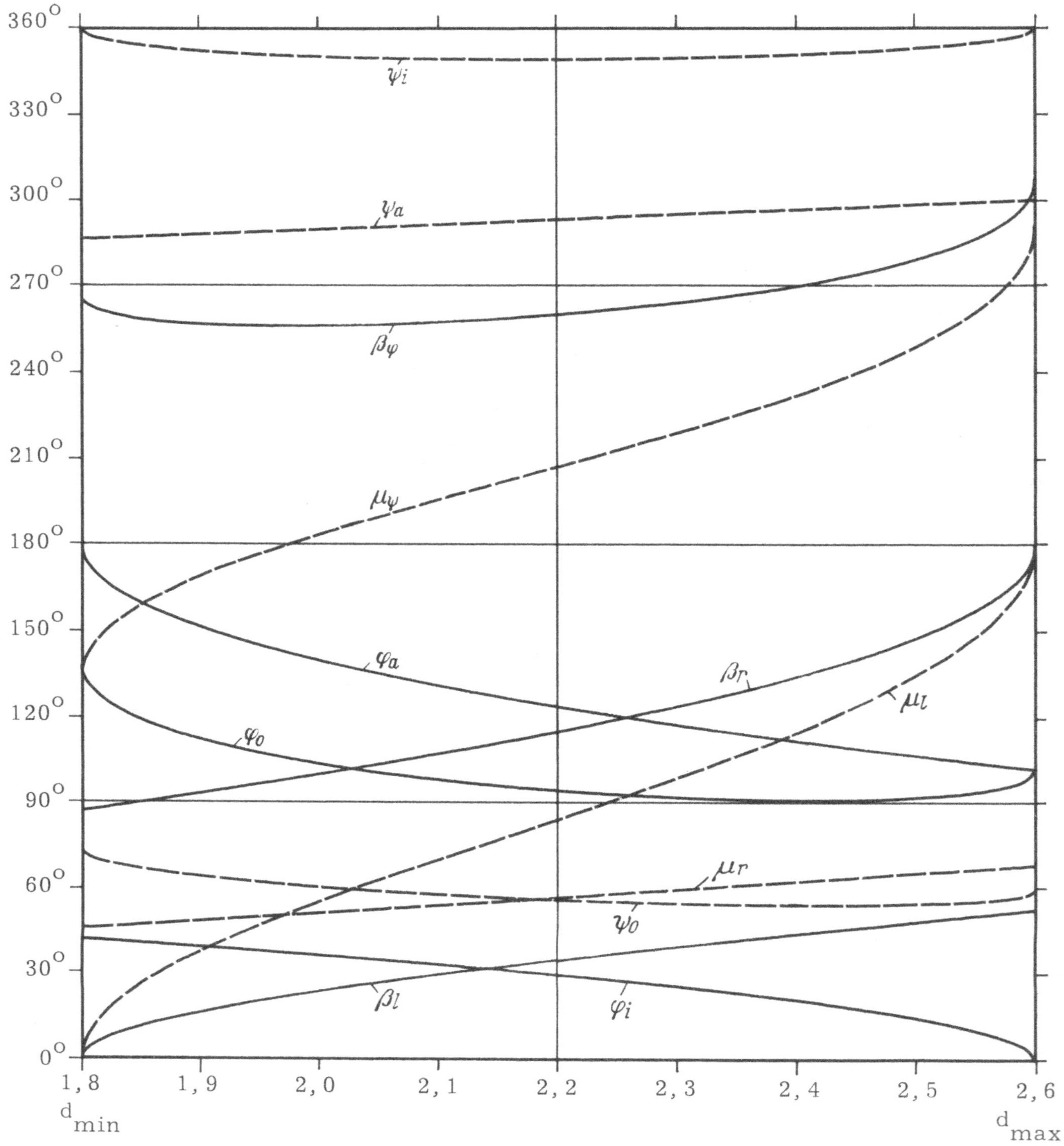

b - 1,0

a = 1,4 c = 2,2

DS - T

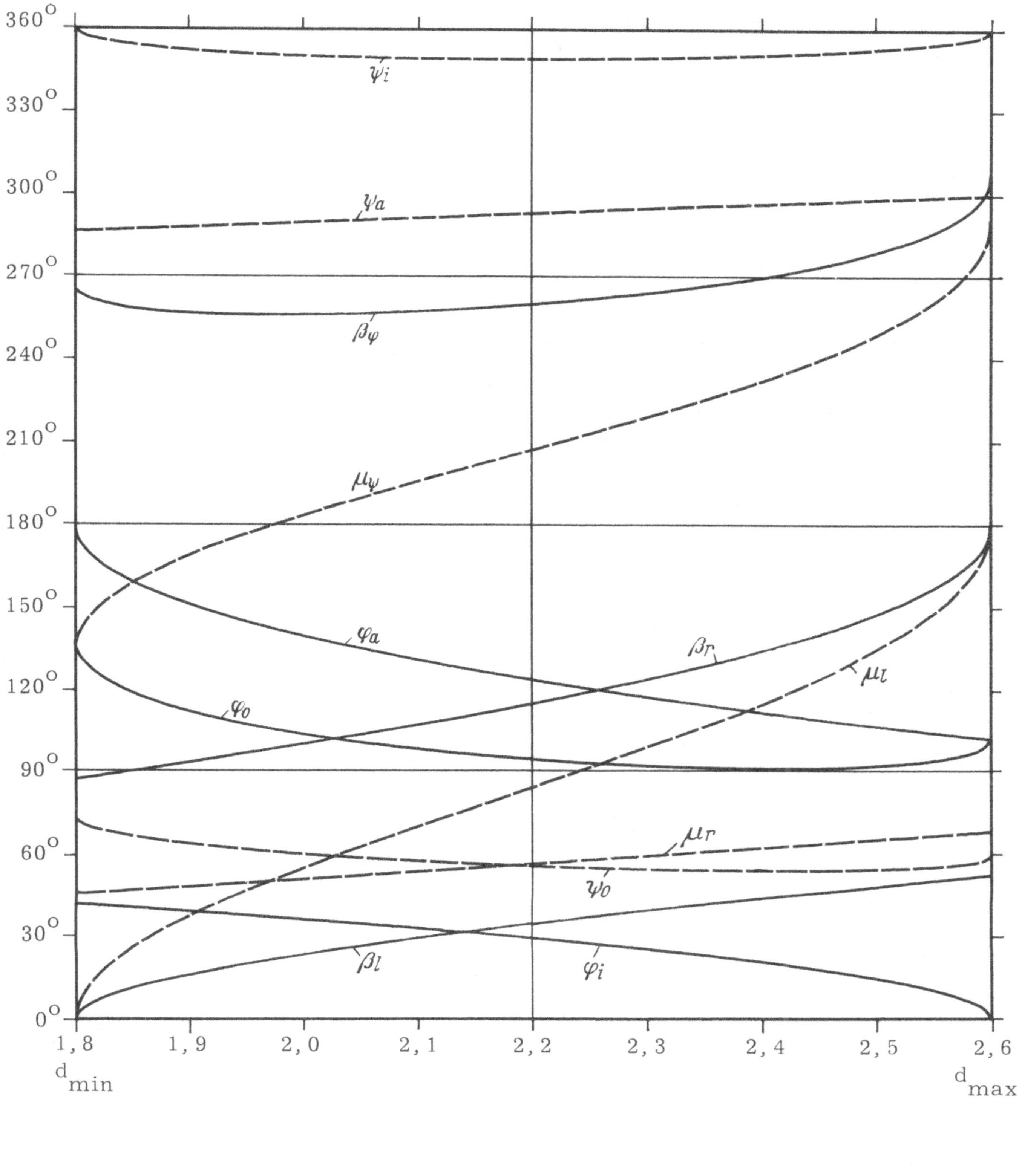

b = 1,0

a = 1,4 c = 2,6

DS - T

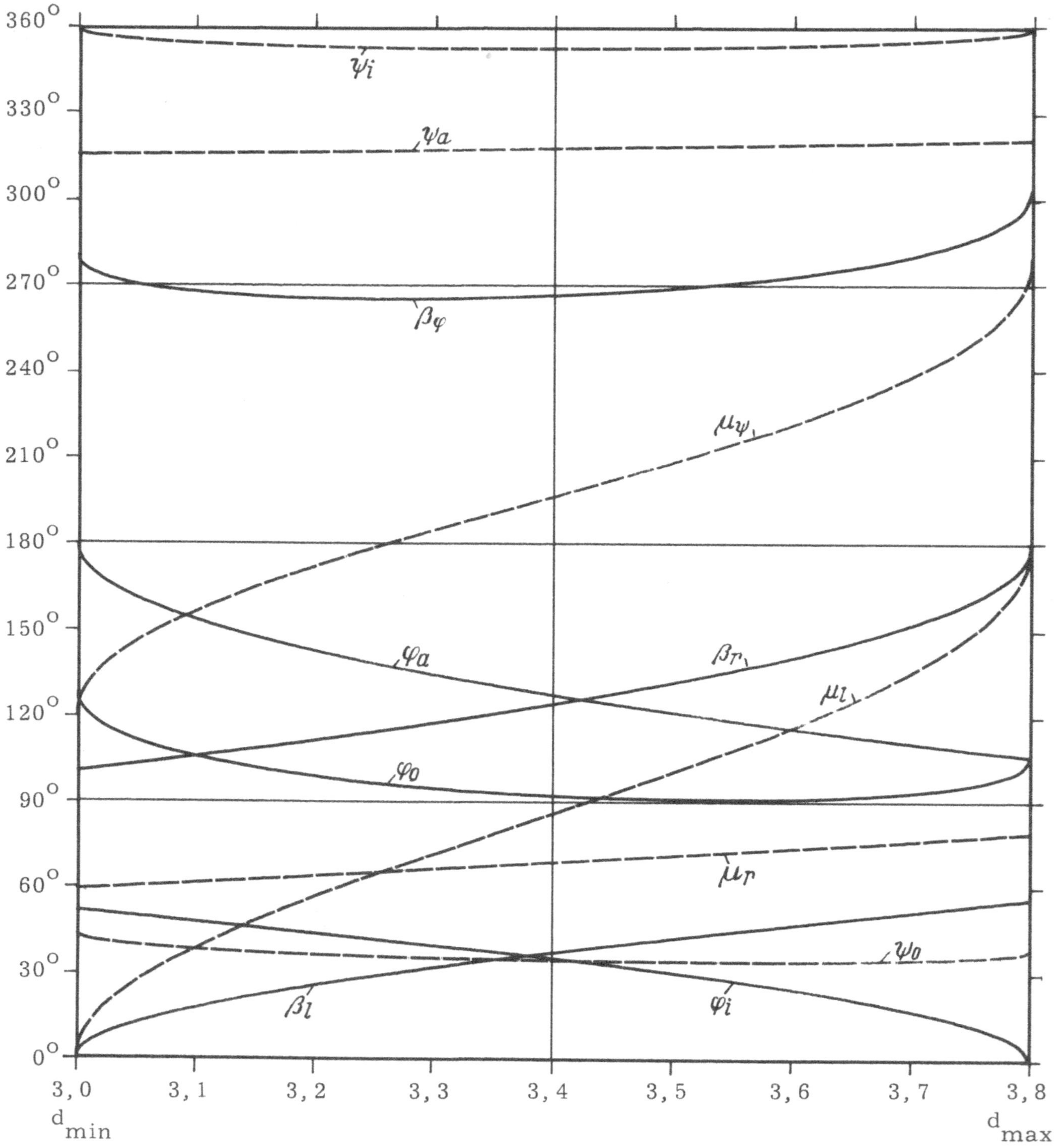

b = 1,0

a = 1,4 c = 3,4

DS - T

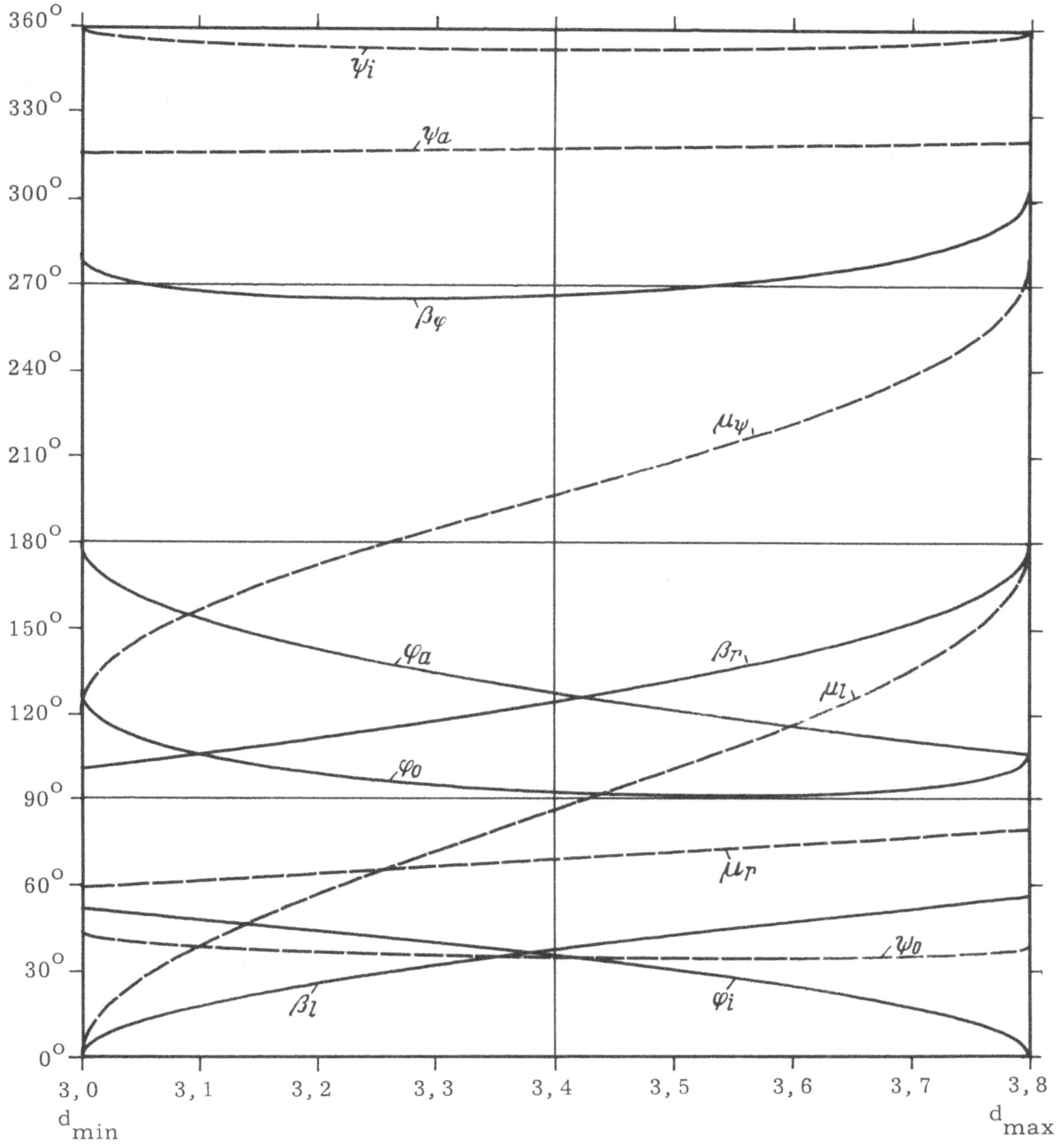

b = 1,0

a = 1,4 c = 8,0

DS - T

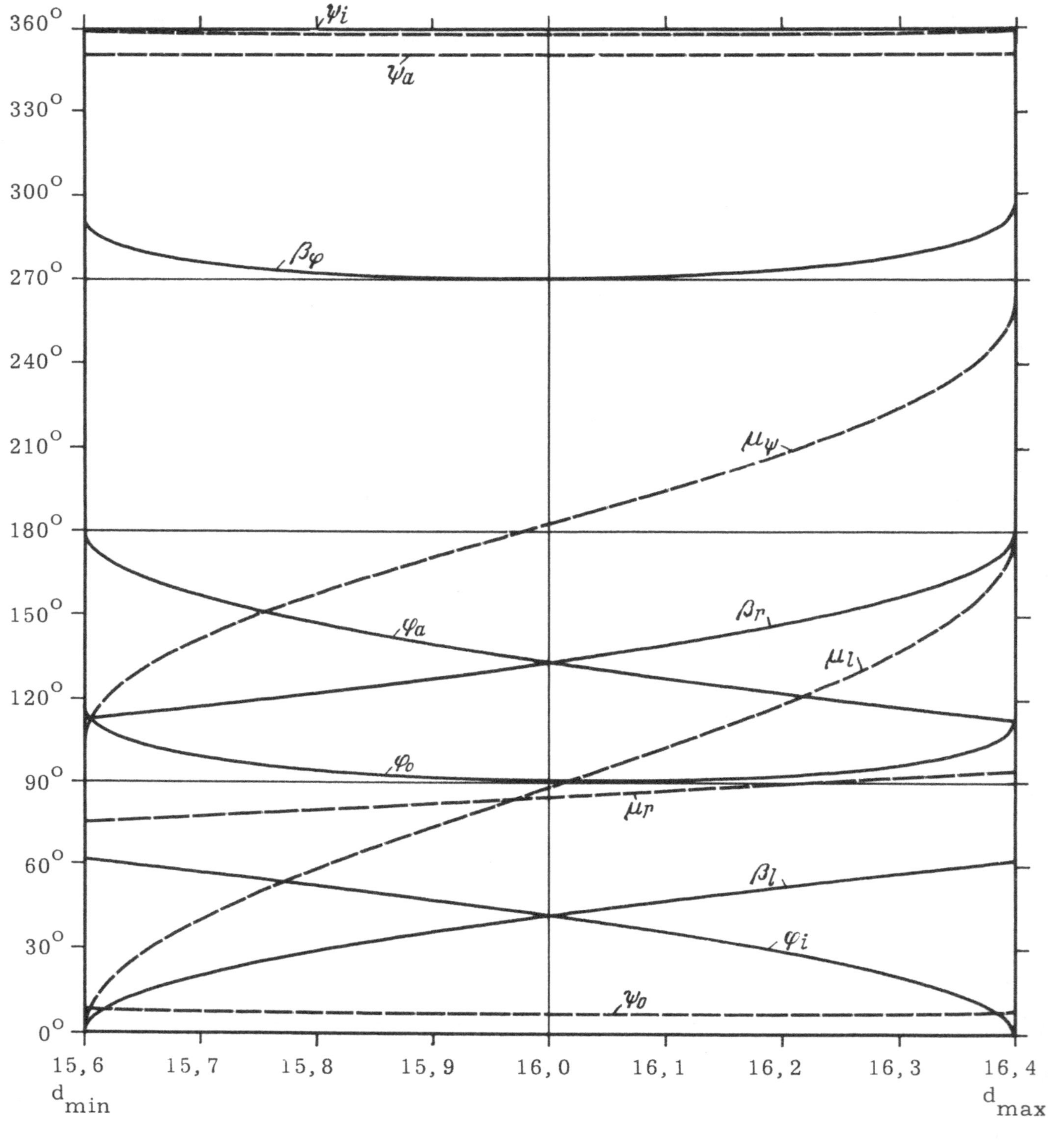

b = 1,0

a = 1,4 c = 16,0

DS - T

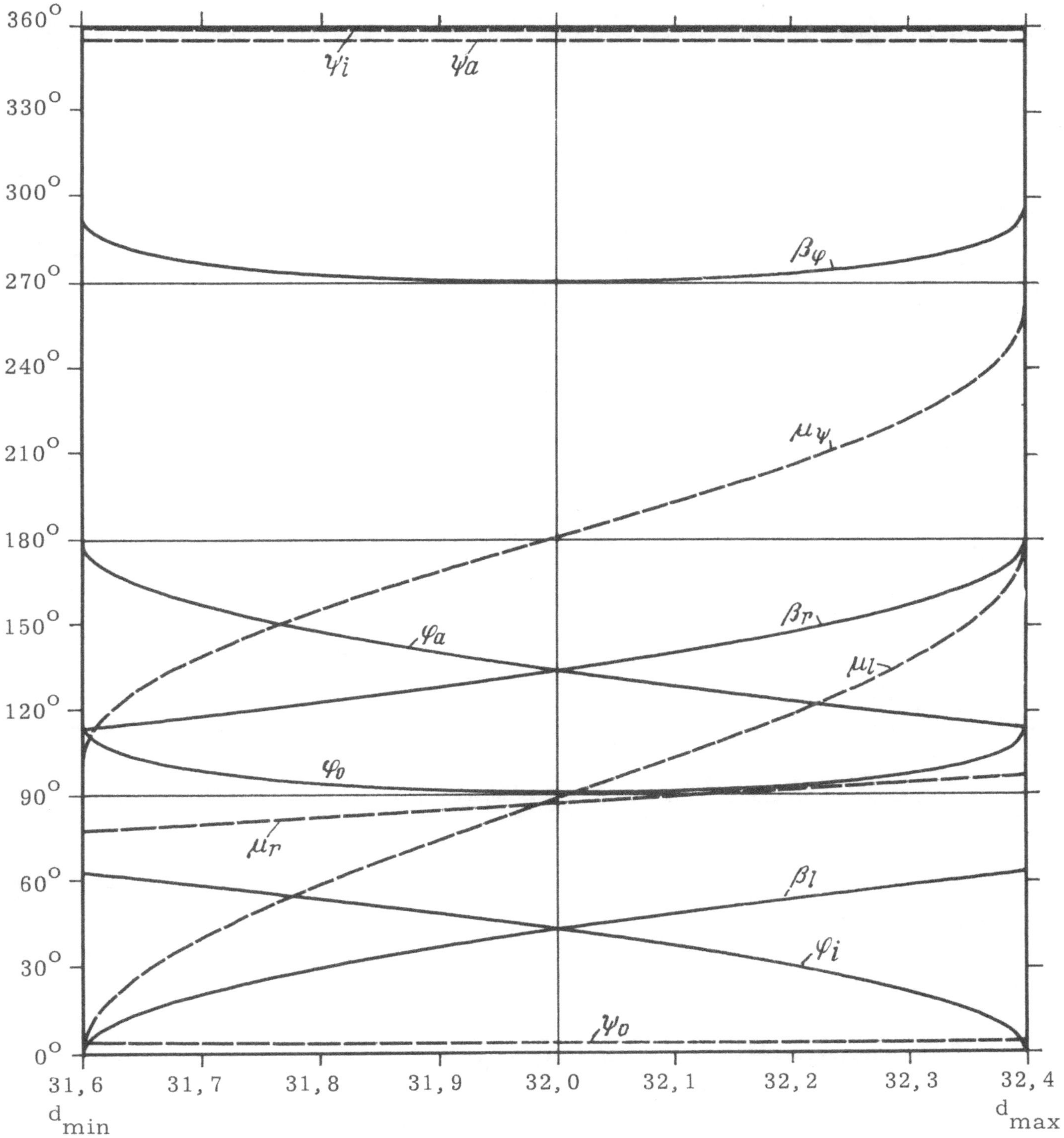

b = 1,0

a = 1,4 c = 32,0

DS - T

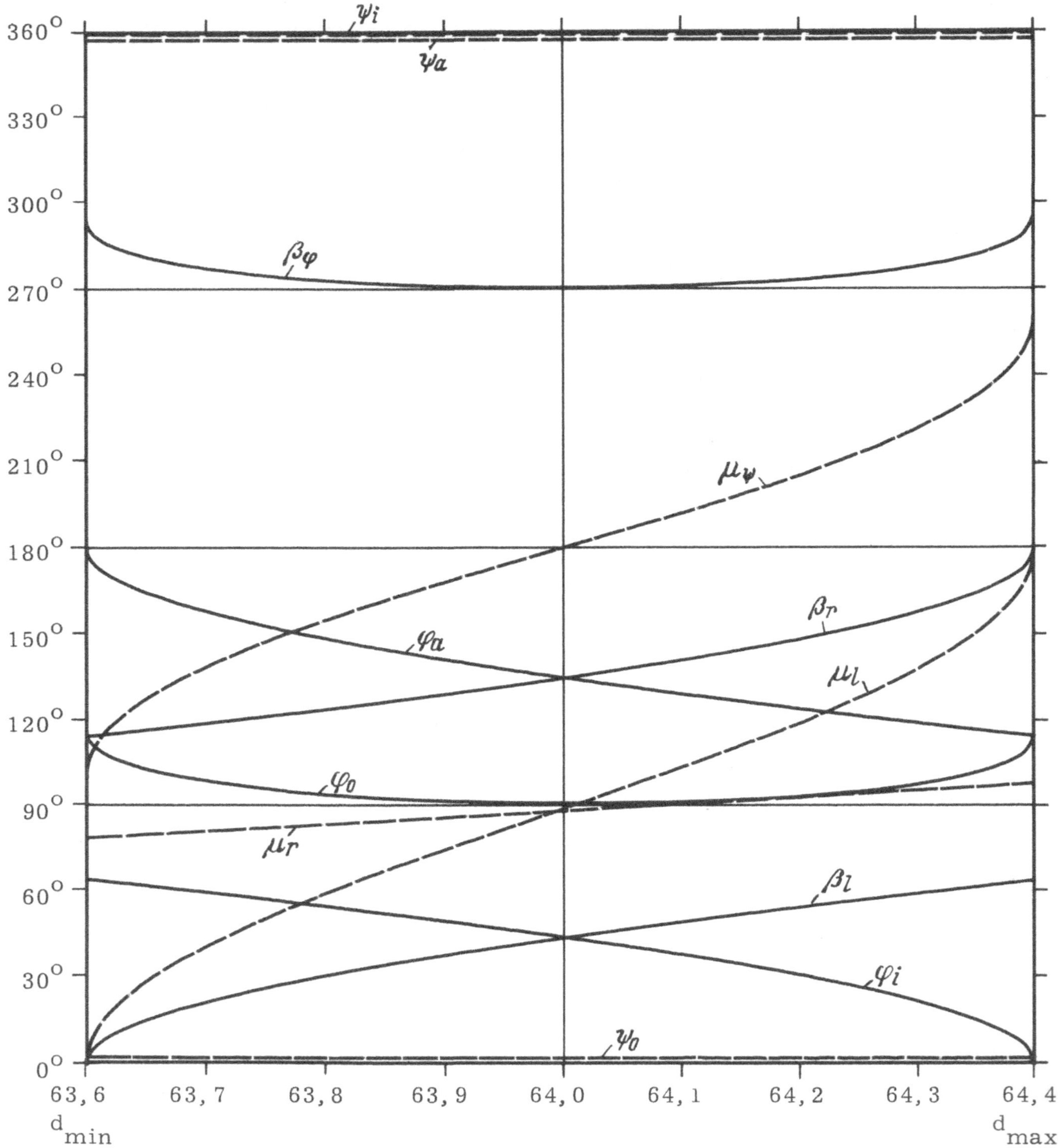

b = 1,0

a = 1,4 c = 64,0

DS - T

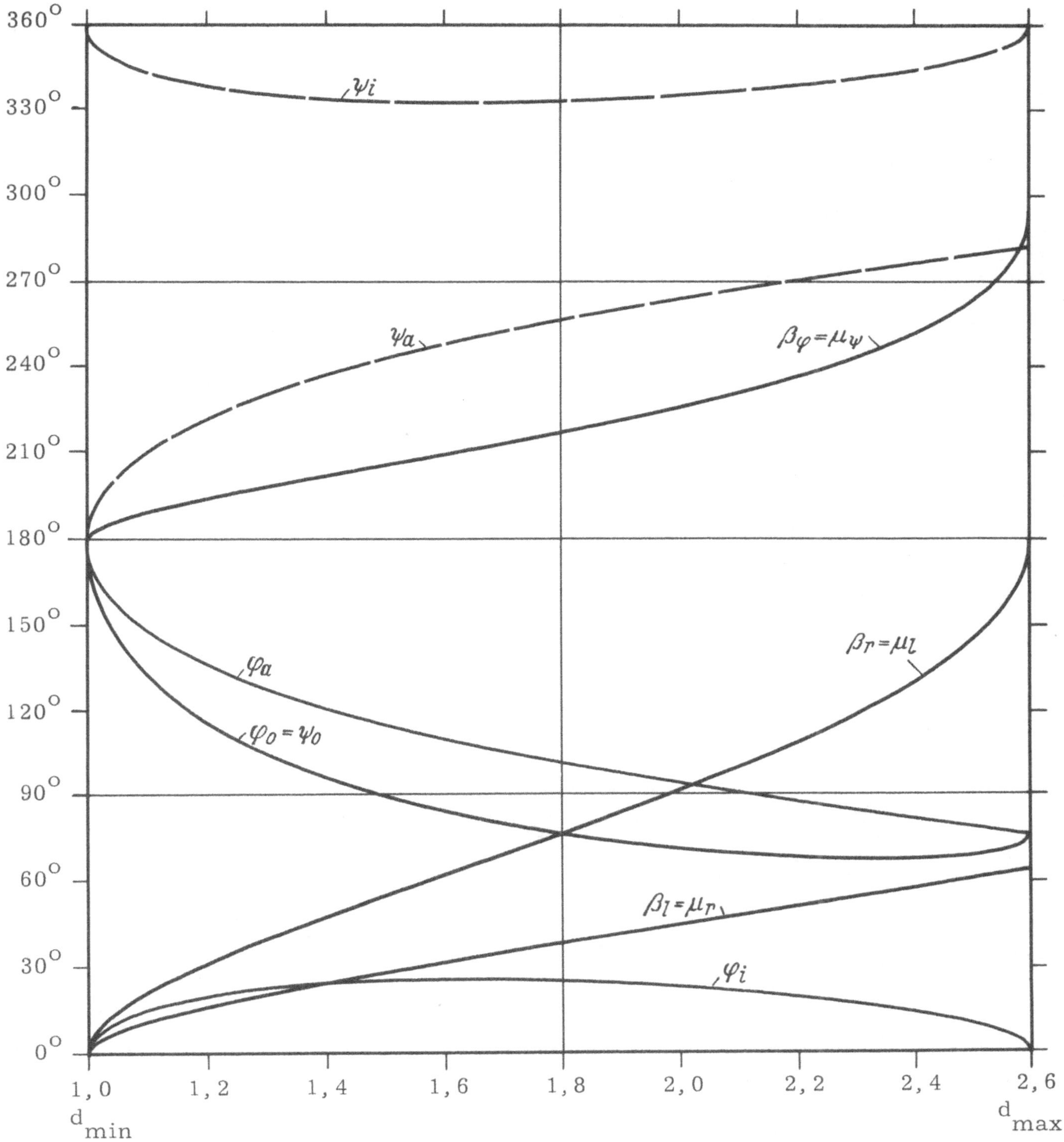

b = 1,0

a = 1,8 c = 1,8

DS - T

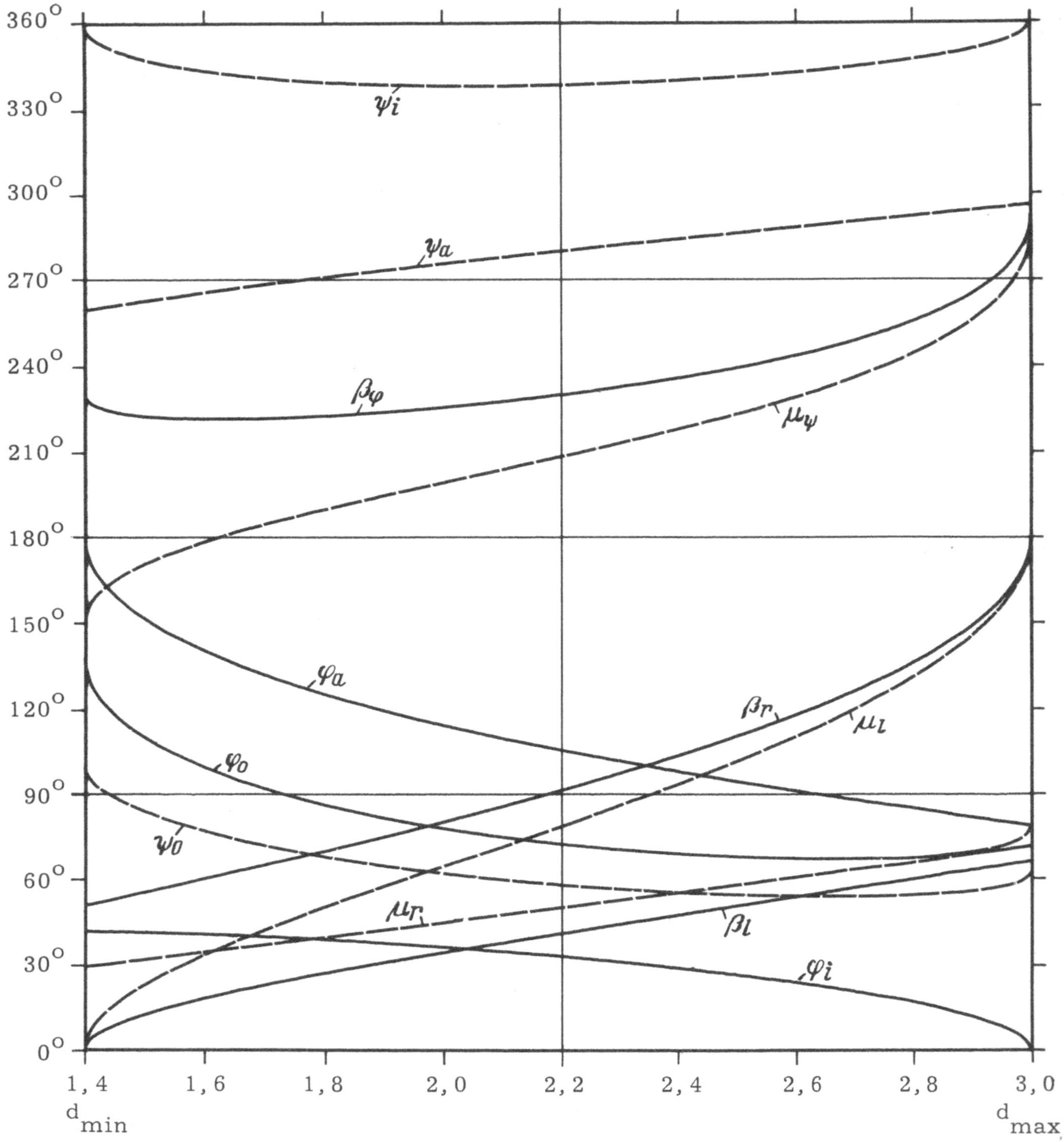

b = 1,0

a = 1,8 c = 2,2

DS - T

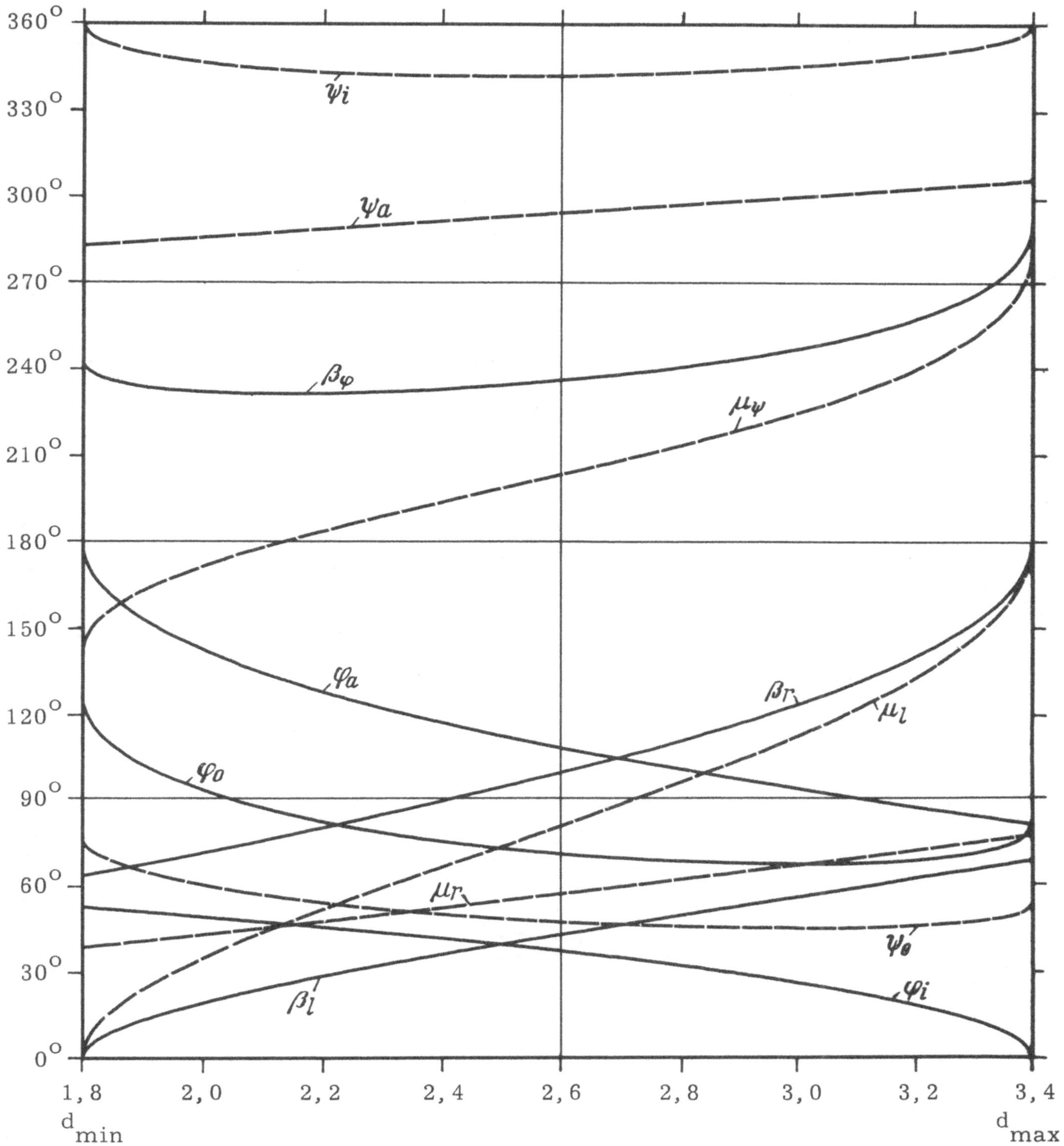

b = 1,0

a = 1,8 c = 2,6

DS T

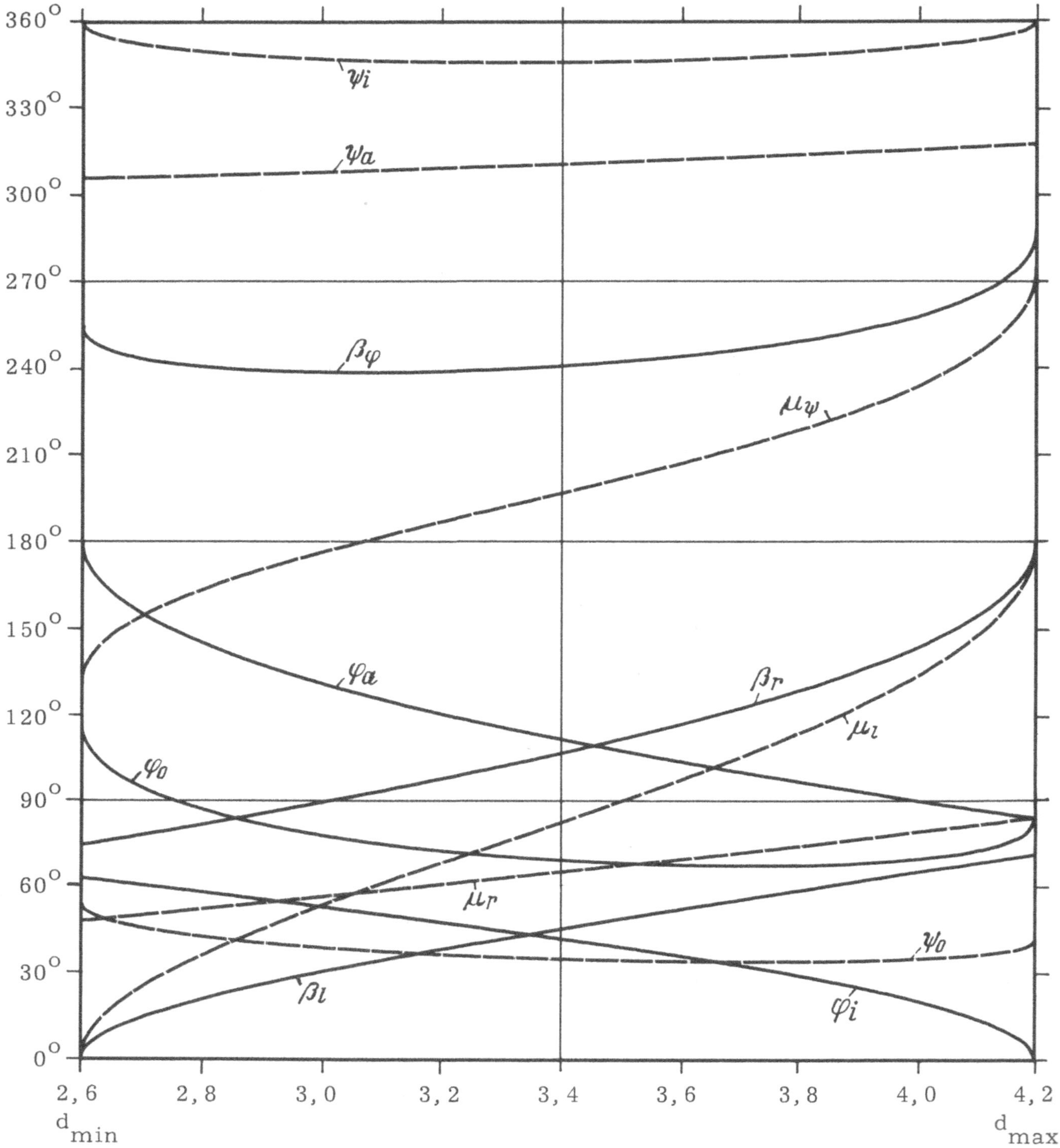

b = 1,0

a = 1,8 c = 3,4

DS - T

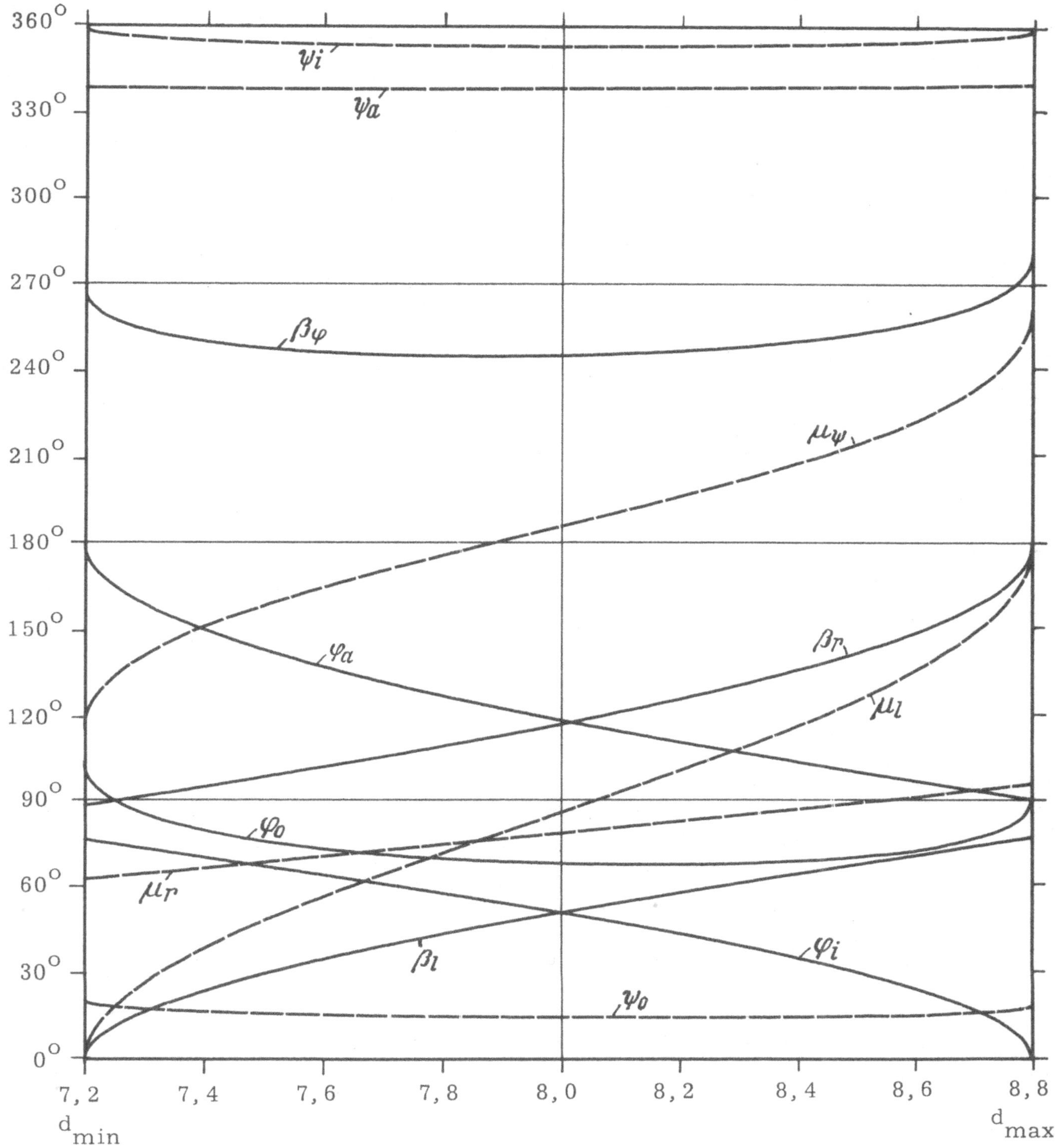

b = 1,0

a = 1,8 c = 8,0

DS - T

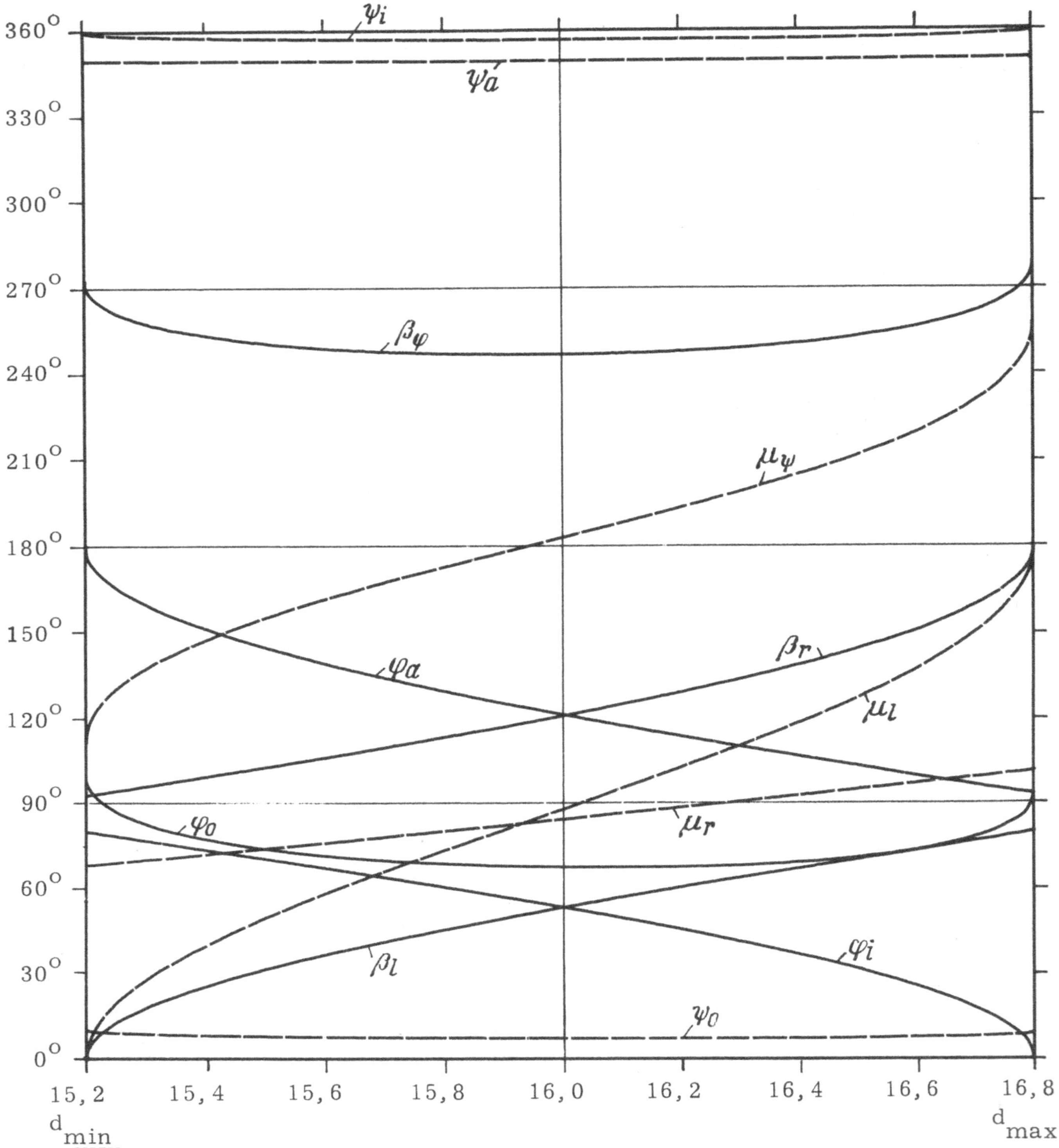

b = 1,0

a = 1,8 c = 16,0

DS - T

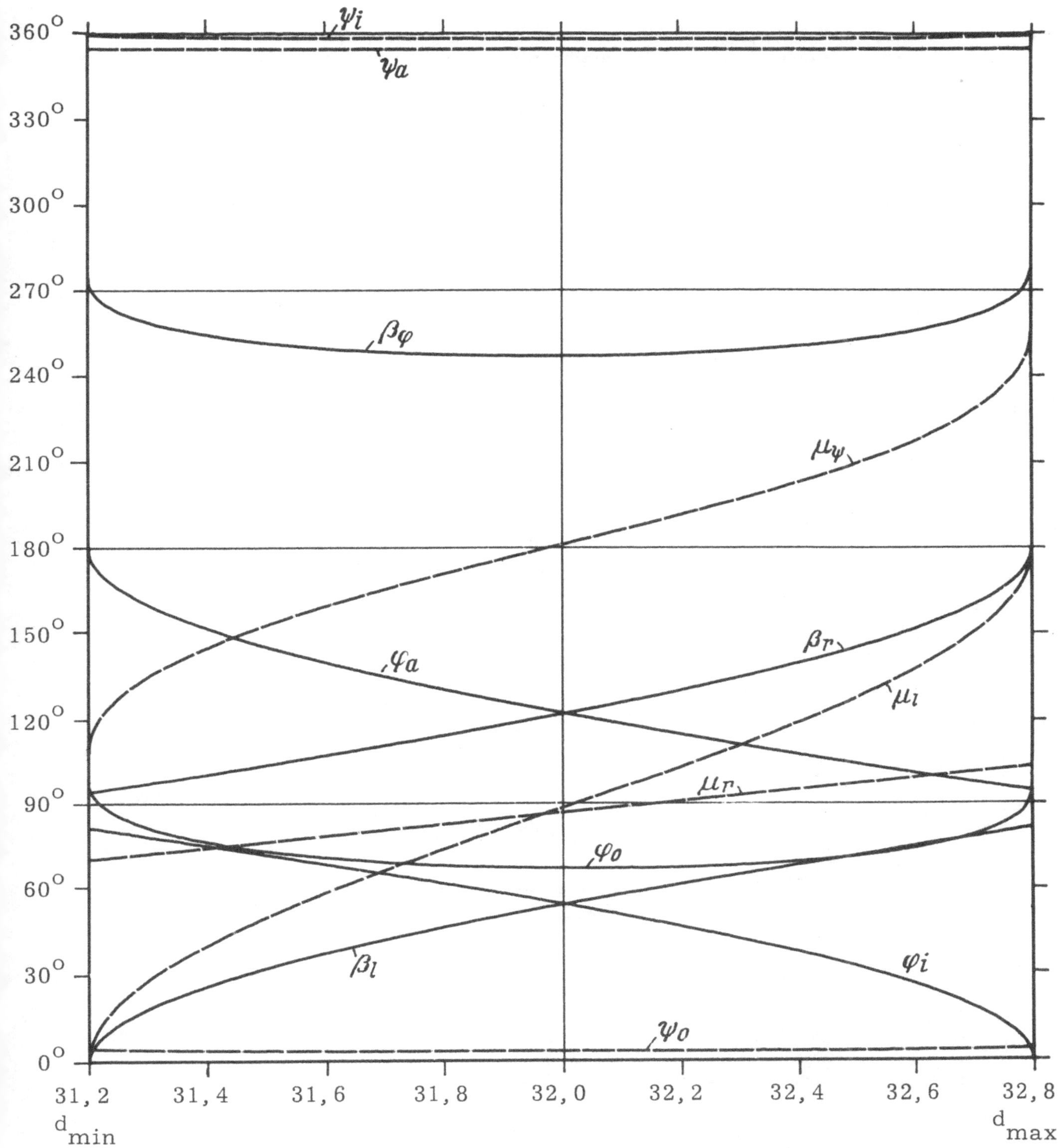

b = 1,0

a = 1,8 c = 32,0

DS T

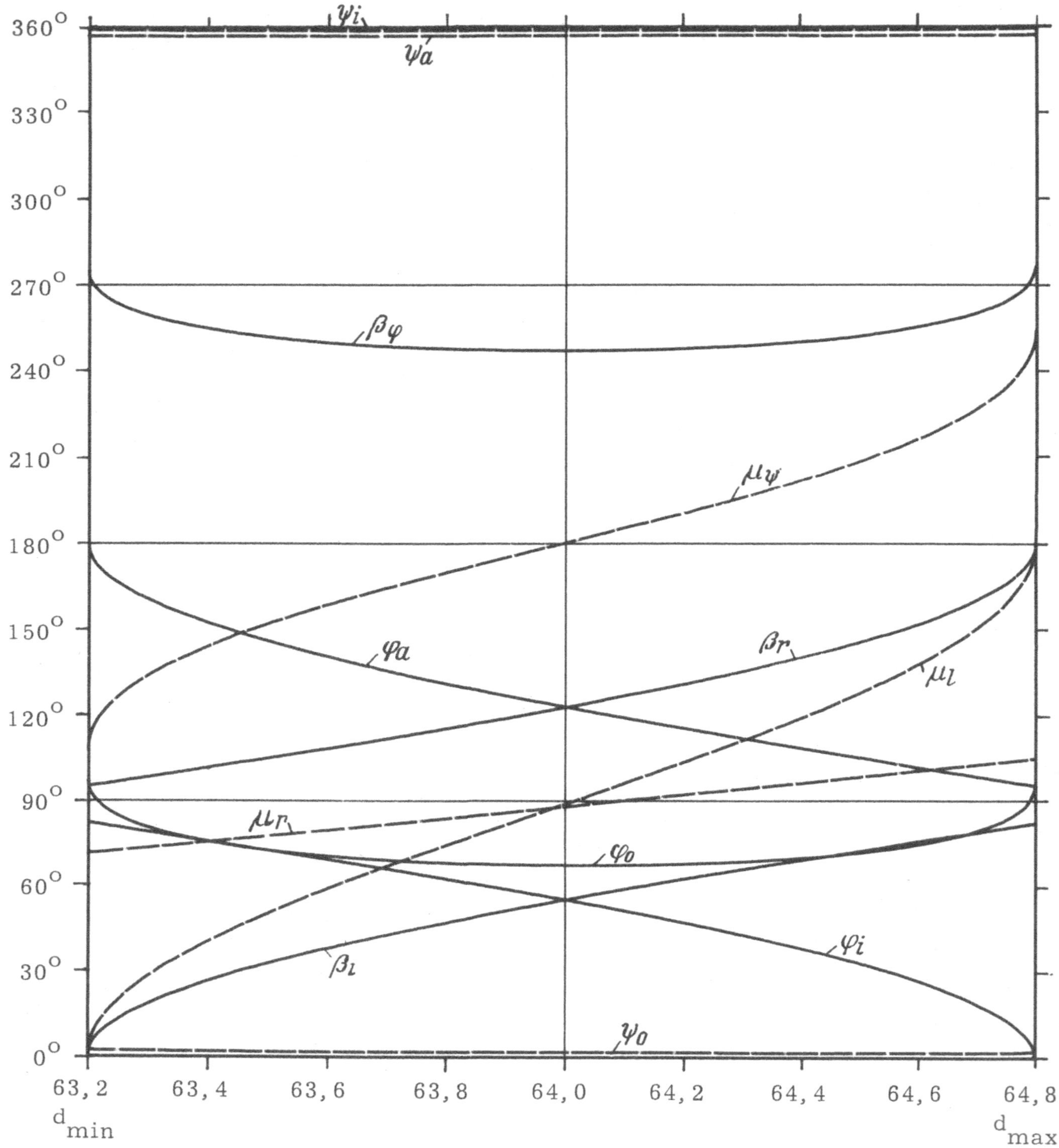

b = 1,0

a = 1,8 c = 64,0

DS - T

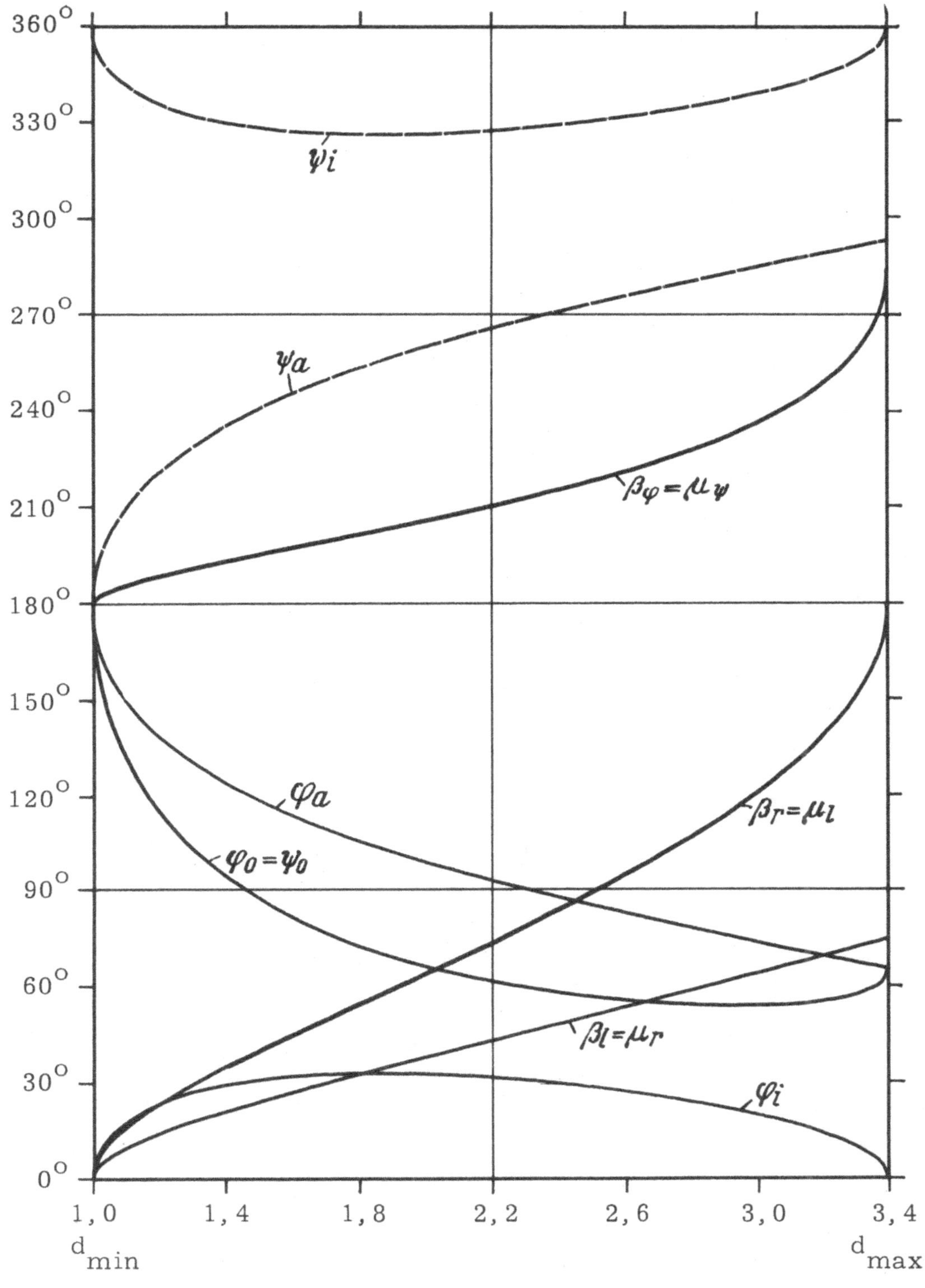

b = 1,0

a = 2,2 c = 2,2

DS - T

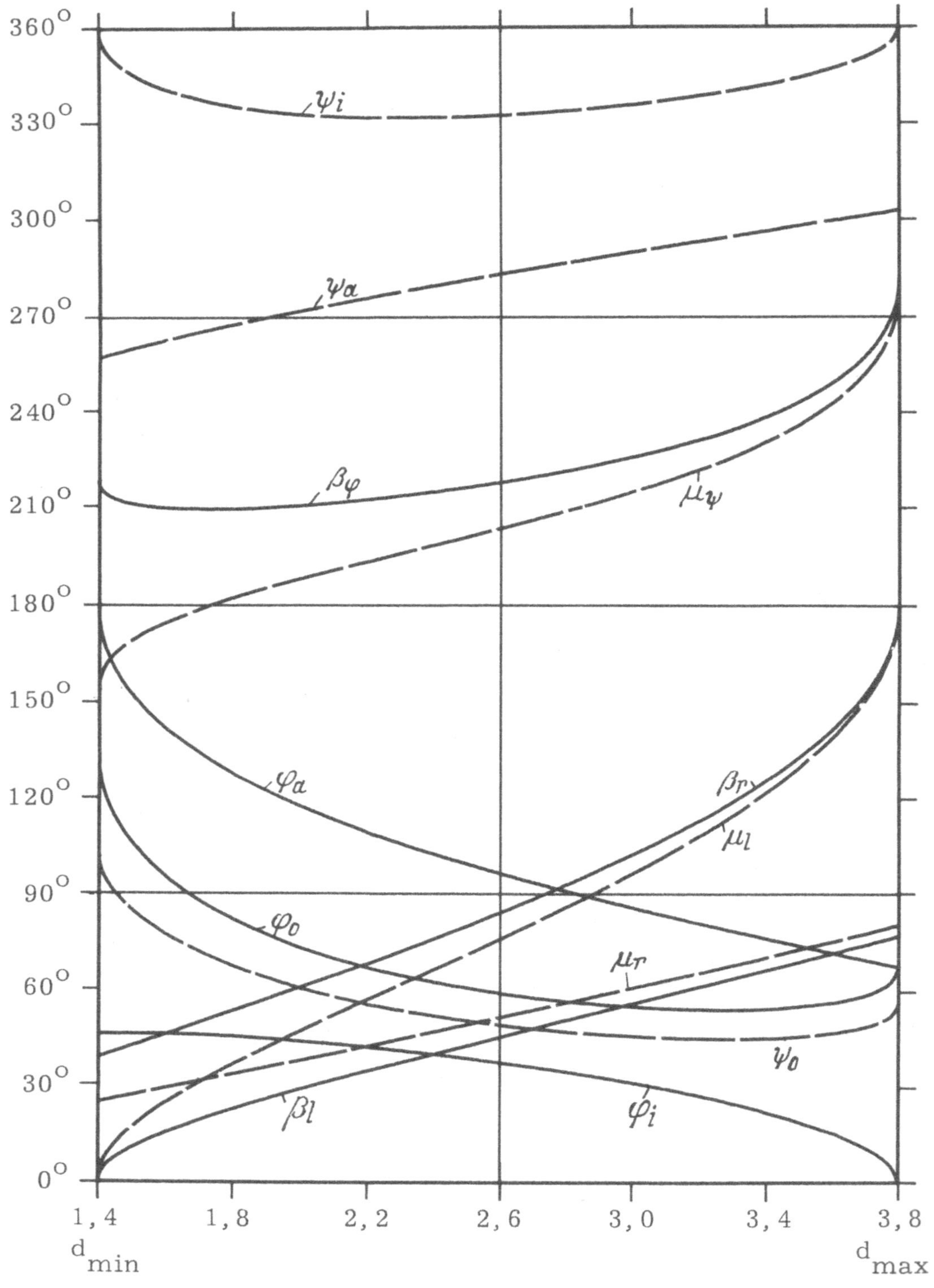

b = 1,0

a = 2,2 c = 2,6

DS - T

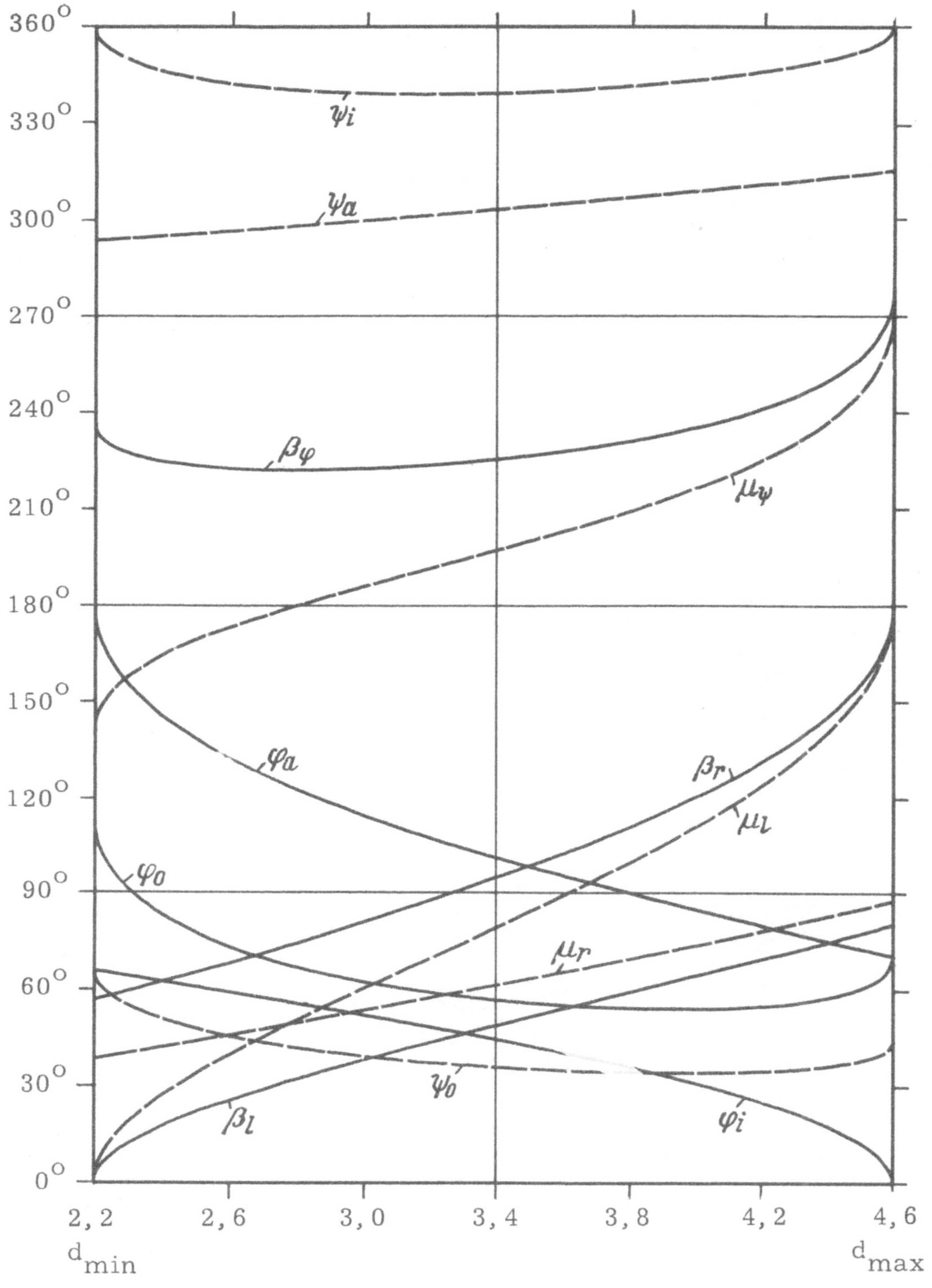

b = 1,0

a = 2,2 c = 3,4

DS - T

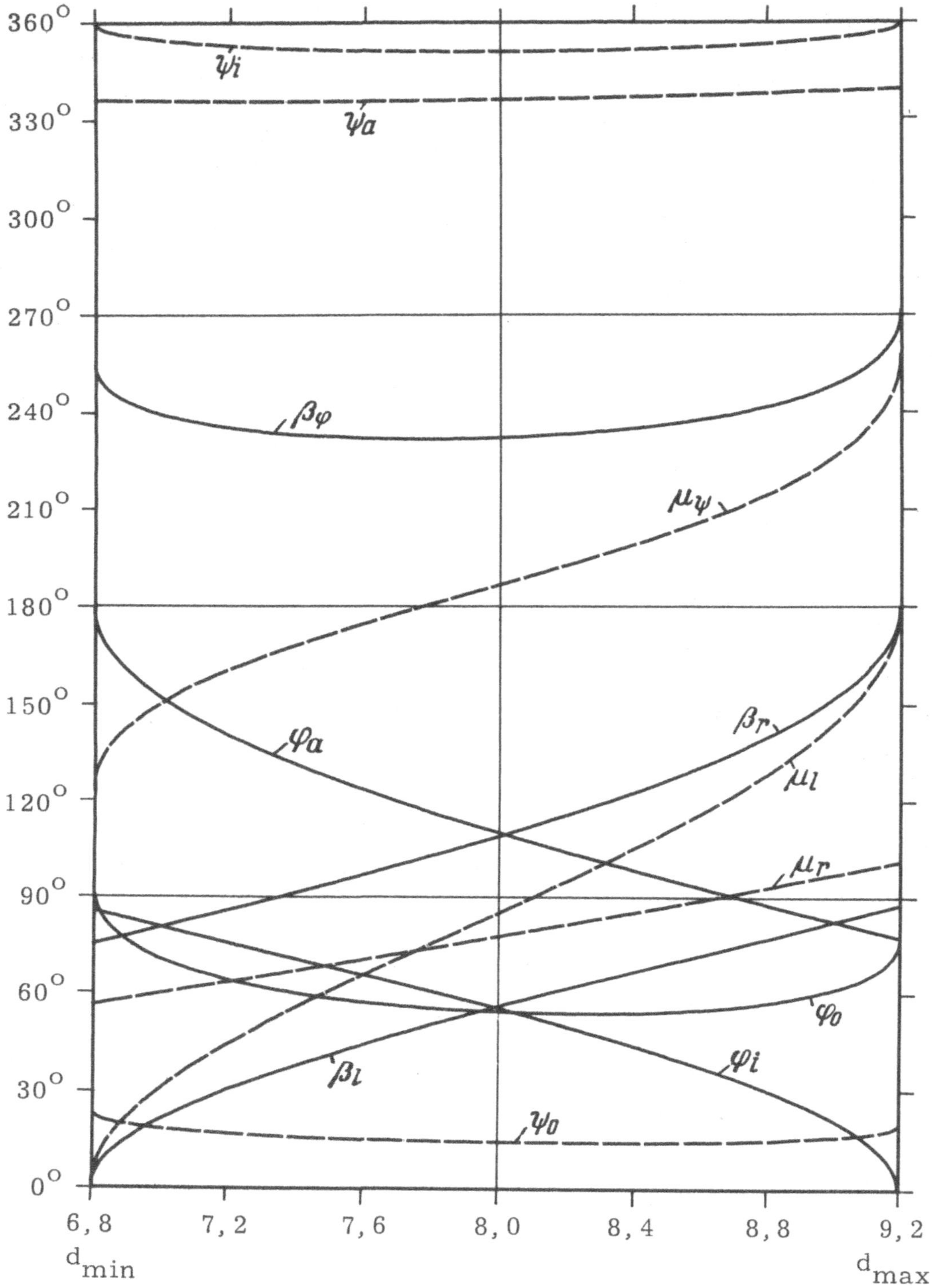

b = 1,0

a = 2,2 c = 8,0

DS - T

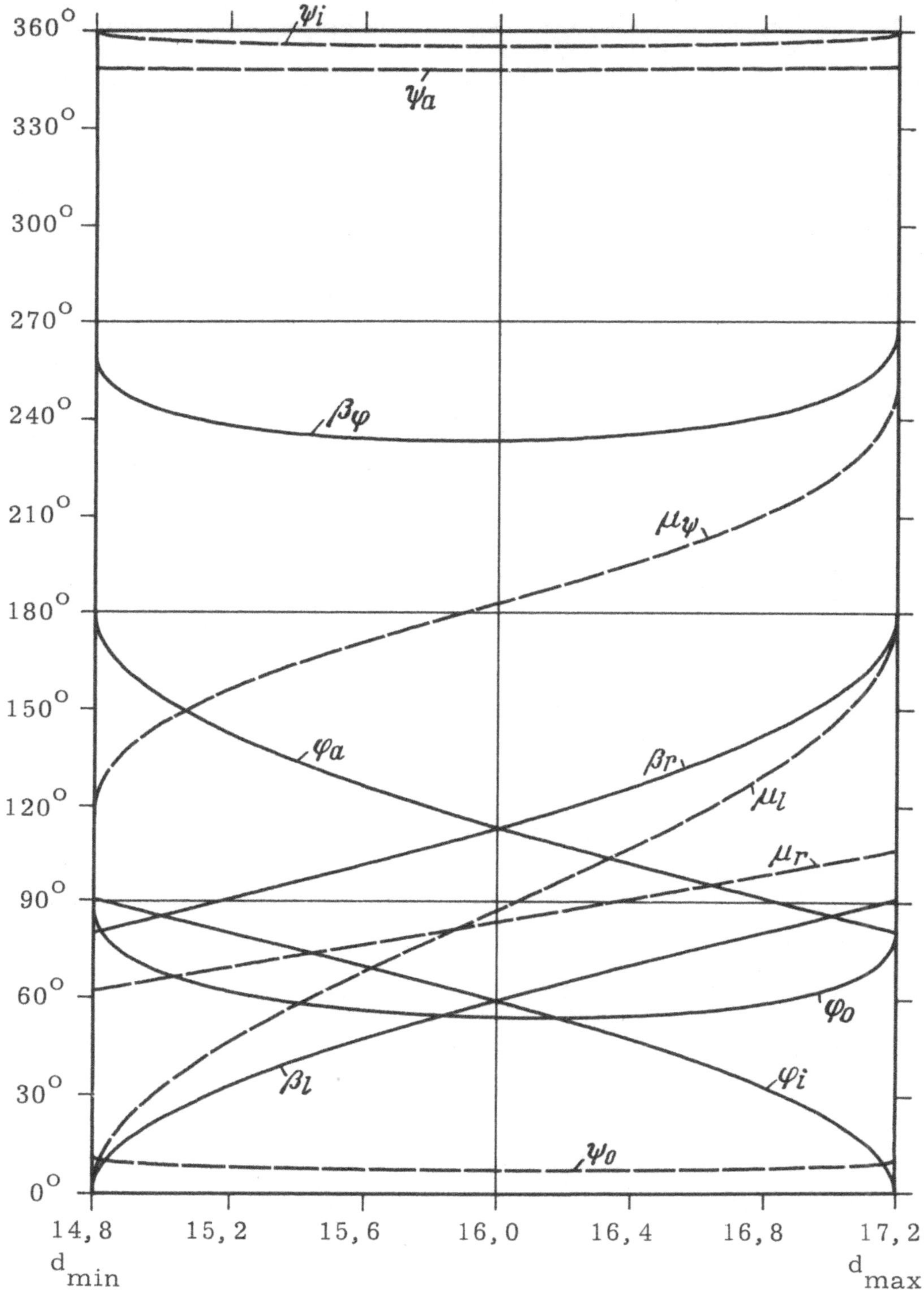

b = 1,0

a = 2,2 c = 16,0

DS - T

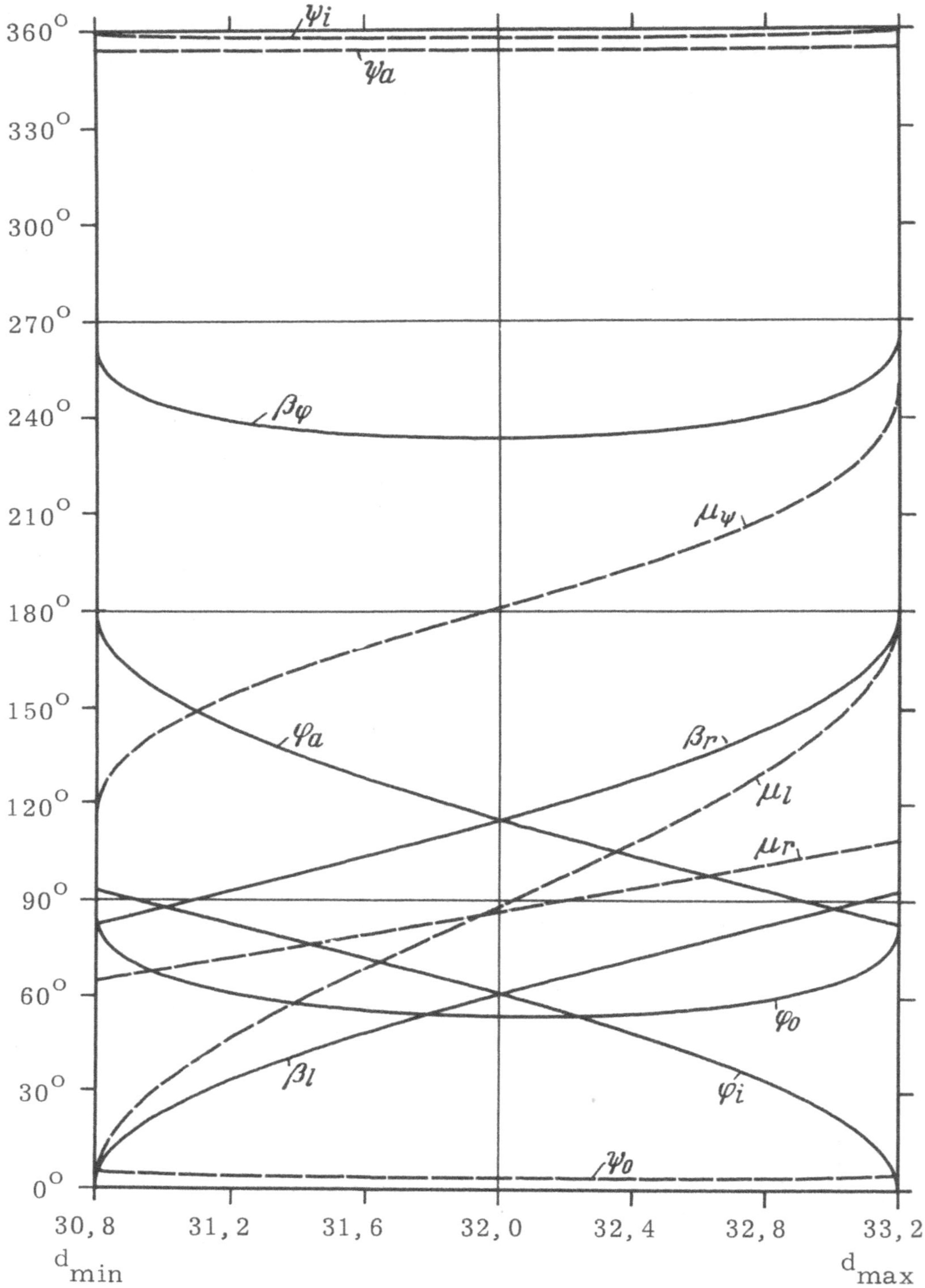

b = 1,0

a = 2,2 c = 32,0

DS - T

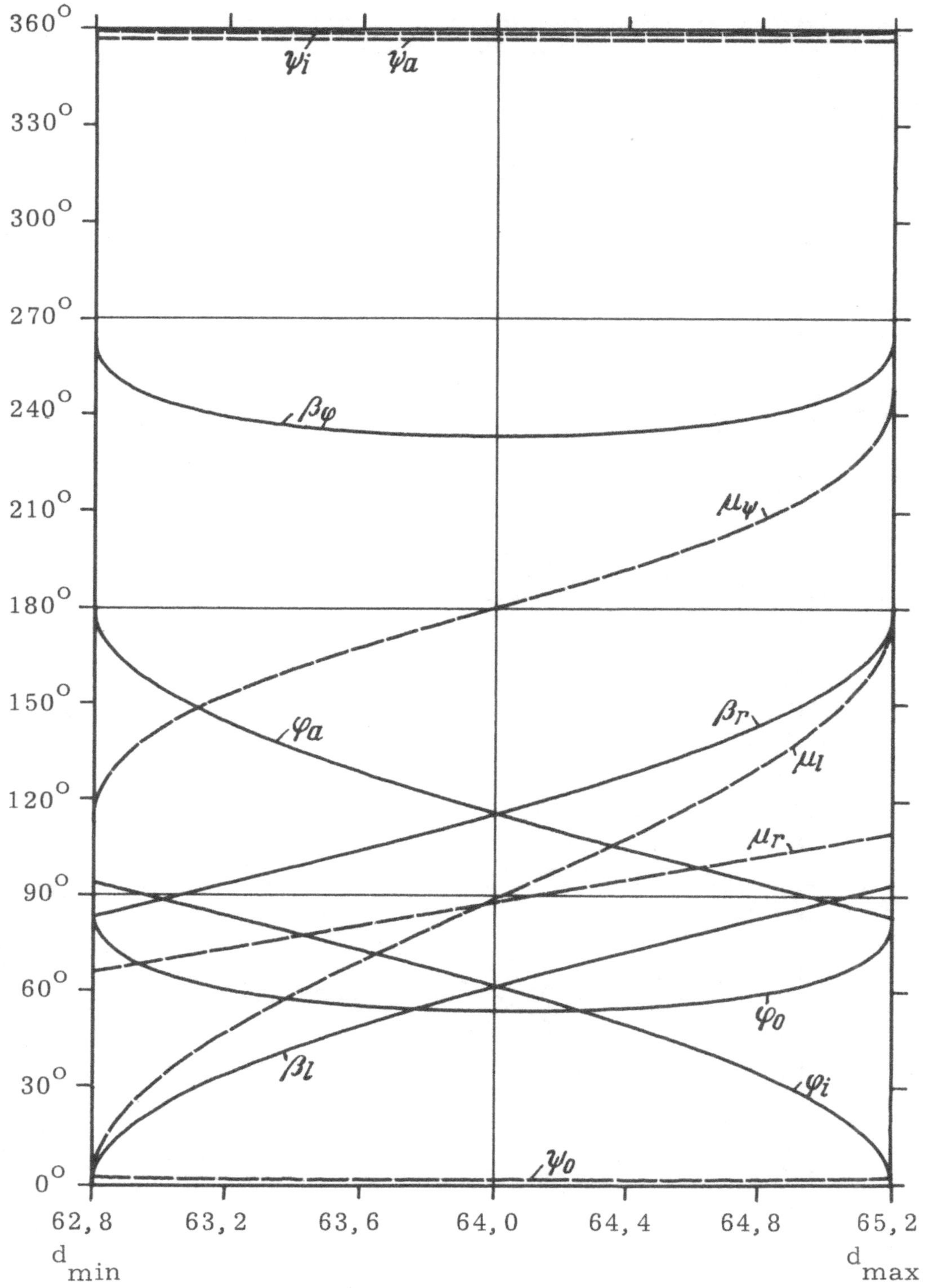

b = 1,0

a = 2,2 c = 64,0

DS - T

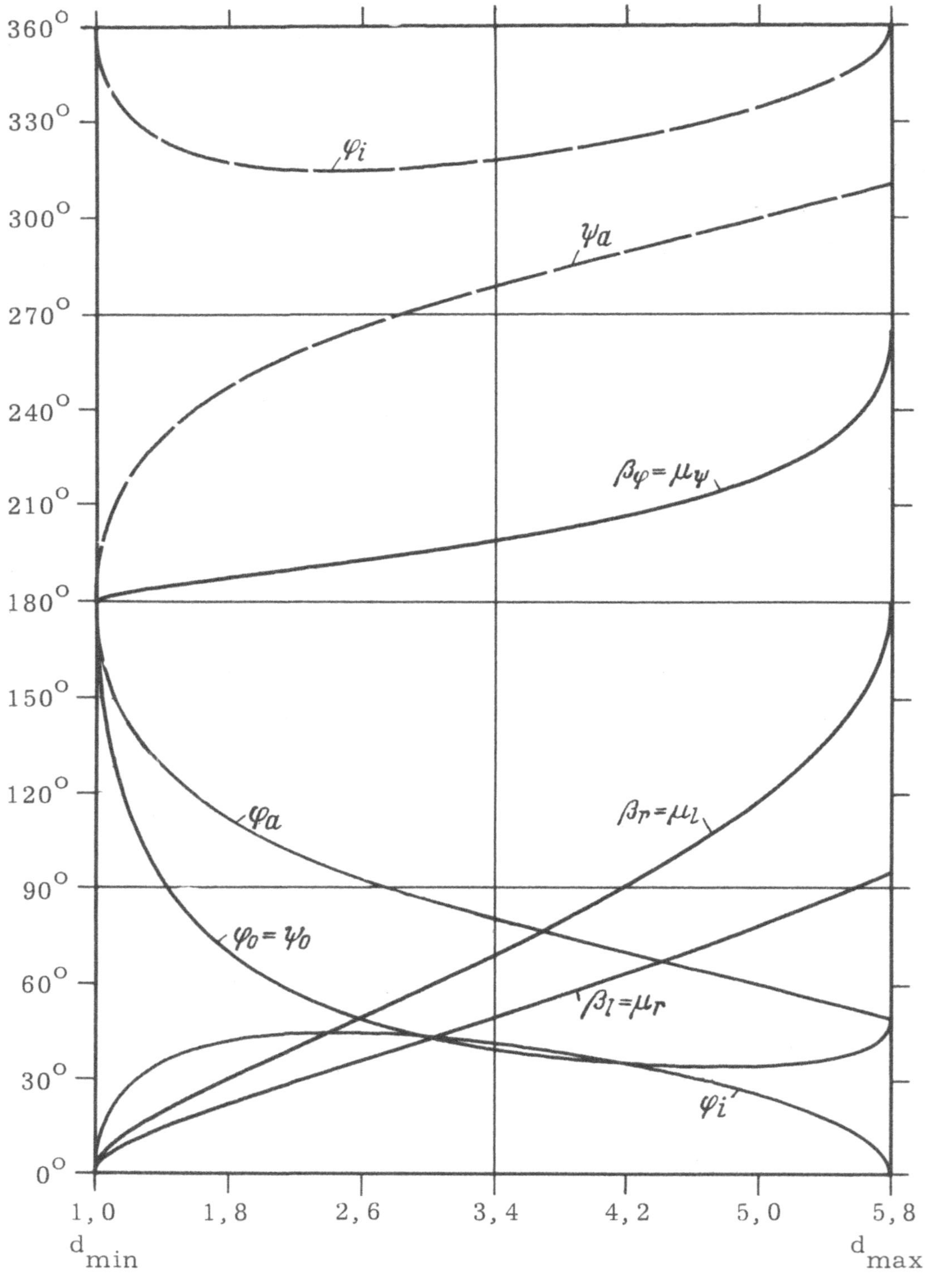

b = 1,0

a = 3,4 c = 3,4

DS - T

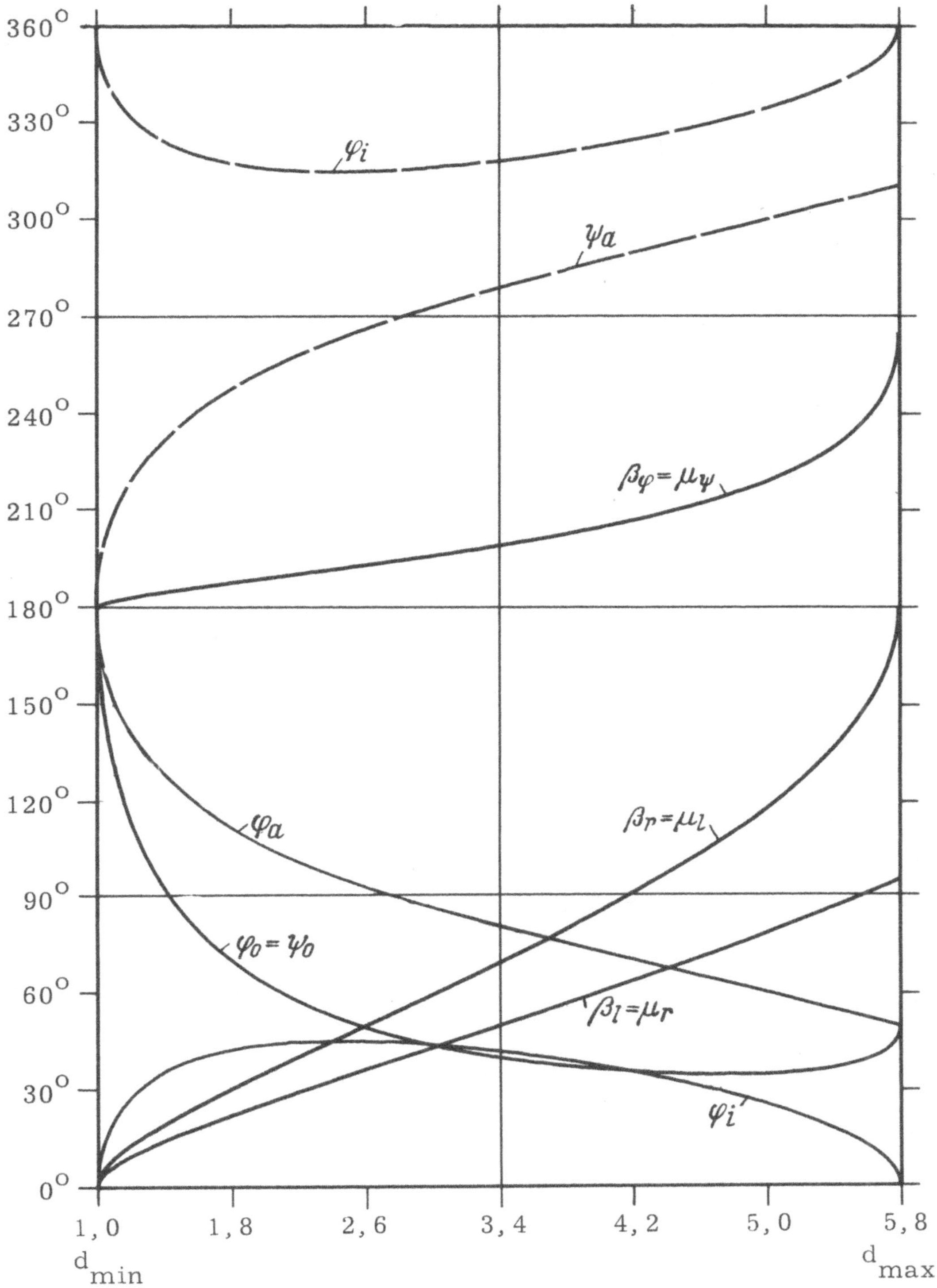

b = 1,0

a = 3,4 c = 8,0

DS - T

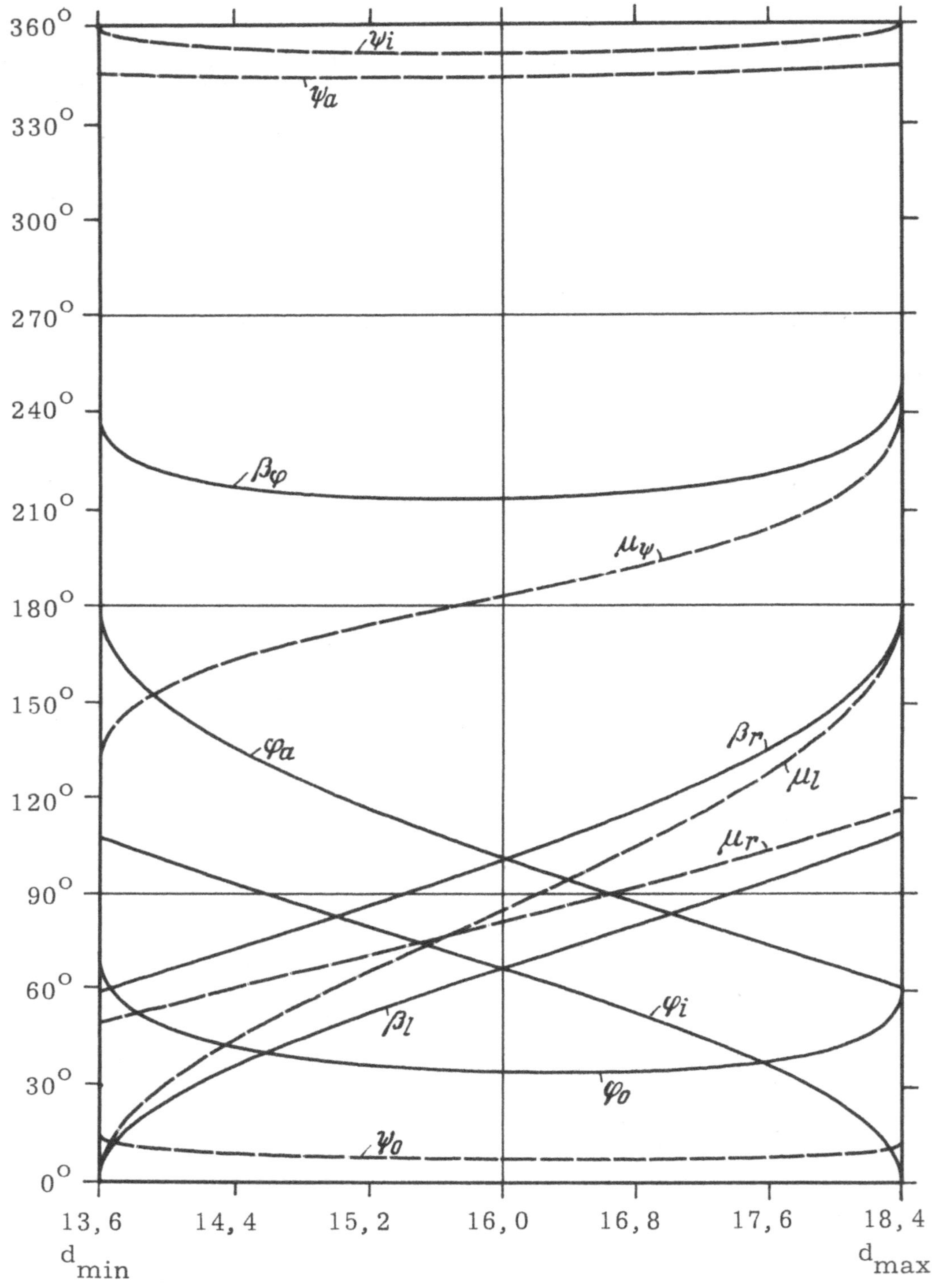

b = 1,0

a = 3,4 c = 16,0

DS - T

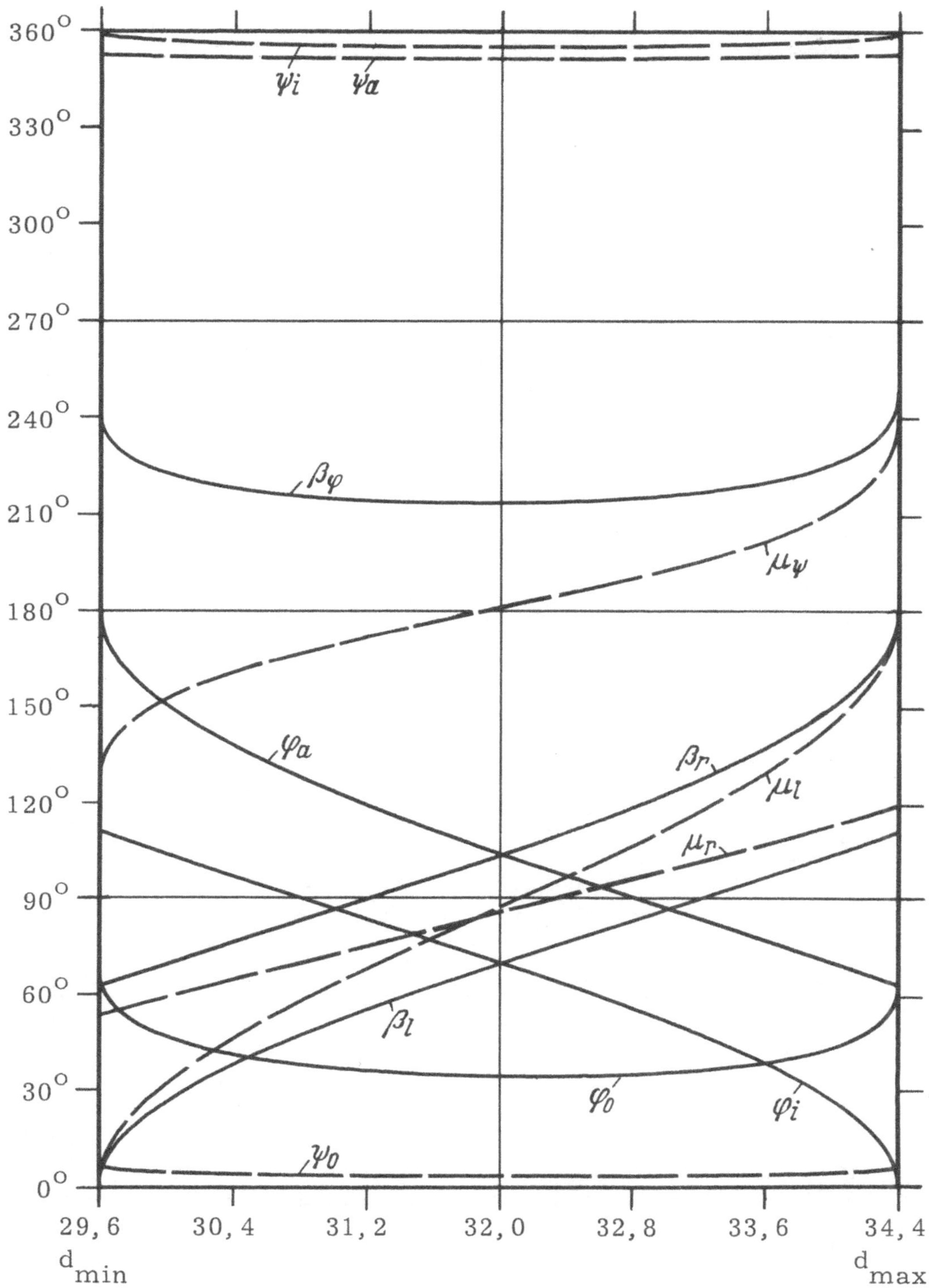

b = 1,0

a = 3,4 c = 32,0

DS - T

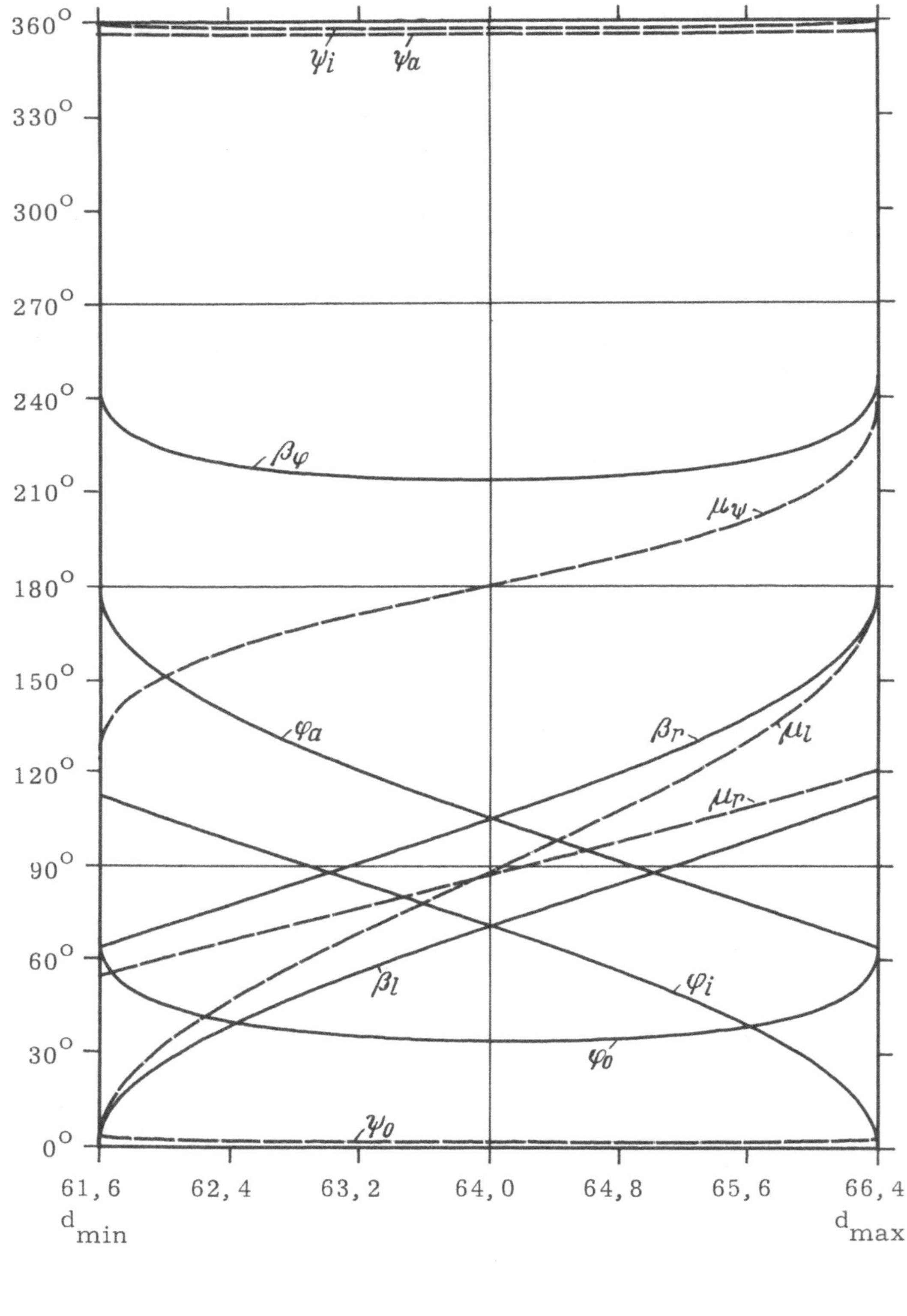

b = 1,0

a = 3,4 c = 64,0

DS - T

Additional material from *Getriebe-Atlas für verstellbare Schwing-Dreh-Bewegungen*
ISBN 978-3-663-00587-2 (978-3-663-00587-2_OSFO5),
is available at http://extras.springer.com

EXTRA
MATERIALS
extras.springer.com

Literatur

[1] Alt, H.: Über die Totlagen des Gelenkvierecks. ZAMM 5 (1925) H. 8. S. 337/44.

[2] Alt, H.: Der Übertragungswinkel und seine Bedeutung für das Konstruieren periodischer Getriebe. Werkstattechnik 26 (1932) H. 4, S. 61/64.

[3] Alt, H.: Über die Totlagen von Getriebegliedern. Getriebetechnik 8 (1940) H. 4, S. 173/76.

[4] Alt, H.: Das Konstruieren von Gelenkvierecken unter Benutzung einer Kurventafel. VDI-Z. 85 (1941) Nr. 3, S. 69/72.

[5] Alt, H.: Über die Güte der Bewegungsübertragung. VDI-Tagungsheft 1, Düsseldorf 1953, S. 113/15.

[6] Alt, H.: Die Güte der Bewegungsübertragung bei periodischen Getrieben. VDI-Z. 96 (1954) Nr. 8, S. 238/44.

[7] Altschul, R.: Getriebe mit stufenlos verstellbarem Hub. Maschinenbautechnik 6 (1957) H. 6, S. 340/46.

[8] Aronson, R.: Linkages with rotating Input and large oscillating Output. Transactions of the sixth Conference on Mechanisms. Purdue University, Lafayette, Ind., 1960, pp. 72/81.

[9] Beyer, R.: Hubverstellgetriebe unstetiger Hubveränderung bei Arbeitsmaschinen. Konstruktion 9 (1957) H. 9, S. 337/41.

[10] Bock, A.: Gedanken zum "Übertragungswinkel" und Vorschläge für dessen Auswertung. VDI-Berichte, Bd. 29, (Düsseldorf 1958) S. 158/59.

[11] Bock, A.: Zur Verbesserung der Übertragungsgüte in Bewegungsmechanismen. Wiss. Z. der Hochschule für Elektrotechnik Ilmenau, 4 (1958) H. 1, S. 73/79.

[12] Bock, A.: Zur Verbesserung der Übertragungsgüte in Bewegungsmechanismen. Feingerätetechnik 7 (1958) H. 9, S. 401/07.

[13] Bock, A.: Auswirkung von Kräften auf die Laufeigenschaften von Getrieben. Maschinenbautechnik 8 (1959) H. 4, S. 209/16.

[14] Dizioglu, B.: Sonderlagen der Getriebe und ihre Anwendungen. Forsch. Ing.-Wes. 31 (1965) Nr. 3, S. 77/82 und Nr. 4, S. 119/30.

[15] Dizioglu, B.: Getriebelehre, Bd. 1: Grundlagen. Friedr. Vieweg & Sohn, Braunschweig 1965.

[16] Goodman, T.P.: Mechanisms Design, 2. Toggle Effect. Machine Design, Vol. 32 (1960) No. 25, pp. 174/79.

[17] Grodzinski, P.: Hubänderung während des Ganges. AWF-VDMA-Getriebeblatt 633, Berlin 1931.

[18] Grübler, M.: Getriebelehre. Berlin 1917.

[19] Hain, K.: Die Umwandlung umlaufender Bewegungen in Schwingbewegungen. Maschinenbautechnik 6 (1957) H. 8, S. 449/57.

[20] Hain, K.: How to apply Drag-Link Mechanisms in the synthesis of mechanisms. Transactions of the Fourth Mechanisms Conference, Purdue University., Lafayette, Indiana (1957) S. 66/75 and Machine Design Vol. 30 (1958) No. 13, pp. 104/13.

[21] Hain, K.: Anwendungsmöglichkeiten ungleichförmig übersetzender Getriebe in Abhängigkeit von ihrer Gliederzahl. Konstruktion 12 (1960) H. 12, S. 494/504.

[22] Hain, K.: Angewandte Getriebelehre. 2. Aufl. VDI-Verlag Düsseldorf 1961.

[23] Hain, K.: Das Spektrum des Gelenkvierecks bei veränderlicher Gestell-Länge. Forsch. Ing.-Wes. 30 (1964) Nr. 2, S. 33/42.

[24] Hain, K.: Im Lauf verstellbare Kurbelgetriebe für veränderliche Arbeitsbedingungen. VDI-Z. 107 (1965) Nr. 6, S. 293/96.

[25] Hain, K.: Übersicht über sämtliche Umlauf- und Schwingbewegungen in Getrieben aus Gelenkvierecken. Grundl. d. Landtechn. Bd. 15 (1965) Nr. 4, S. 97/106.

[26] Hain, K.: Ermittlung der Umlauf- und Schwingbewegungen in durchlauffähigen sechsgliedrigen Getrieben. Grundl. d. Landtechn. 16 (1966) Nr. 4, S. 129/39.

[27] Hain, K.: Übersicht über sämtliche Umlauf- und Schwingbewegungen in durchlauffähigen sechsgliedrigen Getrieben. Grundl. d. Landtechn. Bd. 16 (1966) Nr. 6,S. 212/19.

[28] Hrones, J.A. and G.L. Nelson: Analysis of the four-bar linkage. The Technology Press of M.I.T and J. Wiley and Sons, Inc., New York, N.Y. 1951.

[29] Kasper, L.: Fixed stroke converted into variable stroke. Machinery (N.Y.) Vol. 59, (März 1953), S. 197/98.

[30] Kasper, L.: Mechanism for effecting a varying reciprocating motion. Machinery (N.Y.) Vol. 62, No. 2, (1955) S. 206/07.

[31] Kiper, G.: Die Bedeutung der Relativbewegungen für das Konstruieren periodischer Getriebe. VDI-Berichte Bd. 5 (1955) S. 115/18.

[32] Klein, H.: Oldham-Kupplung und deren Anwendungsmöglichkeiten. Antriebstechnik 3 (1964) Nr. 6, S. 230/31.

[33] Knechtel, P.: Bogenschubkurbel. AWF-VDMA-Getriebeblatt 602, Berlin 1927.

[34] Knechtel, P.: Konstruktion von Bogenschubkurbeln. AWF-VDMA-Getriebeblatt 604, Berlin 1927.

[35] Kraus, R.: Verstellbare Kurbelschwinggetriebe. Getriebetechnik 10 (1942) H. 1, S. 33/36.

[36] Kraus, R.: Kurbelschwinggetriebe mit Zeitverstellung für Hin- und Rückgang der Schwinge. Getriebetechnik 10 (1942) H. 2, S. 81/83.

[37] Kraus, R.: Kurbeltriebe mit Hub- und Zeitverstellung. Getriebetechnik 10 (1942) H. 4, S. 173/75.

[38] Krzenciessa, H.: Das Doppelkniegetriebe für genaue Hubbewegung und Stillstände. Schriftenreihe des Verlags Technik Bd. 193 (1954) Getriebetechnische Probleme, S. 92/116.

[39] Langosch, O.: Sperrlagen in geforderten Schwingbereichen der Gelenkvierecke. Techn. Zentralblatt F. prakt. Metallbearb. 53 (1959) H. 5, S. 175/80.

[40] Langosch, O.: Ebene Kurbelgetriebe - Konstruktion übertragungsgünstiger Gelenkvierecke für gleichläufige Schwingbewegung. VDI-Richtlinien 2123, Düsseldorf 1959.

[41] Langosch, O.: Sperrlagen in geforderten Schwingbereichen der Gelenkvierecke. Techn. Zentralbl. f. prakt. Metallbearb. 54 (1960) H. 7, S. 311/17.

[42] Lenk, E.: Der Übertragungswirkungsgrad. VDI-Berichte, Bd. 29, (Düsseldorf 1958) S. 75/78.

[43] Lohse, P.: Zur Konstruktion von im Lauf verstellbaren Gelenkgetrieben. Konstruktion 6 (1954) H. 10, S. 392/99.

[44] Lohse, P.: Im Lauf verstellbare Gelenkgetriebe. VDI-Berichte Bd. 29 (1958) S. 153/56.

[45] Lohse, P.: Polortkurven als Hilfsmittel zur Konstruktion von Gelenkgetrieben. ZAMM 38 (1958) H. 1/2, S. 20/28.

[46] Luck, K.: Die Grenzlagenkonstruktion des Gelenkvierecks. Wiss. Z. d. Techn. Univ. Dresden 10 (1961) H. 5, S. 1131/34.

[47] Meyer zur Capellen, W.: Die Totlagen des ebenen Gelenkvierecks in analytischer Darstellung. Forsch. Ing.-Wes. 22 (1956) S. 42/50.

[48] Meyer zur Capellen, W.: Kinematische Größen an ebenen Kurbeltrieben in analytischer Darstellung. Forsch. Ing.-Wes. 27 (1961) Nr. 5, S. 143/53.

[49] Meyer zur Capellen, W.: Kurventafeln zur Drehfähigkeit von Viergelenkketten. Industrie-Anzeiger 84 (1962) Nr. 44, S. 943/45.

[50] Nerge, G.: Zur Konstruktion von Rastgetrieben unter Ausnutzung der Totlagenwirkung. Maschinenbautechnik 6 (1957) H. 10, S. 566/70.

[51] Pflieger-Haertel, H.: Abgewandelte Kurbelgetriebe und der Satz von Roberts. Getriebetechnik 12 (1944) H. 4, S. 197/99.

[52] Raevskij, N.P. u. A.E. Kobrinskij: Experimentelle Untersuchung des Gelenkparallelogrammes mit ergänzendem Parallelogramm. Tr.Sem. p. T.M.M. Bd. IX (1950) H. 33. (russisch).

[53] Rankers, H.: Kinematisch günstige Kniehebel. Klepzig-Fachber. 67 (1959) S. 143/45.

[54] Rodenberg, C.: Ein Beitrag zur systematischen Behandlung der ebenen Bewegung starrer Systeme. Ztschr. f. Math. u. Physik 4 (1892) S. 218/56.

[55] Rößner, W.: Konstruktion eines Gelenkgetriebes für großen Schwingwinkel. VDI-Ber. Bd. 12 (1956) S. 171/74.

[56] Rößner, W.: Totlagenkonstruktion für sechsgliedrige Zweistandgetriebe. Maschinenbautechnik 6 (1957) H. 2, S. 105/11.

[57] Rößner, W.: Güte der Kraft- und Bewegungsübertragung. VDI-Ber. Bd. 29, (Düsseldorf 1958) S. 65/70.

[58] Scheibel, K.: Gelenkgetriebe mit Sperrstellungen für periodische Bewegungen bei Textilmaschinen. Maschinenbautechnik 6 (1957) H. 4, S. 225/32.

[59] Schnarbach, K.: Getriebe mit verstellbarem Hub und einer festen Umkehrstellung. Getriebetechnik 9 (1941) H. 10, S. 447/48.

[60] Schnarbach, K.: Gelenkgetriebe mit großem Abtriebswinkel der Schwinge. VDI-Z. 96 (1954) Nr. 9, S. 279/81.

[61] Schulze, E.F.C.: Designing snap-action toggles. Prod. Engng. Vol. 26 (Nov. 1955) No. 12, S. 168/70.

[62] Seyffarth, R.: Kinematische Untersuchungen an einem Gaszähler. Wiss. Z. d. Techn. Hochschule Dresden 10 (1961) S. 143/47.

[63] Seyffarth, R.: Untersuchungen an den Schaltgetrieben eines Haushaltsgaszählers. Maschinenbautechnik 10 (1961) H. 8, S. 449/53.

[64] Sieker, K.H.: Kniehebelwirkung an feinmechanischen Schaltgetrieben. Feinmech. u. Präz. 49 (1941) S. 251/56.

[65] Sieker, K.H.: Ebene Kurbelgetriebe. AWF-VDMA-VDI-Getriebeheft 6001, H. 1, Berlin 1952.

[66] Tao, D.C.: Adjustable Four-Bar-Linkages. Machine Design Vol. 34 (1962) No. 30, pp. 127/29.

[67.] T a o, D.C.: Four-bar-linkage adjustable for variable output velocity. Transactions of the seventh conference on mechanisms, Purdue University, Indiana (USA), 1962, pp. 27/29.

[68.] V a e s, F.J.: Stangenvierhoeken (konjugierte Lagen in Gelenkvierecken). De Ingenieur 10 (1895) No. 38, S. 417/18 und 11 (1896) S. 26/28.

[69] V a e s, F.J.: Indeeling En Theorie Der Stangenvierhoeken. XXXVIIIe Jaarverslag van de Nederlandsche Vereeniging van Werktuig - en Scheepsbouwkundigen gebauden te Rotterdam 22. Maart 1899, S. 1/31.

[70] V a e s, F.J.: Indeeling van de Stangenvierhoeken. De Ingenieur 1901, No. 16, S. 270/73.

[71] V o l m e r, J.: Zur Totlagenkonstruktion der zentrischen Kurbelschwinge. Maschinenbautechnik 3 (1954) H. 5, S. 228/29.

[72] V o l m e r, J.: Die Konstruktion von Gelenkvierecken mit Hilfe von Kurventafeln. Maschinenbautechnik 7 (1958) H. 7, S. 399/403.

[73] V o l m e r, J.: Ebene Kurbelgetriebe - Konstruktion von Kurbelschwingen zur Umwandlung einer umlaufenden Bewegung in eine Schwingbewegung. VDI-Richtlinien 2130 Düsseldorf 1959.

[74] W a n c k e l, H.: Zur Synthese der Gelenkvierecke. Diss. TH Dresden 1925.

Sachwortverzeichnis

GPSR Compliance

The European Union's (EU) General Product Safety Regulation (GPSR) is a set of rules that requires consumer products to be safe and our obligations to ensure this.

If you have any concerns about our products, you can contact us on ProductSafety@springernature.com

In case Publisher is established outside the EU, the EU authorized representative is:

Springer Nature Customer Service Center GmbH
Europaplatz 3
69115 Heidelberg, Germany

Batch number: 08545680

Printed by Printforce, the Netherlands